Jean Baptiste Joseph Baron Fourier

Die Auflösung der bestimmten Gleichungen

SEVERUS Verlag

Fourier, Joseph: Die Auflösung der bestimmten
Gleichungen, Hamburg, SEVERUS Verlag 2010.
Nachdruck der Originalausgabe, Leipzig 1902

ISBN: 978-3-942382-35-9
Druck: SEVERUS Verlag, Hamburg, 2010

**Bibliografische Information der Deutschen Natio-
nalbibliothek:**
Die Deutsche Nationalbibliothek verzeichnet diese Pu-
blikation in der Deutschen Nationalbibliografie; detail-
lierte bibliografische Daten sind im Internet über
http://dnb.d-nb.de abrufbar.

SEVERUS Verlag

Inhaltsverzeichniss.

Erstes Buch.

**Methode zur Bestimmung zweier Grenzen für jede reelle
Wurzel und zur Unterscheidung der imaginären Wurzeln.**

Zweites Buch.

**Methode zur Berechnung der Werthe der Wurzeln, deren
Grenzen bekannt sind, und Bemerkungen über die Convergenz der Annäherungen und über die Unterscheidung
der Wurzeln.**

---·✕·---

Berichtigungen.

S. 82, Z. 9 v. u. lies »ihn« statt »hin«.
S. 88, Z. 4 v. o. füge hinter »voraufgeht«
»beziehen« bei.

Die Auflösung der bestimmten Gleichungen.

(Analyse des équations déterminées.)

Von

Jean Baptiste Joseph Baron Fourier.

———

Vorrede.

[1] Die Philosophen von Alexandria haben gewisse Elemente einer Kunst, welche die messbare Grösse zum Gegenstand hat und darin besteht, Operationen des Geistes durch regelmässige Combination einer kleinen Anzahl von Zeichen zu ersetzen, gekannt. Diese Kunst hat bei den modernen Völkern einen grossen Aufschwung erlebt; sie wurde zur mathematischen Analysis, der erhabenen Wissenschaft, welche die allgemeinen Gesetze der Bewegung und Wärme darthut, alle grossen Phänomene des Weltalls auseinandersetzt und die menschliche Gesellschaft über deren wichtigste Anwendungsgebiete aufklärt.

Die Theorie der bestimmten Gleichungen, eine hauptsächliche Grundlage dieser analytischen Wissenschaft, ist lange in ihren Fortschritten durch grosse Schwierigkeiten, die man heute auflösen kann, aufgehalten worden. Ihre Behandlung ist der Hauptzweck, den ich mir in diesem Werk stellte; dasselbe ist die Frucht einer langen Arbeit, die ich seit meiner ersten Jugend unternahm und welche die verschiedensten Sorgen sozusagen niemals unterbrochen haben.

Die Hauptfrage der Theorie ist die Aufsuchung der Wurzeln der Gleichungen; diese Frage bemühte ich mich vollständig zu behandeln; ich habe sie durch eine exacte und allgemeine Methode, [2] die immer leicht anwendbar ist und sich auf alle bestimmten Functionen ausdehnt, gelöst.

Diese Methode entstammt nicht einer besonderen und in
gewisser Beziehung von den schon bekannten Theoremen un-
abhängigen Anschauungsweise, sondern sie erinnert im Gegentheil an alle diese Elemente und entlehnt von denselben, sie
zeigt die zwischen ihnen vorhandenen Beziehungen und entwickelt aus denselben sehr entfernt liegende Folgerungen.
Die hauptsächlichsten Entdeckungen, welche die algebraische Analysis begründet haben, sind die Theoreme von *Franz
Vieta* über die Zusammensetzung der Coefficienten, die von
Descartes in seiner Geometrie gegebene Regel, welche die Anzahl der positiven oder negativen Wurzeln betrifft, der Satz
vom analytischen Parallelogramm, den man *Newton* verdankt,
und welchen *Lagrange* bewiesen hat, die *Newton*'sche Methode
der successiven Substitutionen, die Untersuchungen von *Waring*
und *Lagrange* über die unveränderlichen Functionen der Wurzeln und über die Differenzengleichung, die Theorie der Kettenbrüche, wie sie in *Lagrange*'s Werken entwickelt ist, schliesslich die von *Daniel Bernoulli* aus den recurrenten Reihen hergeleitete Methode.

In unserem Werke erinnerten wir an diese Elemente, nicht
um ihre Principien, die schon lange bekannt sind, auseinander
zu setzen, sondern um ihnen eine ganz neue Ausdehnung zu
geben und alle fundamentalen, von den ersten Erfindern betrachteten Fragen aufzulösen. Jede derselben soll mit grösster
Sorgfalt discutirt werden. Aus dieser Prüfung ergiebt sich
eine allgemeine exegetische Methode, welche nichts unsicher
lässt, denn sie ergiebt leichte und gewöhnliche Regeln zur
Unterscheidung der imaginären Wurzeln. [3] Der aufmerksame
Leser wird beurtheilen können, ob diese schwierigen Probleme
wirklich allesammt vollständig gelöst sind.

Diese Principien gehören der allgemeinen Analysis an, und
unsere Theorie ist auch nicht auf die algebraischen Gleichungen
beschränkt; sie löst alle bestimmten Gleichungen auf.

Die wichtigsten Fragen der Naturphilosophie ebenso wie
diejenigen, welche die äussersten Oscillationen der Körper oder
die Bedingungen der Stabilität des Sonnensystems oder verschiedene Bewegungen der Flüssigkeiten, oder endlich die
mathematischen Gesetze der Wärme behandeln, erfordern eine
tiefgehende Kenntniss der Theorie der Gleichungen.

Ich werde jetzt die bei der Ausarbeitung und Redaction
befolgte Anordnung angeben:

Die Elemente der Wissenschaft sind in mehreren Werken,

welche dieses Studium leicht und allgemein zugänglich gemacht haben, niedergelegt. Ich setze hier voraus, dass die hauptsächlichen Theoreme dem Leser bekannt sind; ich habe sie in der Einleitung angeführt. Unter diesem Titel biete ich die historische Angabe der hauptsächlichen Quellen mit der exacten, präcisen Angabe aller Sätze dar, an die man sich vor der Lectüre dieser Abhandlung deutlich erinnern muss. Diese Aufzählung giebt meinen Ausgangspunkt an; alle weiteren Untersuchungen sind neu.

Unter den elementaren Sätzen der Einleitung erwähnte ich gewisse sehr einfache Sätze der Infinitesimalanalysis. [4] Man kann in der Theorie der Gleichungen ohne Verwendung der Differentialrechnung oder, was dasselbe ist, der Fluxionsmethode, keinen bedeutenden Fortschritt erzielen. Die Wissenschaften lassen nicht immer die zufällige und so zu sagen unvermuthete Anordnung zu, welche im Laufe der Erfindungen sich ergeben hat. Die mathematischen Kenntnisse sind alle von gleicher Art, ihr Studium erfordert eine beharrliche Aufmerksamkeit; als transcendent hat man die zuletzt entdeckten Zweige bezeichnet.

Dem beschwerlichen Studium neuer Bezeichnungen, die fast immer entbehrlich sind, zu entgehen, habe ich die gebräuchlichen Benennungen beibehalten. Mehrere dieser Bezeichnungen sind vor einer exacten Kenntniss der Elemente angenommen worden. Es könnte nützlich sein, gewisse Aenderungen vorzunehmen; doch ziehe ich vor, den Fortschritt der Ideen und die Beistimmung der Mathematiker abzuwarten. Alle Untersuchungen dieses Werkes sind schon lange vollendet. Jetzt erscheinen die zwei ersten Bücher, welche das Wesentlichste aus der Theorie der Gleichungen enthalten und in gewissem Sinne einen besonderen Abschnitt bilden. Der zweite Schlusstheil dieses Werkes, dessen Ausdehnung fast dem ersten gleich ist, wird künftiges Jahr erscheinen.

Da die zwei ersten Bücher einen nur unvollständigen Einblick in den Gegenstand dieser Untersuchungen geben konnten, erschien es mir nothwendig, eine synoptische Auseinandersetzung, welche alle Resultate zusammenfasst und ihre gegenseitigen Beziehungen erkennen lässt, vorauszuschicken. [5] Ein wesentlicher Gesichtspunkt ist von *Franz Vieta*, den man als den zweiten Erfinder der Algebra betrachten kann, gefunden worden. *Harriot, Oughtred, Wallis* und *Newton* hatten ihn übernommen; aber man entfernte sich von demselben und verfolgte einen ganz anderen, durchaus beschränkten Weg, welcher sich nur auf sonderbare Untersuchungen erstreckte, ohne irgend eine einzige der sich darbietenden Schwierigkeiten lösen zu können. Ich beabsichtige die Wissenschaft auf einfachere und fruchtbarere Principien zurückzuführen, die an schon bekannte Elemente anknüpfen und sicher auch zum Fortschritt in den anderen Zweigen der mathematischen Analysis beitragen werden.

Paris, 1829.

Jh. Fourier.

Einleitung.

[7] I. Von den Griechen und Arabern haben wir die ersten Kenntnisse auf algebraischem Gebiete empfangen. Die Bücher des *Diophantus*[1]), heute das älteste Denkmal dieser Wissenschaft, tragen alle Merkmale der Erfindung. Der Autor löst durch eine erfindungsreiche Analyse eine ziemlich grosse Zahl von Fragen, die sich auf Eigenschaften der Zahlen beziehen; der uns überlieferte Theil dieses Werkes genügt zum Beweis, dass die elementaren Regeln der Algebra schon der Schule von Alexandria bekannt waren.

Die uralte Civilisation des Orients ist durch wunderbare künstlerische Productionen bezeugt; aber die Geschichte hat nur eine verworrene Erinnerung bewahrt an die Zeiten, welche um mehrere Jahrhunderte dem sagenhaften Ursprung Griechenlands vorausgingen.

Sind die Principien der indischen Algebra, so wie man einige Spuren derselben vorfindet, den Arabern, den Persern und dann Europa mitgetheilt worden, oder sind nicht vielmehr die griechischen Mathematiker die wahren und einzigen Erfinder? Der Mangel an Denkmälern erlaubt nicht mehr, diese Frage vollkommen zu lösen. Trotzdem sind die sehr ausgedehnten Theorien, aus denen die analytische Wissenschaft jetzt besteht, alle das Werk der Modernen.

Leonardo Fibonacci aus Pisa hat um das Jahr 1150 nach der Rückkehr von seinen Reisen nach Griechenland und Asien das erste Werk dieser Wissenschaft, welches im Occident erschienen ist, geschrieben[2]). Dasjenige von *Luca Paciuolo*[3]) wurde im Anfang des 16. Jahrhunderts, einer stets in der Geschichte Europas denkwürdigen Zeit, publicirt. *Scipione del Ferro*[4]) gelang es, die Gleichungen des dritten Grades zu lösen, oder er gab vielmehr für dieselben eine sinnreiche und unerwartete Transformation. [8] *Tartaglia*[4]), *Cardano*[4]) und nachher *Rafaele Bombelli*[5]) erneuerten und verbreiteten diese Entdeckung. *Ludovico Ferrari* aus Bologna[6]) entdeckte für die Gleichungen vierten Grades eine Lösung derselben Gattung. Diese Formeln führten nicht zur Lösung

höherer Gleichungen[7]) und selbst für den dritten und vierten
Grad sind sie in einer grossen Zahl von Fällen nicht anwendbar[8]). Vollständig gelöst hatte man durch ein ähnliches Mittel
nur die Gleichungen zweiten Grades; die sehr einfache Formel,
welche diese Lösung giebt, war seit dem Ursprung der Algebra
bekannt.

Franz Vieta[9]), einer der glänzendsten Begründer der mathematischen Wissenschaften, betrachtete die Frage der Auflösung
der Gleichungen von einem viel allgemeineren Gesichtspunkte.
Er entdeckte eine exegetische Methode, geeignet, die wirklichen Werthe der Unbekannten zu bestimmen, und begründete
seine Untersuchungen auf den wahren Principien des algebraischen Calculs. Aber man konnte damals diese Methode
nicht fortentwickeln, weil sie gewisse Kenntnisse der Differentialrechnung fordert.

Vieta bemerkte zuerst die Zusammensetzung der Coefficienten; dies ist der Ursprung der Theorie der Gleichungen.
Er machte die ganze Ausdehnungsfähigkeit der algebraischen
Formeln bekannt und entdeckte neue Anwendungen, so dass
man ihn als zweiten Erfinder dieser Wissenschaft betrachten
kann.

Harriot[10]), *Oughtred*[11]), *Wallis*[12]) folgten *Vieta*'s Lehren,
und der erste dieser Mathematiker gab den Gleichungen eine
allgemeine Form, die man beibehalten hat.

Descartes[13]) drückte die Eigenschaften der Curven durch
Gleichungen aus, und begründete so die allgemeine Untersuchung der Functionen, welche bald auf die grössten Phänomene
des Universum angewendet werden sollte. Er bereicherte die
Algebra mit einer glücklichen Erfindung, die den eigenthümlichen
Zusammenhang der Anzahl positiver oder negativer Wurzeln
mit den Vorzeichen der Coefficienten ausdrückt. *Wallis*, einer
der sinnreichsten Beförderer der modernen Analysis, aber ein
parteiischer Geschichtsschreiber, hat unnütze Anstrengungen
gemacht, um seinem Landsmann *Harriot* die Erfindung dieser
Zeichenregel zuzuschreiben.

[**9**] Die eigentliche Algebra hat von *Newton*[14]) zwei wesentliche Methoden erhalten: die eine ist diejenige, welche man
mit dem Namen »analytisches Parallelogramm« bezeichnet hat; sie wurde 1676 an *Leibniz*, welcher um ihre
Mittheilung bat, berichtet. Diese Regel, von welcher *Lagrange*
einen analytischen Beweis gegeben und welche *Laplace* auf
eine andere Gattung von Fragen ausgedehnt hat, hatte die

Bildung von Reihen zum Zweck; aber sie gehört besonders der Algebra als eines ihrer hauptsächlichsten Momente an. Dies ist einer der Zweige der exegetischen Lösung, welche *Vieta* im Auge hatte. Die zweite algebraische Methode, welche man *Newton* verdankt, ist die der successiven Substitutionen; sie ist auf alle Theile der mathematischen Analysis anwendbar. *Albert Girard*[15]), welcher in Holland schrieb, hat als erster die Sätze gekannt, welche die Summe der ganzen Potenzen der Wurzeln liefern. *Newton* gab diese Theoreme in seiner Arithmetica universalis und zeigte, welchen Gebrauch man davon machen kann, um den angenäherten Werth einer der Wurzeln zu finden. Dies ist in gewisser Beziehung der Ursprung der Theorie der recurrenten Reihen[16]), welche *Daniel Bernoulli* aus anderen Principien abgeleitet hat und welche in den Werken von *Euler* und *Lagrange* klar auseinandergesetzt und discutirt worden ist. Diese Eigenschaften der recurrenten Reihen bilden eine der hauptsächlichsten algebraischen Theorien.

Die Gesetze der Elimination und die Theoreme betreffs der Functionen der Wurzeln sind allgemeine Folgerungen der Bemerkungen von *Vieta* und *Albert Girard* über die Zusammensetzung der Coefficienten. Sätze dieser Art führen nicht zu einer Methode, die Wurzeln thatsächlich kennen zu lernen, aber sie drücken theoretisch sehr wichtige Beziehungen aus.

Hudde[17]) aus Amsterdam hat die Eigenschaften der gleichen Wurzeln entdeckt. Diese Theoreme, welche vor der Differentialrechnung bekannt waren, und welche dennoch aus denselben Principien stammen, bilden ein einfaches und nothwendiges Element der algebraischen Analysis.

Ich will nicht an die vielfachen Versuche erinnern, die Wurzeln der Gleichungen aller Grade in Formeln, analog der *Cardani*'schen, überzuführen. [10] Diese Untersuchung würde zum Zweck haben, alle Wurzeln einer Gleichung durch eine beschränkte Zahl einfacher Operationen, deren Natur im voraus bestimmt ist, und von denen keine mehr als zwei verschiedene reelle Werthe geben kann, zu finden. Man erhält so jedoch nur sehr complicirte Transformationen, bei denen die gesuchte Wahrheit viel verborgener ist, als in der Gleichung selbst. Wenn der Grad der Gleichung hoch ist, so würden dem Analysten bald Zeit und Raum fehlen, derartige Berechnungen auszuführen. Die Anschauungen von *Leibniz* und *Tschirnhausen*[18]) über diese Art von Fragen haben sich nicht realisiren lassen. Die Werke von *Lagrange*,

Vandermonde [19]) und einigen ihrer Nachfolger haben zur Genüge die Grenzen dieser Untersuchung kennen gelehrt.

De Gua [20]), Mitglied der Akademie der Wissenschaften in Paris, hat die parabolischen Curven, welche mehrere wichtige Eigenschaften der Gleichungen so klar machen, betrachtet und einen bemerkenswerthen Satz über die Natur der Wurzeln gegeben.

Rolle [21]) erfand, indem er successiv den Grad der Gleichung um eine Einheit erniedrigte, eine Regel, um die Grenzen der Wurzeln zu bestimmen. Obgleich diese Methode unvollkommen ist, so führt sie in mehreren Fällen zu der Kenntniss der Grenzen, und sie ist nichts anderes als eine sehr einfache Anwendung der Differentialrechnung, deren Principien *Rolle* für wahr anzuerkennen sich weigerte. Uebrigens hatte dieser Versuch keine weitere Folge, weil der Erfinder nicht das Hauptthinderniss überwinden konnte, welches alle voraufgegangenen Analysten aufgehalten hatte und darin bestand, mit Sicherheit die imaginären Wurzeln zu unterscheiden. Die Regel, welche *Newton* [22]) in Nachahmung derjenigen *Descartes'* ersonnen hat, um diese Wurzeln abzuzählen, ist nicht genügend, und der Erfinder erkannte auch ihre Unvollkommenheit an; sie bezeugt nur die Schwierigkeit der Frage. *Lagrange* und *Waring* [23]) gelang es, mittelst der Gleichung, welche die kleinste Differenz der Wurzeln der vorgelegten Gleichung ausdrückt, letztere aufzulösen; aber diese Lösung ist nur eine theoretische, ihre Anwendung würde, wenn der Grad der Gleichung ein wenig hoch ist, unausführbar sein.

Einer der berühmtesten Mathematiker der Akademie der Wissenschaften von Paris, *Fontaine* [24]), hatte eine allgemeine Methode, die Natur der Gleichungswurzeln zu erkennen, ersonnen. [11] Eine gründlichere Discussion dieser Methode hat die unvermeidliche Unvollkommenheit, welcher sie unterworfen ist, gezeigt. Spätere Untersuchungen haben das Urtheil, welches von *d'Alembert* und *Lagrange* über sie gefällt wurde, bestätigt.

Ich habe die neuesten Untersuchungen über die Auflösung der numerischen Gleichungen in früheren Schriften citirt und werde auch in diesem Werke Gelegenheit haben, sie anzugeben. Was den Gebrauch der Kettenbrüche zum Ausdruck der Wurzeln betrifft, so ist dieser Process kein wesentliches Element der Algebra; er kann durch eine gewisse Art arithmetischer Entwicklung ersetzt werden.

Ich habe mich bei der voraufgegangenen Aufzählung bemüht, an den Ursprung und die Fortschritte der Algebra zu erinnern und alle Hauptquellen der Geschichte dieser Wissenschaft anzugeben; dabei habe ich, so klar wie möglich, den Charakter einer jeden Erfindung gekennzeichnet.

II. Das Werk, welches ich publicire, hat die Prüfung aller dieser fundamentalen Fragen der algebraischen Analysis zum Gegenstand. Die zwei ersten Bücher betreffen die numerische Auflösung der Gleichungen und sie enthalten eine vollständige und leichte Auflösung dieses berühmten Problems.

Der Zweck der zwei folgenden Bücher ist es, die ersten Untersuchungen zu verallgemeinern und auch vermöge einer exegetischen Methode derselben Art die Buchstabengleichungen, welche eine oder mehrere Unbekannten enthalten, aufzulösen.

In verschiedenen Schriften, welche ich im Institut de France vorgetragen habe, wurden andere Fragen, deren Untersuchung der algebraischen Analysis mehr Ausdehnung zu geben versprach, behandelt.

1. In diesen Schriften wurde bewiesen, dass die Anwendung recurrenter Reihen nicht auf die Berechnung gewisser reeller Wurzeln beschränkt ist, sondern sich für alle Wurzeln, sowohl reelle wie imaginäre, verwerthen lässt und im allgemeinen auf jeden Coefficienten der zusammengesetzten Factoren jeder Ordnung.

2. Ferner wurden die Principien der Analysis der Ungleichheiten und verschiedene Anwendungen dieser Materie, welche sich mit derjenigen der Wahrscheinlichkeitsrechnung verbindet, auseinandergesetzt. [25])

[12] Diese Untersuchungen über recurrente Reihen und die Ungleichheiten gehören auch den algebraischen Theorien an: ich habe sie in dieses Werk mit aufgenommen, weil sie dazu dienen, die hauptsächlichsten Folgerungen zu begründen. Ich denke, dass dieses Werk dazu beitragen wird, die allgemeinen Elemente der Analysis der Gleichungen festzulegen, indem es dieser Theorie eine neue, für immer beständige Form giebt.

Die Auflösung der numerischen Gleichungen ist der Gegenstand eines speciellen Werkes gewesen, welches *Lagrange* [26]) publicirt hat und das allen Mathematikern bekannt ist. Der berühmte Autor hat in diesem Werke hauptsächlich im Auge, die Methode, welche er in der Sammlung der Mémoires der Berliner Akademie aus den Jahren 1767 und 1768 gegeben hat, von neuem auseinanderzusetzen und sie dabei zu vervoll-

ständigen. Die Noten, welche er diesem Werke beigefügt hat,
enthalten auch eine sehr scharfsinnige und sehr klare Discussion verschiedener anderer algebraischer Fragen. Die Methode, welche ich befolge, beruht auf ganz anderen Principien.
Das Wesentliche dieser Methode habe ich in früheren Schriften
(Société Philomatique, Jahrgang 1820, p. 156 und 181) gegeben[27]. Ich werde hier die Gesammtheit der Lehrsätze mit
allen Beweisen und allen nothwendigen Entwicklungen wieder
vorbringen.

Zunächst soll an einige Definitionen und an den Inhalt
mehrerer Fundamentalsätze, deren Beweis sich in allen allgemeinen Werken findet, erinnert werden. Ich habe die Kenntniss dieser Elemente vorausgesetzt und werde nur den Wortlaut
anführen, dabei will ich den Sinn, welchen ich den allgemeinen Definitionen und den schon bekannten Sätzen beilege, kennzeichnen.

III. Wir betrachten eine algebraische Gleichung folgender
Form:

$$x^m + a_1 x^{m-1} + a_2 x^{m-2} + \cdots + a_{m-1} x + a_m = 0.$$

Der Exponent m ist ganzzahlig, die Coefficienten a_1, a_2, $\cdots a_m$
sind gegebene positive oder negative Zahlen. Wir bezeichnen
die linke Seite dieser Gleichung mit X oder fx. X ist eine
algebraische und ganze Function von x; sie giebt eine Reihe
elementarer Operationen an, welche man mit der Variablen x
ausführen soll; die Form dieser Operationen ist vollkommen
bekannt, ihre Anzahl ist beschränkt.

Wenn eine Zahl α, die man an Stelle von x in die algebraische Function fx setzt, Null als Resultat ergiebt, so heisst
diese Zahl α eine Wurzel der vorgelegten Gleichung; [13] in
diesem Fall ist die linke Seite fx durch $x - \alpha$ ohne Rest
theilbar.

Eine Gleichung kann mehrere verschiedene Wurzeln $\alpha, \beta, \gamma, \ldots$
haben, diese Wurzeln entsprechen ebensovielen Factoren ersten
Grades $x - \alpha$, $x - \beta$, $x - \gamma$, $\ldots$; die linke Seite fx ist
durch jeden dieser Factoren und durch ihr Product theilbar.

Wenn die Coefficienten a_1, a_2, a_3, $\ldots a_m$ der vorgelegten
Gleichung keine Zahlen sind, sondern Buchstaben a, b, $c \ldots$
enthalten, welche ihrerseits bekannte Grössen darstellen, sodass
diese Coefficienten aus einer Summe von Formen wie $H a^p b^q$
gebildet werden, so heisst die Gleichung eine Buchstabengleichung: p, q sind dabei gegebene numerische Exponenten,

die positiv oder negativ, ganzzahlig oder gebrochen sind, und die Coefficienten H sind bekannte Zahlen. Die Auflösung der Buchstabengleichung besteht darin, für x ein aus Termen der Form $H'a^{p'}b^{q'}$ gebildetes Polynom zu finden, welches, an die Stelle von x gesetzt, die linke Seite der Gleichung annullirt. Seit lange sind Operationen, welche dazu dienen, die Quadrat- oder Cubikwurzel oder die Wurzel irgend eines Grades aus einer gegebenen Zahl A oder einer Buchstabengrösse A zu ziehen, bekannt; das Resultat wird durch das Radical $\sqrt[m]{A}$ ausgedrückt. Da die ersten Erfinder der Algebra die Gleichungen zweiten Grades durch Anwendung des Radicals $\sqrt[2]{A}$ lösten, so hat man sich lange bemüht, algebraische Gleichungen jeden Grades durch einen analogen Process, d. h. allein vermöge Operationen, die nur Wurzelzeichen enthalten, aufzulösen. Betrachtet man die Auflösung der Gleichungen unter diesem Gesichtspunkt, so würde sie darin bestehen, einer vorgelegten Gleichung irgend eines Grades eine begrenzte Anzahl von Operationen zuzuordnen, die so geartet sind, dass das Resultat der letzten Operation eine der Wurzeln ist. Dabei würden bei den auszuführenden Operationen ausser den elementaren Rechnungsregeln nur diejenigen, welche durch Wurzelzeichen angegeben sind, in Frage kommen. [14] Einige Autoren haben als allgemeine Auflösung der Gleichungen diejenige bezeichnet, welche so die Werthe der Wurzeln mittelst einer beschränkten Anzahl von Wurzelzeichen ausdrücken würde; für die Gleichungen zweiten Grades ist dies sehr leicht.

Man hat auch Formeln dieser Art für Gleichungen dritten und vierten Grades gefunden; aber man hat erkannt, dass diese Transformationen nicht geeignet sind, die numerischen oder Buchstabenwerthe der Wurzeln thatsächlich zu geben; im Gegentheil entfernen sie sich sehr von dem wahren Ziel, nach dem man strebt und welches darin besteht, die Werthe der Wurzeln in Zahlen oder in einer Folge von Monomen zu kennen. Im Verlauf dieses Werkes werden wir zeigen, dass man diese Werthe leicht durch specielle Operationen finden kann, welche gleichzeitig auf alle Coefficienten auszuführen sind und die nicht eine gewisse Anzahl von Wurzelausziehungen unter einander zu combiniren verlangen. Die Formeln, welche aus diesen Combinationen sich ergeben, lassen nicht die gesuchten Wurzeln erkennen. Sind nämlich diese Wurzeln ganze oder irrationale Zahlen, so findet man nicht diese Zahlen, sondern sehr verwickelte Ausdrücke, in denen man nicht die Werthe der Wurzeln erkennen würde: man kann nur beweisen, dass die unbekannten Werthe diesen entwickelten Ausdrücken gleich werden; der gesuchte Werth erhält eine besondere Form, in der er mehr verborgen ist, als in der Gleichung, die man lösen sollte. Jedesmal wenn eine Gleichung irgend welchen Grades mehr als zwei reelle Wurzeln hat, ist man sicher, dass sich alle Wurzeln in der Form imaginärer Grössen darbieten, und man muss beweisen, dass sie reell sind [28]. Wenn die gesuchte Wurzel ein endliches Polynom, wie $a^2 - b^2 + a^5$ ist, so wird der in Wurzelzeichen gegebene Ausdruck nur dann die Wurzeln kennen lehren, wenn die Gleichung vom zweiten Grade ist. Stellt man sich die Aufgabe, auf diese Art eine Gleichung höheren Grades zu lösen, so heisst dies, im voraus willkürlich gewisse Operationen, nämlich das Ausziehen von Quadrat-, Cubik-, vierten Wurzeln, u. s. w. feststellen und danach fragen, in welcher Reihenfolge man eine begrenzte Anzahl dieser Operationen ausführen muss, so dass das Resultat der letzten Operation alle Wurzeln ergiebt. Dabei setzt man das Unbekannte, nämlich die Natur der Rechnung, welche die Wurzeln geben soll, voraus. Die Analogie mit dem zweiten Grade ist zu unvollständig, um über die Art der Operationen dieses Urtheil a priori zu begründen. [15] Ebenso leicht wäre es vorauszusehen, dass eine begrenzte Anzahl von Wurzelausziehungen verschiedener Ordnungen nicht zur wirklichen Kenntniss der gesuchten Werthe führen kann; da eine Wurzelausziehung ja nie mehr als zwei verschiedene Werthe in reellen Zahlen giebt, so sieht man nicht ein, wie es möglich sein soll, durch Ausführung einer begrenzten Zahl dieser Operationen zu einer letzten zu kommen, welche eine ungerade Anzahl verschiedener Werthe ergeben würde.

Obgleich diese Bemerkung keinen regelrechten Beweis für die Unmöglichkeit der Lösung giebt, so genügt sie doch vor der Nutzlosigkeit eines Suchens zu warnen, welches in der That eine Art Widerspruch darbietet; so ist es auch gekommen, dass man keinen reellen Ausdruck für die Wurzeln der Gleichung dritten Grades, wenn die Gleichung mehr als zwei reelle Wurzeln besitzt, finden konnte. Hieraus kann man schliessen, dass es ebenso für die allgemeine Gleichung vierten und höheren Grades sein wird; denn könnte man allgemein für diese Gleichungen mehr als zwei reelle Wurzeln finden, so würde die den Gleichungen dritten Grades anhaftende Schwierigkeit nicht bestehen. Es ist offenbar, dass, wenn man die Natur der Operationen von Anfang an voraussetzt, und eine endliche Anzahl von ihnen verlangt, man der Untersuchung einen zu speciellen Charakter aufdrückt. Wenn die Vollkommenheit der algebraischen Analysis eine solche Lösung forderte, so müsste man darauf verzichten, die Wurzeln der Gleichungen zu kennen, und die gleich von Anfang an so beschränkte Wissenschaft würde keinen Fortschritt machen können; im Folgenden aber werden wir beweisen, dass der Weg dieser Wissenschaft sicherer und unvergleichlich einfacher ist.

In der That wird man erkennen, dass man die Wurzeln durch eine auf ihre Art allgemeine Methode finden kann, diese ist keine Combination elementarer Regeln von Wurzelausziehungen, sondern sie hängt von einer gleichzeitig auf alle Coefficienten der vorgelegten Gleichung angewandten Rechnung ab. Sind die Wurzeln endliche Zahlen, so bricht die Operation von selbst ab und giebt diese Zahlen. Sind die Wurzeln irrational, so bestimmt man sie so genau wie man will. [16] Wenn die Gleichung eine Buchstabengleichung ist, deren Wurzeln endliche Polynome sind, so findet man diese Polynome unmittelbar, und zwar nicht, wie man es früher in der allgemeinen Arithmetik und in anderen Werken in Vorschlag gebracht hat, durch eine Reihe unsicherer Versuche, sondern durch eine regelmässige und leichte Operation, deren Gang immer derselbe ist. Wenn die Wurzeln nicht durch eine endliche Anzahl von Termen ausgedrückt werden können, so findet man successiv alle Theile der Wurzeln, d. h. Reihenfolgen von Monomen, von denen ein jedes, der Reihe nach in die linke Seite gesetzt, alle Terme zu Null macht. Die Lectüre unseres Werkes wird bezüglich der Wahrheit dieser Resultate keinen Zweifel zurücklassen.

Sind die unbekannten Grössen durch mehrere Gleichungen ausgedrückt, giebt man z. B. zwei algebraische Gleichungen zur Bestimmung von x und y, welche in jeder der Gleichungen auftreten, so beruht die Auflösung darin, zwei Werthe x und y zu finden, welche, zusammen in jede Gleichung gesetzt, die linke Seite annulliren. Diese Werthe sollen, je nachdem die Gleichungen numerische oder Buchstabengleichungen sind, in Zahlen oder in Folgen von Monomen wie $H a^p b^q \ldots$ ausgedrückt werden; es handelt sich darum, alle möglichen Systeme von zwei Werthen x, y zu finden, welche geeignet sind, die vorgelegten Gleichungen zu befriedigen. Dieselbe Frage kann auch für Gleichungen, welche drei oder eine grössere Anzahl Unbekannter enthalten, gestellt werden.

Aus den Eigenschaften der trigonometrischen Functionen hat man auch eine Lösung der Gleichungen der ersten Grade hergeleitet; diese ist klarer und nützlicher als diejenige, welche von der Combination von Wurzelzeichen abhängt; den Ursprung dieses Processes findet man in den Werken *Vieta*'s[29]. Auf diesem Wege aber gelangt man nicht zu einer allgemeinen Lösung der Gleichungen.

IV. In den zwei ersten Büchern behandeln wir Gleichungen mit einer Unbekannten, deren Coefficienten gegebene Zahlen sind.

Die unbekannten Zahlen α, β, γ, . . ., von denen eine jede die Eigenschaft hat, die linke Seite der Gleichung $X = 0$ zu annulliren, heissen reelle Wurzeln der Gleichung. Die Anzahl der reellen Wurzeln kann nicht grösser als der Grad m der Gleichung, wohl aber [17] kleiner sein; wenn dies letztere eintritt, so nennt man diese fehlenden Wurzeln imaginär[30], so dass die Gesammtzahl der reellen und imaginären Wurzeln einer Gleichung vom Grade m immer gleich m ist.

Es giebt Gleichungen, welche keine einzige reelle Wurzel haben, weil keine Zahl α existirt, die die linke Seite X, wenn man x durch α ersetzt, zu Null werden lässt oder, was das Gleiche ist, weil die Gleichung nicht durch $x - \alpha$ theilbar wird. Welches aber auch immer die Coefficienten $a_1, a_2, a_3, \ldots a_m$ der algebraischen Function fx sind, so kann man stets zwei positive oder negative Zahlen μ und ν finden, so dass die Function fx durch den Factor zweiten Grades $x^2 + \mu x + \nu$ ohne Rest theilbar ist.

Diesen fundamentalen Satz hat man schon lange bemerkt und dann auch bewiesen. Die Function X kann also immer gleich dem Product $(x^2 + \mu x + \nu) . Fx$ betrachtet werden: hier bezeichnet Fx eine andere algebraische Function.

Hat die Gleichung zweiten Grades $x^2 + \mu x + \nu = 0$ zwei reelle Wurzeln α und β, so dass der Factor $x^2 + \mu x + \nu$ gleich dem Product $(x - \alpha) (x - \beta)$ wird, so sind die Zahlen α und β auch reelle Wurzeln der vorgelegten Gleichung $X = 0$. Es kann auch eintreten, dass es keine Zahl giebt, welche den Factor zweiten Grades $x^2 + \mu x + \nu$ zu Null macht: dieser Fall ist der der imaginären Wurzeln.

Man betrachtet diese imaginären Wurzeln der Gleichung $x^2 + \mu x + \nu = 0$ als der Gleichung $X = 0$ angehörig. So ist der Ausdruck für die imaginären Wurzeln einer algebraischen Gleichung nichts anderes als ein durch Convention eingeführtes Zeichen bei einem Factor zweiten Grades $x^2 + \mu x + \nu$, welcher die linke Seite dieser Gleichung theilt und welcher durch keine an die Stelle von x gesetzte Zahl annullirt werden kann. Diese Erklärung der imaginären Wurzeln und die Bezeichnungen, welche sie ausdrücken, wurden in einer Zeit, in der man noch keine vollständige Kenntniss von der Natur der Gleichungen erworben hatte, eingeführt. Es ist sicher, dass man sie durch klarere Ausdrücke ersetzen könnte; aber es kätte keinen Vortheil, heute die gebräuchlichen Bezeichnungen zu ändern: es ist nur nöthig, genau ihren wahren Sinn zu kennen.

[18] V. Die variable Grösse x, welche in der algebraischen Function fx auftritt, kann man als Abscisse, und den numerischen Werth der Function als entsprechende Ordinate y betrachten. Setzt man voraus, dass x alle positiven und negativen Werthe annimmt, und bestimmt man die Form der Curve, so kennt man die Natur der Function fx, die Schnittpunkte der Curve und der Axe entsprechen den reellen Wurzeln. Setzt man die Werthe von x in die Function fx, um die Form der Curve zu bestimmen, so muss man x successiv alle seine Werthe beilegen; dies ist nicht ausführbar; aber wir beweisen im Folgenden, dass man diese Form vollständig durch eine sehr begrenzte Anzahl von Substitutionen bestimmen kann. Hierzu betrachtet man nicht nur die gegebene Function fx, sondern auch alle diejenigen, welche aus ihr durch wiederholte Differentiation folgen.

Wir setzen hier voraus, dass dem Leser die Principien und der Gebrauch der Differentialrechnung bekannt sind. Man kann die Theorie der Gleichungen nicht vervollständigen, ohne sich auf diese Principien zu berufen; die vollständige Lösung der numerischen Gleichungen muss als eine der wichtigsten Anwendungen der Differentialrechnung betrachtet werden. Uebrigens geben wir in dieser Einleitung ausdrücklich die Sätze, welche von der Infinitesimalanalysis abhängen, und die wir im Laufe unserer Untersuchungen anwenden, an. Diese Sätze sind in allen allgemeinen Werken bewiesen; die Processe dieser Rechnungen sind, wie man bemerken muss, sehr einfach, und die Wahrheit ist, wenn man sie auf die algebraischen Functionen, welche die linken Seiten der Gleichungen bilden, anwendet, sozusagen offenkundig. In diesem Werke wenden wir allgemein die Benennungen und Bezeichnungen an, welche durchgehends angenommen sind und fast sämmtlich von den Erfindern vorgeschlagen wurden. So behalten wir das bekannte Zeichen einer unendlich kleinen Grösse, d. h. einer veränderlichen Grösse, von der man eine unendliche Anzahl von Werthen betrachtet und welche kleiner als jede gegebene Grösse wird, bei. Wir bezeichnen auch mit $\frac{1}{0}$ eine unendlich grosse Grösse, d. h. eine Grösse, welche keinen wirklichen bestimmten Werth hat, sondern variabel ist und unbeschränkt wächst, sodass sie grösser als jede gegebene Grösse wird.

[19] Es seien fx, $\frac{d}{dx}fx$, $\frac{d^2\,fx}{dx^2}$, $\frac{d^3\,fx}{dx^3}$, etc. algebraische, mit fx, $f'x$, $f''x$, etc. bezeichnete Functionen; jede derselben wird aus der voraufgegangenen abgeleitet, indem man das Differential bezüglich x nimmt und durch dx dividirt; in diese Aufeinanderfolge von Functionen setzt man gewisse Zahlen ein; die Vergleichung der Resultate führt, wie wir bald beweisen werden, zur Kenntniss der Wurzeln der Gleichung $fx = 0$ und zu der der Curven, deren Gleichungen $y = fx$, $y = f'x$, $y = f''x$, $y = f'''x$, etc. sind. Um die Wurzeln der vorgelegten Gleichung zu finden, würde es nicht genügen, gewisse Zahlen in die Function fx zu setzen; vielmehr ist es nöthig, auch in den von ihr abgeleiteten Functionen $f'x$, $f''x$, $f'''x$, etc. diese Substitutionen zu machen.

Setzt man in einer gegebenen Function an die Stelle von x eine Zahl a, so kennt man den entsprechenden Functionswerth, welcher durch die Ordinate dargestellt wird; setzt man dieselbe Zahl a auch in die Function $\frac{dfx}{dx}$ oder $f'x$, so bestimmt man einen anderen Charakter derselben Function fx; hieraus erkennt man, ob diese Function, wenn der Werth a der Abscisse zunimmt, selbst zu- oder abnimmt, und man gewinnt das genaue Maass der virtuellen Zu- oder Abnahme. Dieses Maass ist der entsprechende Werth von $f'a$ oder der Fluxion erster Ordnung; in der Figur wird es durch die trigonometrische Function tangens des Winkels, welchen das Bogenelement mit einer zur Abscissenaxe parallelen Geraden bildet, dargestellt.

Auf dieselbe Art erkennt man, ob, wenn der Werth a von x zunimmt, die erste Fluxion zu- oder abnimmt, und diese Neigung zum Zu- oder Abnehmen ist auch eine messbare

Grösse: man bestimmt sie, indem man dieselbe Zahl a in die zweite Fluxion $f''x$ setzt. Ebenso verhält es sich mit den Fluxionen jeder Ordnung.

Die Grösse $\dfrac{d}{dx}fx$ oder $f'x$ ist eigentlich die Grenze des Verhältnisses der Zunahme der Function zu der entsprechenden Zunahme der Variablen und die Eigenthümlichkeiten der Curven machen alle Folgen dieser Art sehr bemerkbar.

[20] Der Werth der Function $\dfrac{dy}{dx}$ oder $f'x$ wird, wenn in dem Curvenpunkte, dessen Abscisse x ist, die Tangente der Abscissenaxe parallel ist, Null. Hat diese Function $f'x$ einen positiven Werth, so wächst mit wachsender Abscisse die Ordinate y oder fx: die Curve steigt an. Wenn aber $f'x$ einen negativen Werth hat, so nimmt bei wachsendem x die Ordinate ab: der Curvenzweig ist absteigend.

Das Vorzeichen des Werthes der Fluxion zweiter Ordnung $\dfrac{d^2y}{dx^2}$ oder $f''x$ lässt erkennen, ob die Curve in dem Punkte, dessen Abscisse x ist, concav oder convex ist. Hat diese Function $f''x$ einen positiven Werth, so ist die Curve concav: sie kehrt ihre convexe Seite dem unteren Theil der Fläche zu. Hat $f''x$ einen negativen Werth, so ist die Curve convex: sie kehrt ihre convexe Seite dem oberen Theil der Fläche zu. Ist der Werth der Fluxion zweiter Ordnung $f''x$ Null, so hat die Curve in dem Punkte, dessen Abscisse x ist, eine Inflexion. Dieser Inflexionspunkt kann in besonderen Fällen nicht sichtbar sein: allgemein trennt er zwei Bögen, von denen der eine convex, der andere concav ist. Alle diese Angaben lassen sich sehr leicht beweisen.

VI. Der Begriff der Grenzen war eines der hauptsächlichsten Elemente der griechischen Geometrie; zuerst findet man ihn in der Lehre von den Incommensurablen[31]), und besonders in dem Theorem, welches dazu dient, die Volumina zweier Tetraeder, welche eine gemeinsame Basis und gleiche Höhen haben, zu vergleichen. In der That kann man nicht, wie dies für die früher bekannten Theoreme der Fall war, die Gleichheit dieser zwei Volumina durch das wirkliche Aufeinanderlegen der Theile beweisen; sondern man muss hier eine unendliche Anzahl von Theilen betrachten[32]). Die Neueren

haben dann auf diesen Begriff der Grenzen ihre Analyse angewandt; dies ist der Ursprung der Infinitesimalrechnung.

Die Differentialgleichung drückt eine Beziehung zwischen
den Functionen einer oder mehrerer Variablen und den in
Bezug auf gewisse dieser Variablen genommenen Fluxionen
verschiedener Ordnung aus. [21] Diese Beziehungen gehören,
wie man erkannt hat, nicht allein der abstracten Wissenschaft
der Rechnung an: sie bestehen auch in den Eigenschaften der
Curven und Oberflächen, bei der Bewegung der festen und
flüssigen Körper, bei der Vertheilung der Wärme und bei den
meisten Naturerscheinungen. Die allgemeinsten Gesetze der
physischen Welt werden durch Differentialgleichungen ausgedrückt.

VII. Die linke Seite einer algebraischen Gleichung, deren
Grad m eine gerade Zahl ist, kann stets in eine gewisse Anzahl Factoren zweiten Grades der Form $x^2 + \mu x + \nu$, wobei
μ und ν positive oder negative Zahlen sind, zerlegt werden.
Ist der Grad m ungerade, so enthält die Gleichung ausserdem
einen reellen Factor ersten Grades $x - \alpha$. Von jeder Gleichung
$m$ten Grades nimmt man auch an, sie sei im Besitz von m
reellen oder imaginären Wurzeln: eigentlich fehlen diese letzteren Wurzeln der Gleichung.

Die Coefficienten a_1, a_2, a_3, ... a_m können so sein, dass,
wenn man die Curve, deren Gleichung $y = fx$ ist, construirt,
die Anzahl der Schnittpunkte der Curve mit der Abscissenaxe
gleich m wird. Wenn man aber die Werthe dieser Coefficienten verändert, so kann es vorkommen, dass gewisse Schnittpunkte verschwinden; sie fehlen in gerader Zahl. Auch die
Form der Curve kann sich ändern und dieselbe kann mehrere
ihrer Krümmungen verlieren. Dieser Mangel an Schnittpunkten oder an Krümmungen verursacht die imaginären
Wurzeln. Man muss bemerken und im Folgenden werden wir
es auch ausdrücklich beweisen, dass diese fehlenden oder
imaginären Wurzeln auch nicht durch die Form der Curve,
deren Gleichung $y = fx$ ist, angezeigt werden können. Oft
kommt es vor, dass die Schnittpunkte zunächst in einer der
abgeleiteten Curven, welche $y = f'x$, $y = f''x$, $y = f'''x$,
u. s. w. zur Gleichung haben, verschwinden. Wir werden
zeigen, dass man leicht die Intervalle, in denen diese Schnittpunkte fehlen, bestimmen kann.

VIII. Wenn die linke Seite der Gleichung mehrere reelle
Factoren ersten Grades wie $x - \alpha$, $x - \beta$, $x - \gamma$, u. s. w.

enthält, so können 2 oder 3 oder eine grössere Anzahl dieser Factoren gleich sein: das ist der Fall der gleichen Wurzeln. [22] Nimmt man an, dass die linke Seite durch $(x — \alpha)^2$, $(x — \beta)^3$ u. s. w. theilbar ist, so hat die Gleichung zwei Wurzeln, welche gleich α, oder drei Wurzeln, welche gleich β sind, trotzdem es nur wirklich eine einzige dieser Zahlen giebt, welche die Eigenschaft hat, die linke Seite zu Null zu machen. Die Construction würde das Zusammenfallen dieser Wurzeln klar machen.

Diesen Fall der gleichen Wurzeln kann man leicht unterscheiden und auflösen: man braucht nur die Functionen fx, $f'x$, $f''x$, u. s. w. zu vergleichen, um zu erkennen, ob es einen oder mehrere Factoren giebt, die fx und $f'x$, oder fx, $f'x$, $f''x$, u. s. w. gemeinsam sind. In dem besonderen Fall, dass eine solche Bedingung statt hat, muss man den gemeinsamen Factor, den man gefunden hat und der eine algebraische Function von x ist, besonders betrachten; man muss nur diese Function in ihre einfachen Factoren zerlegen.

Es genügt uns hier, diese Theoreme über die Eigenschaften der gleichen Wurzeln auszusprechen. Ihr Beweis ist bekannt, und besonders ist er eine evidente Folge der Differentiationen.

IX. Wir werden besonders von dem Satz, welcher die successive Entwicklung einer algebraischen Function des Binomes $z + b$ giebt, Gebrauch machen; aber man muss zu diesem Theorem den Ausdruck des Restes beifügen, welcher die Reihe, wenn man sie bei irgend einem Gliede abbricht, vervollständigt. Der Inhalt dieses Satzes ist zwar nicht so bekannt wie die voraufgegangenen, aber für eine exacte Behandlung der Gleichungen ist er völlig nothwendig: die aufeinanderfolgende Entwicklung der Function $f(z + b)$ wird durch die folgenden Gleichungen ausgedrückt:

$$f(z + b) = fz + bf'\,(z \cdots \overline{z + b}),$$

$$f(z + b) = fz + bf'z + \frac{b^2}{2} f''(z \cdots \overline{z + b}),$$

$$f(z + b) = fz + bf'z + \frac{b^2}{2} f''z + \frac{b^3}{2 \cdot 3} f'''(z \cdots \overline{z + b}),$$

u. s. w.

2*

Die mit der Charakteristik f bezeichnete Function ist algebraisch vorausgesetzt und zwar von derselben Natur wie
die im Artikel (III) behandelte Function fx, deren Werth
$x^m + a_1 x^{m-1} + \cdots + a_m$ lautet; b drückt eine bestimmte
der Variablen z zugefügte Zahl aus. Die mit $(z \cdots z + b)$
bezeichnete Grösse drückt eine gewisse unbekannte, zwischen
z und $z + b$ gelegene Zahl aus; [23] man muss besonders
bemerken, dass diese Zahl in den aufeinanderfolgenden Gleichungen nicht denselben Werth hat; nur ist sie immer zwischen
z und $z + b$ gelegen. Der vollständige Werth der Function
$f(z + b)$ wird so gebildet: 1. aus einer gewissen Anzahl von
Gliedern, nämlich einem einzigen für die erste, aus zweien
für die zweite, aus dreien für die dritte Gleichung, u. s. w.,
zu denen 2. noch ein letzter Term, welcher die Reihe vervollständigt, kommt; dieser enthält eine Function $f(m)$ einer gewissen Grösse; m ist dabei die Zahl der Glieder der Entwicklung; die Grösse, welche in dieser Function $f(m)$ als
Variable auftritt, ist nicht bekannt; für den Gebrauch, welchen
wir von diesem Satz machen wollen, ist dies auch nicht nöthig;
aber das steht fest, dass diese unbekannte Grösse grösser als
z und kleiner als $z + b$ ist. Derselbe Satz erstreckt sich auf
alle Functionen, aber hier wird er nur auf die algebraischen
angewandt. Den Ursprung dieses allgemeinen Satzes findet
man in den Schriften *Johann Bernoulli's*[33]: *Lagrange*[34] verdankt man die wichtige Bemerkung, welche den exacten Ausdruck für den Rest der Reihe ergiebt.

X. Es sei y eine algebraische Function fx; wir nehmen
an, dass x einen bestimmten Werth empfangen hat und man
diesen Werth um eine unendlich kleine Grösse dx, d. h. um
eine veränderliche Grösse, die immerfort abnimmt und **Null**
zur Grenze hat, vermehrt. Der Zuwachs dy der Function ist
selbst variabel, ebenso das Verhältniss dieses Zuwachses dy
zu dem Zuwachs dx. Bezeichnet man diese variable Grösse
dx, um welche x vermehrt wurde, mit h, so hat das Verhältniss, um welches es sich handelt, $\dfrac{f(x + h) - fx}{h}$ oder
$f'x + \dfrac{1}{2} h f''(x \cdots \overline{x + h})$ zum Ausdruck. Diese letztere Grösse,
welche mit unendlich klein werdendem h variirt, hat offenbar
$f'x$ zur Grenze: dies drücken die Mathematiker aus, indem
sie $\dfrac{dy}{dx} = f'x$ oder $dy = dx\, f'x$ schreiben. Denselben Satz

drückt man auch aus, indem man sagt, dass $f'x$ das äusserste Verhältniss der Zuwächse dy und dx ist oder dass der Werth von $f(x + dx)$ gleich $fx + dx f'x$ wird.

Es kann auch sein, dass der bestimmte Werth von x derartig ist, dass $f'x$ Null wird. In diesem Fall findet man den Zuwachs der Function durch die Gleichung:

$$[24]\ f(x + h) = fx + hf'x + \frac{h^2}{2} f''x + \frac{h^3}{2 \cdot 3} f'''(x \cdots \overline{x + h}) ;$$

da der Term $hf'x$ Null wird, so hat man:

$$\frac{f(x + h) - fx}{h^2} = \frac{1}{2} f''x + \frac{h}{2 \cdot 3} f'''(x \cdots \overline{x + h}) :$$

die Grenze der rechten Seite ist offenbar $\frac{1}{2} f''x$. Dies drückt man durch die Gleichung:

$$f(x + dx) = fx + \frac{1}{2} dx^2 f''x$$

aus. Das äusserste Verhältniss des Zuwachses y zu dem Quadrate des Zuwachses von x ist in diesem Falle eine endliche Grösse, die gleich $\frac{1}{2} f''x$ ist. Dieselben Folgerungen können auf den Fall angewandt werden, wo die Substitution des dem x beigelegten Werthes mehrere aufeinanderfolgende Functionen zum Verschwinden bringen würde.

Nachdem ich an diese Principien erinnert habe, soll eine der hauptsächlichsten Fragen aus der Gleichungstheorie, nämlich diejenige, welche die Bestimmung der Grenzen für alle Wurzeln zum Gegenstand hat, behandelt werden.

25] Synoptische Auseinandersetzung der in diesem Werke bewiesenen Resultate.

I. Das erste Buch behandelt eine allgemeine Methode, welche zwei Grenzen für jede reelle Wurzel zu finden und die imaginären Wurzeln zu unterscheiden lehrt. Um die algebraische Gleichung $m$ten Grades:

$$X = a_1 x^m + a_2 x^{m-1} + a_3 x^{m-2} + \cdots$$
$$+ a_{m-1} x^2 + a_m x + a_{m+1} = 0,$$

bei welcher die Coefficienten a_1, a_2, a_3, u. s. w. bekannte Zahlen sind, zu lösen, betrachtet man sogleich alle Functionen, welche aus der linken Seite X durch successive Differentiationen abgeleitet sind. Wir bezeichnen diese Functionen, welche wir in umgekehrter Anordnung schreiben, wie folgt:

$$X^{(m)}, \ X^{(m-1)}, \ X^{(m-2)}, \ \ldots X''', \ X'', \ X', \ X.$$

Ertheilt man der Variablen x einen vorgegebenen Werth α, welcher successiv von $\alpha = -\dfrac{1}{0}$ bis $\alpha = \dfrac{1}{0}$ wächst, und schreibt das Vorzeichen des Resultates jeder Substitution hin, so bildet man eine Reihe von Vorzeichen, welche der eingesetzten Zahl α entsprechen. In dieser Vorzeichenreihe, welche wir mit (α) bezeichnen, beachte man, wie vielmal es vorkommt, dass einem Vorzeichen ein gleiches und wie vielmal einem Vorzeichen ein verschiedenes Vorzeichen folgt, diese letztere Aufeinanderfolge von Vorzeichen nennt man Vorzeichenwechsel, und zähle, wie viele Male die Reihe (α) Zeichenwechsel enthält. [26] Lässt man nun die Zahl α allmählich unmerklich wachsen, so behält die Vorzeichenreihe (α) nicht immer die Anzahl der Vorzeichenwechsel, welche sie ursprünglich hatte und die wir mit j bezeichnen, bei; sie war zuerst gleich m, sie wird zuletzt Null. Man beweist, dass sie nur in dem Maasse, wie α zunimmt, abnehmen kann.

Die Anzahl j der Vorzeichenwechsel der Reihe (α) ändert sich nur, wenn es sich ereignet, dass die eingesetzte Zahl α

eine der abgeleiteten Functionen zum Verschwinden bringt; in diesem Falle kann es eintreten, dass die Anzahl der Vorzeichenwechsel, welche einem unendlich wenig grösseren Werthe als α entspricht, von der Anzahl der Vorzeichenwechsel, welche einem unendlich wenig kleineren Werthe als α entspricht, verschieden ist. Bei diesem Durchgang von einem ersten Werthe des α zu einem unendlich wenig verschiedenen zweiten Werthe ist es möglich, dass die Reihe der Vorzeichen eine gewisse Anzahl von Vorzeichenwechseln verliert. Es ist auch möglich, dass die Anzahl der Vorzeichenwechsel, welche dem ersten Werthe des α entspricht, dieselbe wie die Anzahl der Vorzeichenwechsel, welche dem zweiten Werthe des α entspricht, bleibt. Wir betrachten nicht das, was eintritt, wenn die Reihe alle Vorzeichenwechsel, welche sie ursprünglich hatte, beibehält, sondern nur das, was statt hat, wenn die Reihe eine gewisse Anzahl von Vorzeichenwechseln verliert. Hier bieten sich nun zwei total verschiedene Fälle dar: der erste, wenn in der Reihe (α), die eine gewisse Anzahl ihrer Vorzeichenwechsel verliert, die letzte Function X Null wird; der zweite, wenn die Reihe (α) einige ihrer Vorzeichenwechsel verliert, ohne dass die letzte Function X Null wird. Der erste Fall bezieht sich auf die Anzahl der reellen, der zweite auf die Anzahl der imaginären Wurzeln. Die Gleichung $X = 0$ hat ebensoviele reelle Wurzeln, wie die Reihe Vorzeichenwechsel verliert, wenn X Null wird, und diese Gleichung hat ebensoviele imaginäre Wurzeln, als die Vorzeichenreihe Wechsel verliert, ohne dass X Null wird. Dieses Theorem ist allgemein gültig und keiner Ausnahme unterworfen; wir geben sofort die zwei Hauptanwendungen, die es liefert, an:

1. Es ist leicht zu erkennen, wieviel Wurzeln man in einem gegebenen Intervall suchen muss. Will man wissen, wie viele Wurzeln die Gleichung $X = 0$ zwischen zwei mit a und b bezeichneten Grenzen haben kann, so substituire man die kleinere Grenze a in die vollständige Reihe von Functionen, und setze ebenso die grössere Grenze b in dieselbe Reihe ein, damit man die Anzahl der Vorzeichenwechsel der Reihe (a) mit der Anzahl der Vorzeichenwechsel der Reihe (b) vergleichen kann. [27] Sind diese zwei Zahlen von Vorzeichenwechseln gleich, so kann die vorgelegte Gleichung $X = 0$ sicher keine Wurzel zwischen a und b besitzen: es ist unmöglich, dass irgend eine Zahl, die grösser als a und kleiner als b ist, X annullire.

(A.) Überschreitet die Anzahl der Vorzeichenwechsel der

Reihe (a) diejenige der Vorzeichenwechsel der Reihe (b) und ist die Differenz i, so muss man zwischen a und b eine Anzahl i von Wurzeln suchen. Es ist unmöglich, dass in diesem Intervall eine Anzahl von Wurzeln, die grösser als i ist, liege; es kann aber auch weniger geben; diejenigen, welche fehlen, sind in gerader Zahl vorhanden.

Die von *Descartes* gegebene Regel, welche die Anzahl der positiven oder die Anzahl der negativen Wurzeln, die eine Gleichung besitzen kann, angiebt, ist ein Corollar zu dem voraufgehenden Theorem (A); es genügt, 0 und 1/0 als Grenzen a und b für die Wurzeln, um die es sich handelt, zu nehmen. Wenn zwei der Wurzeln, von denen das allgemeine Theorem (A) anzeigt, dass sie zwischen zwei gegebenen Grenzen gesucht werden sollen, in diesem Intervalle nicht existiren, so gehen sie in der vorgelegten Gleichung $X = 0$ verloren [35], d. h. sie entsprechen zwei imaginären Wurzeln dieser Gleichung. Tritt auch für ein anderes, von a und b verschiedenes Intervall a' und b' ein, dass zwei der Wurzeln, von welchen das Theorem anzeigt, dass sie zwischen a' und b' gesucht werden sollen, sich nicht in diesem Intervall befinden, so gehen auch diese zwei Wurzeln in der Gleichung $X = 0$ verloren; sie entsprechen zwei anderen imaginären Wurzeln der Gleichung $X = 0$. Allgemein sind die imaginären Wurzeln der Gleichung $X = 0$ diejenigen, welche in gewissen Intervallen, wo das Theorem ankündigt, dass sie gesucht werden sollen, verloren gehen. Wir sagten, dass die vorgelegte Gleichung $X = 0$ in einem Intervall keine Wurzel haben kann, falls die Substitution der zwei Grenzen a und b für die zwei Vorzeichenreihen (a) und (b) dieselbe Anzahl von Vorzeichenwechseln ergiebt. Hieraus folgt, dass eine Auflösungsmethode, welche nicht die Intervalle, in denen die Wurzeln gesucht werden müssen, angiebt, sehr mangelhaft ist; [28] denn die Intervalle, in denen die Existenz von Wurzeln unmöglich ist, sind weit ausgedehnter, als die Intervalle, in denen sich die Wurzeln finden können. Aus diesem Grunde soll man nicht von derjenigen Methode Gebrauch machen, welche darin besteht, der Reihe nach Zahlen $\varDelta$, $2\varDelta$, $3\varDelta$, $4\varDelta$, u. s. w., deren Differenz kleiner als die kleinste Differenz zwischen zwei Wurzeln ist, einzusetzen [23]; denn man kann so über sehr grosse Intervalle, in denen man Wurzeln sucht, operiren, obgleich es von vornherein klar zu erkennen ist, dass es dort keine geben kann. Man darf zur Aufsuchung der Wurzeln nur die mässigen Intervalle, in denen das Theorem (A) anzeigt, dass es dort Wurzeln geben kann, verwerthen.

II. Zerlegt man, um die zwischen zwei gegebenen Zahlen a und b gelegenen Wurzeln der vorgelegten Gleichung zu finden, dieses Intervall in Theile und substituirt zwischenliegende Zahlen, so wird man die Intervalle, in denen man die Wurzeln suchen muss, vermindern können; aber durch diese Substitutionen allein würde es nicht gelingen, die Natur der Wurzeln mit Sicherheit zu erkennen. Mit dem voraufgehenden Theorem (A) ist noch eine zweite Regel zu verbinden; sie lässt mit Sicherheit erkennen, ob die Wurzeln, welche man in einem gegebenen Intervall sucht, reell sind oder ob sie durch eine gleiche Anzahl imaginärer Wurzeln der Gleichung $X = 0$ ersetzt werden.

Gehen die zwei Wurzeln, welche nach dem Theorem (A) zwischen zwei gegebenen Grenzen gesucht werden sollen, in diesem Intervall verloren, so kommt dies daher, dass, wenn man eine gewisse, zwischen diesen zwei Grenzen gelegene Zahl α zugleich in drei aufeinanderfolgende, abgeleitete Functionen einsetzt, dieselbe die mittlere Function annullirt und für die zwei anderen Functionen Resultate von demselben Vorzeichen ergiebt. Dies ist der allgemeine Charakter der imaginären Wurzeln, dass die Vorzeichenreihe in diesem Falle zwei Vorzeichenwechsel verliert. Verschwindet die zwischenliegende Function, so ist diese Zahl α ein kritischer Werth [35], welcher einem Paare imaginärer Wurzeln entspricht.

Bezeichnet man die drei aufeinanderfolgenden Functionen, um die es sich handelt, mit $f^{(n+1)}(x)$, $f^{(n)}(x)$, $f^{(n-1)}(x)$, so existirt in diesem Falle ein gewisser, zwischen a und b gelegener Werth α, dessen Substitution $f^{(n)}(x)$ annullirt und für $f^{(n+1)}(x)$ und $f^{(n-1)}(x)$ zwei Resultate, die gleiche Vorzeichen haben, ergiebt.

[29] Sobald das Theorem angiebt, dass man zwischen den Grenzen a und b zwei Wurzeln suchen muss, bleibt die Natur dieser Wurzeln unsicher; sie können alle beide reell oder alle beide imaginär sein. Zur Lösung dieser Zweideutigkeit, welche nicht nur als eine der hauptsächlichsten, sondern auch als eine der schwierigsten Fragen der algebraischen Analysis angesehen werden muss, muss man nicht auf die Berechnung einer Gleichung, deren Wurzeln die kleinste mögliche Differenz zweier aufeinanderfolgender Wurzeln kennen lehren, zurückgehen; denn diese Berechnung ist nur für Gleichungen wenig hohen

Grades praktisch; selbst wenn man den Process, der ein solches Resultat ergiebt, vervollkommnen würde, würde die zu grosse Anzahl von Substitutionen eine allzu complicirte Rechnung erfordern. Wir werden die Regel, welche in diesem Falle die Natur der Wurzeln zu unterscheiden gestattet, angeben; verbindet man sie mit dem Theorem (A), so vervollständigt sie die Methode der Auflösung; bevor wir aber diese Regel mittheilen, wollen wir gewisse allgemeine Folgerungen aus den voraufgehenden Sätzen angeben.

Man sieht, dass es von $x = -\dfrac{1}{0}$ bis $x = +\dfrac{1}{0}$ drei Arten von Intervallen giebt. Die einen von unendlicher Grösse sind derartig, dass es ganz unnöthig sein würde, dort Wurzeln der Gleichung $X = 0$ zu suchen: man erkennt unmittelbar, dass es dort keine geben kann. Die zwei anderen Arten sind: 1. diejenigen, in denen sich thatsächlich reelle Wurzeln befinden; 2. diejenigen, in denen die Wurzeln verloren gehen. Diese fehlenden Wurzeln entsprechen den imaginären Wurzeln. Für jedes Paar imaginärer Wurzeln existirt ein reeller Werth der Variablen x, sodass, wenn x gleich diesem Werthe wird, die Vorzeichenreihe sogleich zwei Vorzeichenwechsel verliert, ohne dass X Null wird. Die Anzahl der Paare imaginärer Wurzeln ist nothwendig gleich der Anzahl dieser kritischen Werthe. Aus diesem allgemeinen Satz schliesst man den von *de Gua de Malves* [20]), welcher die bei algebraischen Gleichungen mit lauter reellen Wurzeln eintretenden Bedingungen ausdrückt.

Wir haben oben bemerkt, dass der Charakter der kritischen Werthe darin besteht, eine zwischenliegende abgeleitete Function zu annulliren und dabei der voraufgehenden und folgenden Function dasselbe Vorzeichen zu geben. [**30**] Diese Bedingung ist nicht nur auf die ursprüngliche Function X anwendbar. Tritt sie für eine der abgeleiteten Functionen irgend welcher Ordnung $X^{(n)}$ ein, d. h. ergiebt der reelle Werth von x, welcher diese Function $X^{(n)}$ annullirt, für die voraufgehende Function $X^{(n+1)}$ und die folgende, nämlich $X^{(n-1)}$, zwei Resultate desselben Vorzeichens, so kündigt diese Eigenschaft, zwei imaginäre Wurzeln der Gleichung $X^{(n-1)} = 0$, deren linke Seite eine zwischenliegende Function ist, an. Man schliesst mit Sicherheit, dass die ursprüngliche Gleichung $X = 0$ auch in demselben Intervalle a bis b zwei Wurzeln verliert. Aus dieser Bemerkung erkennt man, dass die imaginären Wurzeln der Gleichung $X = 0$ nicht sämmtlich von derselben Gattung sind; die einen gehen in der ursprünglichen Gleichung, die anderen in den abgeleiteten Gleichungen, welche aus ihr durch Differentiation folgen, verloren. Im übrigen ist die Form aller dieser Wurzeln, welcher Gattung sie auch seien, immer diejenige des Binoms $\alpha + \beta \sqrt{-1}$, d. h. zwei dieser conjugirten Wurzeln entsprechen einem Factor zweiten Grades, dessen zwei Coefficienten reell sind.

Die imaginären Wurzeln, welche in der ursprünglichen Gleichung $X = 0$ verloren gehen, sind durch die Figur der Curve, deren Gleichung $y = X$ ist, angezeigt; jedes Paar imaginärer Wurzeln entspricht einer Ordinate, deren Werth, abgesehen vom Vorzeichen, ein Minimum ist. Mit den imaginären Wurzeln, welche in den abgeleiteten Gleichungen verloren gehen, verhält es sich nicht ebenso; ihre Form wird nicht auf dieselbe Art durch die Figur der Curve, deren Gleichung $y = X$ ist, angezeigt; stellt man sich aber vor, dass alle Curven, welche den abgeleiteten Functionen aller Ordnungen entsprechen, gezeichnet seien, so werden alle imaginären Wurzeln der Gleichung $X = 0$ ersichtlich; jedes Paar dieser Wurzeln wird einem absoluten Minimum bei einer Curve, deren Ordinate der Werth einer abgeleiteten Function ist, entsprechen.

III. Es bleibt noch übrig, die Regel, welche wir auch schon früher zur Unterscheidung der imaginären Wurzeln gegeben haben [36] und welche diese Frage vollkommen löst, auseinanderzusetzen.

[31] (B) Die Anwendung des Theorems (A) möge uns lehren, dass man zwischen den Grenzen a und b eine gewisse Anzahl j von Wurzeln suchen muss; es handelt sich darum, zu erkennen, welche unter den so angezeigten Wurzeln in der That existiren und welche, da sie ebenso vielen imaginären Wurzeln der vorgelegten Gleichung entsprechen, sich nicht in diesem Intervall befinden können; die ganze Zahl j ist immer nach Voraussetzung grösser als 0. Man muss bemerken, dass das allgemeine Theorem (A) nicht allein auf die ursprüngliche Gleichung $X = 0$ anwendbar ist, es kündigt vielmehr auch an, wie viele Wurzeln die abgeleitete Gleichung $X' = 0$ in einem gegebenen Intervalle besitzen kann; ebenso verhält es sich mit den abgeleiteten Gleichungen der folgenden Ordnungen, nämlich $X'' = 0$, $X''' = 0$, $X^{IV} = 0$, u. s. w.; durch Anwendung des Theorems erkennt man sofort, wieviele Werthe von x, welche diese verschiedenen Functionen zu annulliren geeignet sind, man in einem gegebenen Intervalle

suchen muss. Wir wollen annehmen, dass man in der ganzen
Reihe der abgeleiteten Functionen $f^{(n)}(x)$, $f^{(n-1)}(x)$, $f^{(n-2)}(x)$, ...
$f'''(x)$, $f'(x)$, $f(x)$ unter jede dieser Functionen eine Zahl i
schreibt; diese giebt an, wieviele Wurzeln die Gleichung, deren
linke Seite diese Function ist, in dem Intervalle der zwei
Grenzen a und b haben kann. Die mit i bezeichneten Zahlen
zeigen an, wieviele Wurzeln der entsprechenden Gleichung
man in dem gegebenen Intervalle suchen müsste, wenn man
diese Gleichungen zu lösen beabsichtigen würde. Die entsprechenden Zahlen, welche wir Indices nennen, können
sofort, wenn man nur die ganze Reihe der abgeleiteten
Functionen ansieht, hingeschrieben werden.

Dies vorausgesetzt, suche man, indem man die ganze Reihe
von rechts nach links durchläuft, die erste Function, deren
Index den Werth 1 hat, und mache bei dieser Function, die
wir mit $f^{(r)}(x)$ bezeichnen, halt. Der voraufgehende, rechts
von diesem stehende Index wird, wie wir zeigen, immer 2
sein. Dann wird man sehen, ob der folgende, links von
$f^{(r)}(x)$ stehende Index 0 ist. Wenn dies nicht der Fall ist,
so muss man das Intervall a, b der Grenzen durch Einsetzung
einer zwischenliegenden Zahl α für x in zwei Theile zerlegen. So wird man das Intervall a, b durch zwei andere
a, α und α, b ersetzen und dann die voraufgehende Regel
zur Aufsuchung der Wurzeln in diesen zwei Intervallen verwerthen. Operirt man derartig, so wird man immer und zwar
sehr rasch zu dem oben erwähnten Falle gelangen, d. h. bei
dem neuen Zustand der vollständigen Reihe der Vorzeichen
wird, indem man von rechts nach links vorgeht, der ersten
Function, welche den Index 1 hat, der Index 0 links voraufgehen.

[**32**] Bezeichnet man die Function, für welche diese Bedingung erfüllt ist, mit $f^{(r)}(x)$, so wird man die drei aufeinanderfolgenden Functionen $f^{(r+1)}(x)$, $f^{(r)}(x)$, $f^{(r-1)}(x)$, deren
Indices bezüglich 0, 1, 2 sind, betrachten. Man schreibt die
Grösse $-\dfrac{f^{(r-1)}(x)}{f^{(r)}(x)}$ hin und kennt, wenn man x gleich der
kleinsten Grenze a macht, den Werth des Quotienten $-\dfrac{f^{(r-1)}(a)}{f^{(r)}(a)}$;
ist dieser Quotient nicht kleiner als die Differenz $b - a$ der
zwei Grenzen, so ist man sicher, dass die zwei Wurzeln, welche
man zwischen a und b suchte, in dem Intervalle verloren
gehen; dieselben entsprechen daher einem Paare imaginärer

Wurzeln der ursprünglichen Gleichung $X = 0$. In diesem Falle wird man von jedem der Glieder der Reihe der Indices, die rechts von $f^{(r-1)}(x)$ stehen, dies eingeschlossen, bis zu dem letzten Gliede X, dieses auch eingeschlossen, zwei Einheiten subtrahiren. Für die links von $f^{(r-1)}(x)$ stehenden Glieder wird man die vorher gefundenen Indices beibehalten und hiermit eine neue Reihe von Indices für dasselbe Intervall der zwei Grenzen a und b erlangen. Man wird dann die Aufsuchung der Wurzeln so fortsetzen, als wenn die neue Reihe der Indices diejenige wäre, welche man ursprünglich gefunden hatte. Durch diese Prüfung der Werthe der Quotienten gelangt man schnell und ohne irgend welche Unsicherheit zur Trennung aller Wurzeln.

Die singulären Fälle, bei denen die Differentialfunctionen gemeinsame Factoren haben, lösen sich vermöge der bekannten Theoreme über die gleichen Wurzeln leicht auf.

Anstatt die Grenze a in den Ausdruck $-\dfrac{f^{(r-1)}(x)}{f^{(r)}(x)}$ zu setzen, kann man die grösste Grenze b einsetzen und den Quotienten $+\dfrac{f^{(r-1)}(b)}{f^{(r)}(b)}$ mit der Differenz $b - a$ vergleichen. Ist dieser Quotient nicht kleiner als $b - a$, so ist man sicher, dass in dem Intervalle zwei Wurzeln verloren gehen. Endlich würde man denselben Schluss ziehen, wenn die Summe der zwei Quotienten $-\dfrac{f^{(r-1)}(a)}{f^{(r)}(a)} + \dfrac{f^{(r-1)}(b)}{f^{(r)}(b)}$ nicht kleiner als $b - a$ wäre. So ist man jedesmal, wenn die Differenz $b - a$ der zwei Grenzen nicht grösser [**33**] als die Summe der zwei Quotienten ist, sicher, dass die zwei Wurzeln, welche man zwischen a und b suchen sollte, in diesem Intervalle verloren gehen, und dass sie folglich zwei imaginären Wurzeln der Gleichung $X = 0$ entsprechen. Wenn hingegen die Summe der zwei Quotienten kleiner als die Differenz $b - a$ ist, so kündigt dies an: die Grenzen a und b liegen nicht nahe genug bei einander, dass man die Natur der Wurzeln durch eine einzige Operation erkennen kann. Man wird dann in das Intervall von a und b eine zwischenliegende Zahl α einsetzen, und zwei Intervalle a, α und α, b bilden; das Theorem (A) wird sofort dasjenige dieser Intervalle, in welchem man die zwei Wurzeln suchen muss, angeben. Man wird die Anwendung der gegenwärtigen Regel fortsetzen, und es ist unmöglich,

dass man durch Fortführung dieser Prüfung nicht dazu ge-
lange, die Natur der Wurzeln zu unterscheiden.

IV. Die soeben ausgesprochenen Sätze sind Gegenstand
des ersten Buches; sie werden dort mit allen Entwicklungen,
welche zu einem elementaren Studium erforderlich sind, bewiesen. Das Theorem (A) und die Regel, welche wir zur
Unterscheidung der imaginären Wurzeln angegeben haben,
führen schnell und mit Sicherheit dazu, die Wurzeln zu trennen.
Die mehrfache Anwendung dieser Regel (B) zeigt, wie leicht
dieselbe zu gebrauchen ist. Dieser Vortheil entstammt daher,
dass man auf eine specielle Art für jedes der Intervalle, in
dem man Wurzeln sucht, operirt; man betrachtet das für dieses
Intervall Eigenthümliche gesondert und führt dabei nur diejenigen Rechnungen, welche absolut nothwendig sind, um die
Natur der zu suchenden Wurzeln zu beurtheilen, aus. Im
Allgemeinen erfordert die Anwendung der Regel (B) wenig
Rechnung; die erste oder die zweite Operation genügt, um
die Natur der Wurzeln zu erkennen; dennoch kann es besondere Fälle geben, bei denen die Untersuchung nicht so rasch
endet. Dies tritt dann ein, wenn die Differenz der zwei
reellen Wurzeln ausserordentlich klein ist, oder, wenn der
dem absoluten Minimum entsprechende Punkt der Axe der x
sehr nahe liegt. [**34**] Man muss hierzu bemerken: 1. dass der
Fall der gleichen Wurzeln, wie wir schon oben sagten, sehr
leicht zu unterscheiden ist, 2. dass hingegen die Untersuchung
der Wurzeln in dem Intervall a bis b eine durch nichts zu
ersetzende aufmerksame Prüfung erfordert, falls in diesem
Intervall die Curve, deren Ordinate den Functionswerth darstellt, sich der x-Axe entweder schneidend oder nicht schneidend ausserordentlich nähert. Der Vortheil der Regel und
ihre wesentliche Eigenthümlichkeit bestehen darin, dass sie
nur unvermeidliche Rechnungen verlangt; besonders gestattet
sie, wenn sie dem Intervall angepasst wird, die Natur der
Wurzeln in den anderen Intervallen, in denen zwei aufeinanderfolgende Wurzeln nicht sehr wenig verschieden sind, sehr
schnell zu erkennen. Würde man hingegen die Unterscheidung
der Wurzeln von der Berechnung der kleinsten möglichen
Differenz zweier aufeinanderfolgender Wurzeln abhängig machen,
so würde die Untersuchung in diesem Falle sehr lange und
überflüssige Operationen erfordern. In allen möglichen Fällen
gelingt es, durch die Anwendung des Theorems (A) und der
Regel (B) die reellen Wurzeln völlig zu trennen; jede der-

selben findet sich in ein bestimmtes Intervall eingeordnet, und man ist sicher, dass in demselben keine andere Wurzel gelegen sein kann. Es handelt sich dann, auf eine möglichst directe Art zur Berechnung jeder reellen Wurzel vorzugehen und die Convergenz der Annäherung exact abzuschätzen; diese zwei Fragen werden im zweiten Bande behandelt.

V. Die von uns als linear bezeichnete Annäherung folgt aus der *Newton*'schen Methode, nachdem man allen speciellen Bedingungen, welche dieselbe sicher stellen und ihren Gebrauch regeln, genügt hat. Die Constructionen machen diese Sätze sehr klar. Wenn die drei letzten Indices die Zahlen 0, 0, 1 geworden sind, — diese Bedingung kann man immer leicht herbeiführen — geht man zu der Annäherung über.

Es handelte sich dann darum, jede überflüssige Operation bei der Berechnung der Wurzeln zu vermeiden. Zu diesem Zweck war es nöthig, die elementare Regel der Division der Zahlen zu vervollkommnen. Man muss die Rechnung derartig anordnen, dass die Ziffern des Divisors nur successiv und auch nur dann eingeführt werden, falls sie dazu beitragen sollen, neue exacte Ziffern des Quotienten kennen zu lehren. Wir haben diese neue arithmetische Regel gegeben; sie ist von derjenigen von *Oughtred*[37]) verschieden; diese würde nicht für unsere Frage genügt haben. Dieselbe Regel der geordneten Division kann dazu dienen, die Gleichung zweiten Grades unmittelbar aufzulösen; man könnte sie sogar zur Auflösung der Gleichungen höheren Grades verwenden.

[35] VI. Es bleibt uns noch übrig, genau die Convergenz der Annäherung zu messen. Die Differentialrechnung lehrt den Charakter dieser linearen Annäherung kennen; sie drückt das Gesetz, nach dem die Anzahl der sicheren Ziffern bei jeder neuen Operation wächst, aus. Der Fehler, den man begehen kann, oder die Differenz zwischen dem exacten und dem angenäherten Werthe für die Wurzel nimmt rasch ab. Jede neue Annäherung verdoppelt die Anzahl der bekannten Ziffern oder genauer fügt zu den schon bestimmten Ziffern eine gleiche Anzahl sicherer Ziffern vermehrt oder vermindert um eine constante Zahl hinzu. Der Bruch, welcher den einer sicheren Operation entsprechenden Fehler ausdrückt, nimmt immer mehr ab; er ist das Product aus dem Quadrat des unmittelbar voraufgehenden Fehlers in einen unveränderlichen und gegebenen Factor.

Die lineare Annäherung wird durch ein System aufeinanderfolgender Tangenten dargestellt.

Die Annäherung zweiter Ordnung ist diejenige, welche aus der Berührung von Parabelbögen stammt; sie hat einen eigenthümlichen Charakter, welchen die voraufgehende Analyse auch kennen lehrt. Die Convergenz ist viel rascher; der einer Operation entsprechende Fehler ist das Product aus einem constanten Factor in den Cubus des voraufgehenden Fehlers. Diesen Satz beweist man für die Annäherung zweiter Ordnung ziemlich leicht; aber dieselbe Betrachtung würde man nicht auf die Annäherungen aller Ordnungen ausdehnen können, denn man müsste Gleichungen höheren Grades durch Formeln, welche der *Cardani*'schen analog sind, lösen können. Da ich den Grad der Convergenz der Annäherungen der verschiedenen Ordnungen und den Factor, welcher ihnen eigenthümlich ist, genau zu kennen wünschte, habe ich für diese Untersuchung ein ganz verschiedenes Verfahren angewandt, welches nicht die Auflösung in Wurzelfunctionen erfordert. Ich bestimmte durch die Regel, welche die des analytischen Parallelogramms genannt wird, die ersten Glieder der Wurzeln der Buchstabengleichungen. Von diesen Gleichungen haben wir zwar nur im vierten Buche gehandelt, aber ich wandte im voraus auf diese hier vorliegende Frage die dort bewiesenen Regeln an; durch dieses Mittel findet man das genaue Maass für die Convergenz der Annäherungen, welche von der Berührung aller Ordnungen abhängen. Das Resultat ist sehr einfach und drückt sich, wie folgt, vollständig aus: [**36**] der jeder der aufeinander folgenden Operationen entsprechende Fehler nimmt wie die Potenzen eines sehr kleinen Bruches ab; er ist für die Annäherung irgend einer Ordnung i gleich dem Product der $i+1$ ten Potenz des voraufgehenden Fehlers in einen constanten Factor. Dieser Factor ist $\dfrac{-1\,f^{(i+1)}(x)}{1\cdot 2\cdot 3\cdot 4\cdots (i+1)\,f'(x)}$; dabei bezeichnet x einen gewissen Werth, welcher immer derselbe bleibt; die Function $f'(x)$ im Nenner ist immer die erste Fluxion der Variablen, $i+1$ bedeutet die Ordnung der Differentiation. Uebrigens betrachten wir diese Frage hier nur in theoretischer Beziehung, damit bei der Prüfung der algebraischen Annäherungen nichts Unbekanntes übrig bleibe. Vergleicht man die Processe, welche alle gleich exact sind, unter einander, und fragt nach dem einfachsten und leichtesten Process, den man in der Praxis wählen muss, so ist es hier die lineare Annäherung, wie wir sie oben auseinandergesetzt haben.

VII. Auch die Frage über die sichere Unterscheidung der

imaginären Wurzeln haben wir unter verschiedenen Gesichtspunkten betrachtet; diese Untersuchung ist in der Theorie der Gleichungen ein Hauptpunkt, den man nicht eingehend genug aufklären kann. Zuerst besteht die ganze Schwierigkeit in der Vorzeichenbestimmung des Resultates, das man erhält, wenn man in eine gegebene Function einen nicht exact bekannten, sondern nur sehr angenäherten Werth einer Wurzel α einsetzt, die eine gegebene Function $\varphi\,(x)$ auf Null reducirt. Ist diese Function nicht die Fluxion erster Ordnung $f'x$, so wird man das Vorzeichen durch die früher bewiesenen Principien erkennen; derselbe Satz lässt sich auch auf Functionen einer beliebigen Anzahl von Variablen anwenden. Aber in dem singulären Falle, in dem die durch α annullirte Function die erste abgeleitete Function $f'x$ ist, bleibt das Vorzeichen des Resultates unsicher. Mit diesem Fall hat man es zu thun, wenn man sich nach der Anwendung des Theorems (A) die Aufgabe stellt zu entscheiden, ob die zwei gesuchten Wurzeln reell oder imaginär sind; man muss dann diese Zweideutigkeit in dem singulären Falle, in dem die abgeleitete Function $f'x$ ist, auflösen. Von dieser Frage haben wir eine erste Lösung gegeben; die Anwendung ist zwar allgemein und leicht, aber ich wollte dem Ursprunge dieser Frage nachgehen und erkennen, ob keine andere Lösung existirt. [37] Aus dieser Prüfung geht nun hervor, dass die Unsicherheit nicht mehr besteht, wenn man die Function fx durch $fx + f'x$ ersetzt; man führt die Frage so auf einen allgemeineren Fall zurück und entdeckt hierdurch einen sehr einfachen Process, welcher die Natur der zwei gesuchten Wurzeln erkennen lehrt.

Zweitens kann man dieselbe Frage noch auflösen, indem man von der Annäherung zweiter Ordnung Gebrauch macht. Man betrachtet die Berührung der Parabelbögen, welche mit der ursprünglichen Function an den zwei Enden des Intervalles, in dem man die zwei Wurzeln sucht, zusammenfallen. Wir gelangen so zu einer allgemein gültigen Regel, die imaginären Wurzeln sehr rasch zu unterscheiden; man gelangt auf diesem Wege hierzu sogar, ehe die Grenzen so nahe liegen, wie es die Regel des Artikels V erfordert; aber die ausserordentliche Einfachheit dieser Regel des Artikels V wird ihr immer ausser in besonderen Fällen, welche man leicht erkennt, für die Anwendung den Vorzug geben.

VIII. [38]) Die in den zwei ersten Büchern bewiesenen Principien lassen sich leicht und in allen möglichen Fällen auf die

Unterscheidung der imaginären Wurzeln und die Berechnung der reellen Wurzeln anwenden. Würde man nur den einen Zweck der Auflösung, die thatsächliche Ermittelung der Wurzeln, ins Auge fassen, so würden diese Methoden für den Gegenstand unserer Untersuchungen genügen. Aber Fragen, welche sich auf die Fundamente der Analysis beziehen, sollen von verschiedenen Gesichtspunkten aus behandelt werden; denn ein principieller Gegenstand ist nur dann wohl bekannt, wenn man sich eine richtige Idee seiner Beziehungen zu allen ihn berührenden Fragen bildet. Deswegen prüfen wir auch die anderen Methoden, welche theils zur Unterscheidung, theils zur Berechnung der Wurzeln dienen können. Bei dieser Vergleichung entdeckt man die allen diesen Methoden gemeinsamen Principien und erwirbt so allgemeine Begriffe, welche die Theorie vervollständigen. Diese Betrachtungen sind im dritten Buche erläutert.

Zunächst bemerkt man: dass, wenn man zur Trennung der reellen Wurzeln gelangt ist, so dass sich jede derselben allein in einem verschiedenen Intervall befindet, man den Werth der Wurzel durch sehr verschiedene Processe, welche eine vollständige Kenntniss des gesuchten Werthes ergeben, entwickeln kann. [38] Der Ausdruck in Decimalziffern ist der gebräuchlichste und klarste. Da die von uns auseinandergesetzte Methode immer zwei Werthe ergiebt, welche sich nur durch die letzte Ziffer unterscheiden, und von denen der eine grösser, der andere kleiner als die gesuchte Wurzel ist, so bleibt nichts unsicher. Aber diese elementare Entwicklung ist nicht die einzige, welche sich aus der algebraischen Gleichung herleiten lässt; man kann die Wurzel auch entweder in Kettenbrüchen oder in Brüchen darstellen, die einem gewissen willkürlich gewählten Gesetze unterworfen sind.

Ist zum Beispiel eine Wurzel eine irrationale Zahl, deren Werth man entwickeln will, und ist α der Bruch, welcher diesen Werth zur nächsten ganzen Zahl vervollständigen soll, so kann man suchen, wieviel mal die Einheit diesen Bruch enthält. Man wird dann den ersten Rest b bestimmen. Vergleicht man diesen mit der Einheit und weiss, wieviel mal dieser erste Rest in derselben enthalten ist, so wird man den Werth eines neuen Restes c finden. Man wird diesen Bruch c von neuem mit der Einheit in Verbindung bringen und so unausgesetzt fortfahren, jeden Rest mit der Einheit und nicht mit dem voraufgehenden Reste, wie man es bei der Berechnung der Kettenbrüche thut, zu vergleichen. Setzt man diese Entwicklung unausgesetzt fort, so ergiebt dies eine Entwicklung der Form

$$\alpha = \frac{1}{p} - \frac{1}{p\,q} + \frac{1}{p\,q\,r} - \frac{1}{p\,q\,r\,s} + \cdots, \quad p, \ q, \ r, \ s, \ \ldots \ \text{sind}$$

ganze Zahlen, welche man leicht bestimmt. Der Werth von α liegt zwischen zwei Grenzen, welche nur dadurch verschieden sind, dass man die letzte dieser ganzen Zahlen sich um die Einheit ändern lässt; so ist die Annäherung vollständig und zwar rasch convergent.

Man könnte noch eine Reihe M, N, P, Q, $\ldots$ von Vielfachen der Einheit wählen und den Werth von α, welchen man entwickeln muss, mit dem ersten Vielfachen und die successiven Reste mit den anderen gegebenen Vielfachen vergleichen.

Man kann den Bruch α auch auf folgende Art mit der Einheit vergleichen. Angenommen, α sei m mal in der Einheit enthalten und es giebt einen ersten Rest. Nimmt man $\dfrac{1}{m}$ zum ersten Näherungswerth für α, so wird die Differenz $\dfrac{1}{m} - \alpha$ ein Bruch β sein, den man auf dieselbe Art mit der Einheit vergleichen wird. [39] Setzt man diese Rechnung fort, so wird der Bruch α in eine Reihe entwickelt werden, bei welcher jedes Glied die Einheit zum Zähler hat; die Nenner sind ganze Zahlen, welche man durch Vergleichung der successiven Reste mit der Einheit gefunden hat.

Diese verschiedenen Entwicklungen, von denen die Kettenbrüche ein besonderer Fall sind, haben Eigenthümlichkeiten, welche sich auf die Theorie der Zahlen beziehen; aber wir betrachten hier diese verschiedenen Annäherungsformen unter einem anderen Gesichtspunkte; sie dienen nämlich dazu, die algebraischen Irrationalzahlen in Reihen von ganzen, unbegrenzt fortgesetzten Zahlen auszudrücken. Man erkennt zuerst, dass, wenn eine numerische Gleichung vorgelegt ist, man die zwischen zwei Grenzen a und b gelegene Wurzel entwickeln kann, indem man nach Willkür entweder den Ausdruck in Kettenbrüchen darstellt oder eine der oben angegebenen Entwicklungen wählt. Man bestimmt die Theilnenner genau und zwar ebenso, wie man es thun würde, wenn der gesuchte Werth durch eine Gleichung ersten Grades, deren zwei Coefficienten bekannt sind, gegeben wäre. In diesem letzteren Falle würde die Entwicklung abschliessen; sie ist unendlich,

wenn man eine algebraische irrationale Wurzel ausdrückt; die
vorgelegte Gleichung liefert sofort die aufeinanderfolgenden
Nenner. Wie auch immer die Form der gewählten Entwicklung sei, man erhält immer für die Wurzel zwei besser angenäherte Werthe, zwischen denen sie sicher liegt; hierzu genügt es, jeden Nenner um eine Einheit sich ändern zu lassen.
So ist die Convergenz ebenso wie für die Kettenbrüche bewiesen, und im allgemeinen ist diese Convergenz von derselben Ordnung.

Beispiele verdeutlichen diesen Schluss. Man erkennt, dass
eine Wurzel einer Gleichung, auf die man die im ersten Buche
bewiesenen Regeln (A) und (B) angewandt hat, nicht weniger
deutlich bestimmt ist, als wäre sie durch eine Gleichung ersten
oder zweiten Grades ausgedrückt; denn die Coefficienten der
vorgelegten Gleichung irgend welchen Grades ergeben alle
Theile der Entwicklung ohne Ungewissheit. So ist die Wurzel
irgend einer algebraischen Gleichung nicht weniger unvollkommen ausgedrückt, obgleich der Grad der Gleichung hoch ist;
[40] es bestimmt blos der Grad die Ordnung, nach welcher
die in die Entwicklung eintretenden Zahlen sich folgen. Diese
Ordnung ist jedem Grade eigenthümlich; die Zahlen, welche
sie in allen Fällen bilden, sind auf gleiche Art bekannt. Um
daher diese Werthe vollständig auszudrücken genügt die Aufsuchung der algebraischen Irrationalen. Man fordert nur, dass
man die Frage über die Untersuchung der Reellität einer Wurzel
und die Unterbringung einer jeden reellen Wurzel in einem
Intervall für sich allein durch eine exacte und leichte Methode
auflöse. Ist diese Unterscheidung der Wurzeln vollendet, so
besteht die Auflösung nur noch in einer arithmetischen Entwicklung. Die Wurzel wird sich immer zwischen zwei Grenzen,
die man einander beliebig nahe bringen kann, befinden. Die
Zahlen, welche die Entwicklung bilden, haben bestimmte Werthe,
die man aus den Coefficienten der vorgelegten Gleichung ab-
leitet, so dass man alles, was dazu dienen kann, die gesuchte
Wurzel vollkommen auszudrücken, kennt.

IX. Um dieser Prüfung der Natur der algebraischen Irrationalen eine grössere Ausdehnung zu geben, zeigen wir in
demselben Buche, dass diese auch in continuirliche Functionen
entwickelt werden können; wir berichten auch über die geometrischen Constructionen, welche die Resultate sehr klar machen.
Diesen Gebrauch der continuirlichen Functionen kann man
nicht genügend erläutern ohne Einzelheiten und ohne Beispiele,

die indess bei einer allgemeinen Auseinandersetzung nicht
gebracht werden können; wir beschränken uns auf folgende
Bemerkungen [39]: Man betrachtet eine gewisse Relation zwischen
einem ersten für die gesuchte Wurzel angenommenen Näherungswerth x und einem zweiten x', der besser als x ist. Bestehe
zum Beispiel zwischen x und x' die sehr einfache Relation
$x' = 1 + \dfrac{1}{x}$. Man würde dann x irgend einen willkürlichen
Werth beilegen und hieraus den entsprechenden Werth von x'
erschliessen. Nimmt man als zweiten Werth von x den soeben
für x' gefundenen, so würde man aus derselben Relation einen
neuen Werth x'' herleiten; dieser würde, für x gesetzt, einen
folgenden Werth x''' liefern. Fährt man so fort, so erhält
man für die unbekannte Wurzel immer bessere Näherungswerthe. [41] Der Werth dieser Irrationalzahl lautet hier $\sqrt{2}$:
denn die Annäherung hat einen derartigen Werth von x zur
Grenze, dass die Relation $x' = 1 + \dfrac{1}{x}$ bei dem Werthe,
welchen man x giebt, keine Veränderung herbeiführen würde;
man hätte daher: $x = 1 + \dfrac{1}{x}$ oder $x^2 = 2$. Für eine andere
recurrente Relation würde man einen analogen Satz finden;
dieser Process ist auch auf Gleichungen beliebigen Grades
anwendbar. Die unbekannte Wurzel ist eine Grenze, der man
sich unendlich nähert, und die Differenz wird kleiner als jede
angebbare Grösse. Die Constructionen, welche dieser Art der
Annäherung entsprechen, sind bemerkenswerth. Beispiels-
weise bestehen sie hier in einer rechtwinkligen Spirale, deren
äusserster Punkt sich continuirlich dem Schnittpunkt, welcher
dem Werth der Wurzel entspricht, nähert.

Durch denselben Process findet man auch Wurzeln der
Exponential- oder transcendenten Gleichungen; in der analytischen Theorie der Wärme, pag. 343 und folgende, haben
wir hierfür verschiedene Beispiele angegeben [40].

Man muss bemerken, dass die durch diese rechtwinkligen
Krümmungen angegebene Näherung, obgleich sie regulär ist,
doch zu langsam sein würde, um eine gebräuchliche Methode
abzugeben; unser Zweck ist nur, das sonderbare Verhältniss
zwischen der Figur und dem Wege der Annäherung zu klären
und zu beweisen, dass man ein sicheres Mittel kennt, die
Wurzel der Gleichung unendlich anzunähern. Aber derselbe

Process der continuirlichen Functionen ergiebt viel conver-
gentere Annäherungen, wenn die orthogonale Spirale in der
Construction durch eine Reihe geneigter Tangenten ersetzt
wird; man könnte die Convergenz der Annäherung vermehren
durch Betrachtung des Contacts zweiter Ordnung.

Die continuirliche Function, welche die Näherungswerthe ergiebt, steht in einem gewissen Verhältnisse zu der vorgelegten Gleichung. Es giebt keine algebraische Gleichung, für
die es nicht leicht wäre, die den geneigten Tangenten entsprechenden Functionen zu bestimmen. Die *Newton*'sche Annäherung ist nur ein Beispiel für diesen allgemeinen Process.
Von dieser Form der Annäherung habe ich bei verschiedenen
Untersuchungen häufigen Gebrauch gemacht; besonders geschah
dies bei der Auflösung einer transcendenten Gleichung, welche
mir durch meinen Collegen, den Baron *von Prony*, angegeben
worden war. [**42**] Bei dieser Anwendung der continuirlichen
Functionen muss man sich durch die Eigenschaften der Figur
leiten lassen. Man könnte sie durch rein analytische Betrachtungen ersetzen; aber wenn man die Prüfung der Figur
unterlässt, so würde man die Untersuchung um viele Schwierigkeiten vermehren, während sie mittelst der Construction sehr
einfach wird. Dies ist einer der übrigens sehr seltenen Fälle,
bei denen die Construction so zu sagen nothwendig ist. Es
kann eintreten, dass man durch dieses Mittel nur Näherungswerthe findet, welche sämmtlich kleiner oder sämmtlich grösser
als diese Wurzeln sind; es ist aber immer leicht, eine zweite
Grenze zu bilden, welche die Annäherung vervollständigt; sie
wird durch die Construction selbst klar angegeben. Nicht
weniger leicht unterscheidet man diejenigen Fälle, bei denen
die continuirliche Function, anstatt immer besser angenäherte
Werthe zu geben, zu Resultaten führt, die immer entfernter
vom gesuchten Werthe liegen; dies würde eintreten, wenn
man die orthogonale Spirale in einer Richtung zöge entgegengesetzt der von der Figur angezeigten.

Diese Betrachtungen leiten und erleichtern die Verwendung
der continuirlichen Functionen; sie schliessen die divergenten
analytischen Ausdrücke aus und zeigen, dass die Berechnung
der ersten Ziffern der aufeinanderfolgenden Resultate genügt.
Uebrigens ist die Verwendung der Annäherungen dieser Art
für die Auflösung der numerischen Gleichungen nicht nothwendig; die erläuterten Methoden führen noch einfacher zur
Kenntniss der Wurzeln; aber es war wichtig, allgemeine Pro-

cesse vorzuführen; diese geben der Theorie der continuirlichen
Brüche eine neue Ausdehnung und zeigen die Beziehungen
dieser Brüche zu den Eigenschaften der Figuren.

X.[41]) Nachdem wir im dritten Buche den Gebrauch der
Kettenbrüche kennen gelernt haben, um die irrationalen Wurzeln,
von denen eine jede zwischen zwei bekannten Grenzen liegt,
mehr und mehr und unbegrenzt einzuschliessen, betrachten
wir eine sehr allgemeine Eigenschaft, welche allen exacten
Näherungsmethoden gemeinsam ist. Wenn man nämlich bei
der Rechnung durch Anwendung des Theorems (A) sich leiten
lässt, so genügt jede dieser Methoden zur Unterscheidung der

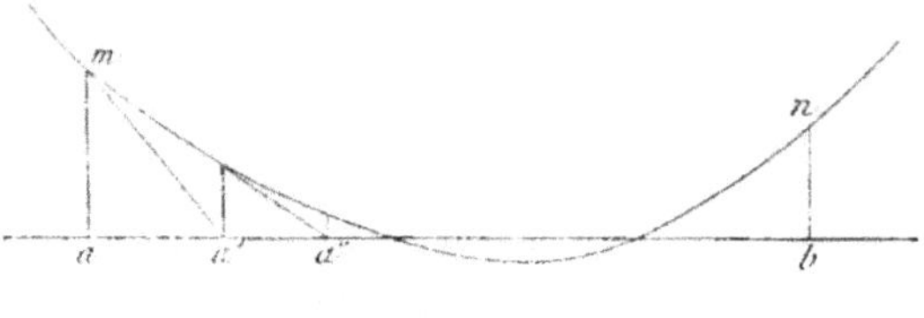

Fig. 1.

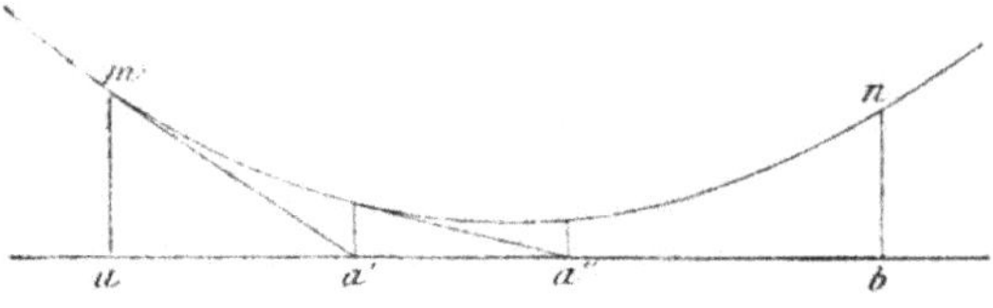

Fig. 2.

imaginären Wurzeln. [43] Dieser Satz ist für die lineare Annäherung, welche aus der *Newton*'schen Methode folgt, eigentlich evident. In der That wird dieser Annäherungsprocess,
wie wir angaben, durch die Reihe der geneigten Tangenten,
die in den Figuren 1 und 2 gezogen sind, dargestellt. Nehmen
wir an, es folge aus Theorem (A), man müsse zwischen den
Grenzen a und b zwei Wurzeln suchen, und durch die in den
zwei ersten Büchern bewiesenen Principien wisse man ferner,
dass der Bogen $m\,n$ im Intervall $a\,b$ keine Biegungen hat.
Jedoch sei nicht bekannt, ob die zwei gesuchten Wurzeln reell
sind (Fig. 1) oder ob sie in diesem Intervall verloren gehen.
(Fig. 2). Der Annäherungsprocess kann nun diese Frage
lösen. Dieser Process besteht nämlich darin, aus dem ersten

Näherungswerthe a einen besseren Näherungswerth a', welcher dem Ende a' der Subtangente entspricht, herzuleiten; dann geht man von a' zu einem neuen Näherungswerth a'', und so fort, indem man dieselbe Rechnung fortführt. Im ersten Falle nun können alle Näherungswerthe a, a', a'' u. s. w. den der reellen Wurzel entsprechenden Schnittpunkt nicht übersteigen; bestimmt man folglich durch das Theorem (A), wieviel Wurzeln man zwischen a und b, oder a' und b, oder a'' und b u. s. w. suchen muss, so wird man immer finden, dass diese Anzahl der angezeigten Wurzeln, wie sie es ursprünglich war, gleich 2 ist. Im zweiten Fall (Fig. 2), in dem die zwei gesuchten Wurzeln im Intervall verloren gehen, wird das Gegentheil eintreten; jetzt ist es unmöglich, dass bei Fortsetzung der Annäherung man nicht zu einem Werthe a'' gelangt, welcher jenseits des Punktes liegt, wo der Bogen $m\,n$ sich der Axe $a\,b$ am meisten nähert; ist man aber zu einem solchen Punkte a'' gekommen und bestimmt durch das Theorem (A), wie viel Wurzeln man zwischen dem letzten Werthe a'' und b suchen muss, so findet man, dass die Anzahl der zwischen a'' und b angezeigten Wurzeln nicht mehr 2, sondern Null ist. Diese Bedingung kann vielleicht nicht für die ersten Näherungswerthe wie a' eintreten, aber es ist unmöglich, dass, wenn man die Rechnung fortsetzt und die Form des Bogens derartig ist, wie sie die Figur 2 darstellt, man nicht einen solchen Näherungswerth findet, bei welchem das Ende a'' sehr nahe beim Punkte b liegt oder jenseits dieses Punktes fällt. Der einzige singuläre Fall, in dem man kein solches Resultat erhalten könnte, ist der zweier gleicher Wurzeln; [44] er tritt durch die Berührung des Bogens $m\,n$ mit der Axe $a\,b$ ein. Man weiss, dass dieser zwischenliegende Fall sehr leicht kenntlich ist; er setzt voraus, dass die Functionen fx und $f'x$ einen gemeinsamen Factor haben; dies kann man, wie wir früher auseinandersetzten, erkennen. So genügt die Annäherungsmethode, wenn man sie mit dem Theorem (A) verbindet, immer, um die Lage des Bogens $m\,n$ bezüglich der Axe $a\,b$ zu erkennen. Es möge nun der Process, welcher die Natur der zwei Wurzeln ankündigen wird, folgen. Man berechne einen ersten Näherungswerth a', welcher dem Ende a' der ersten Subtangente entspricht. Trifft es sich, dass dieser zweite Werth a' grösser als die zweite Grenze b ist, so sind die zwei gesuchten Wurzeln offenbar imaginär. Ist aber a' kleiner als b, so bezeichnet man einen zwischenliegenden

Werth a, der kleiner als b und grösser als a' ist und setzt ihn in $f x$ ein. Sind durch diese Substitution die zwei Wurzeln getrennt, d. h. wird das Resultat der Substitution negativ, so sind die zwei gesuchten Wurzeln reell; die eine liegt zwischen a und α, die andere zwischen α und b. Ergiebt aber die Substitution ein positives Resultat, so wird man mittelst des Theorems (A) die Anzahl der Wurzeln, welche zwischen α und b gesucht werden müssen, bestimmen. Ist diese Zahl 0, so sind die zwei Wurzeln imaginär; hat aber keiner dieser Fälle statt, d. h. sind die Wurzeln nicht getrennt und giebt das Theorem (A) an, dass man zwischen α und b zwei Wurzeln suchen muss, so hat man zwei Grenzen α und b, zwischen denen zwei Wurzeln zu suchen sind, und man weiss noch nicht, ob diese zwei Wurzeln reell sind oder in dem Intervall verloren gehen; die Frage ist daher genau dieselbe, wie diejenige, welche man anfänglich zu lösen hatte; die Grenzen α und b sind nur näher als die ersten Grenzen a und b. Man wird dann auf dieselbe Art zu einem zweiten Versuche übergehen; d. h. man wird zu dem neuen Werth α einen zweiten Zuwachs, welcher dem Endpunkte der Subtangente für diesen neuen Werth entspricht, zufügen. Man wird hierauf den soeben für den Näherungswerth a auseinandergesetzten Process weiter verfolgen und die soeben erläuterten Sätze nochmals benutzen. Durch Fortsetzung dieser Rechnung wird man auf kürzestem Wege die Natur der Wurzeln erkennen. [45] Man muss nur hinzufügen, dass der singuläre Fall der gleichen Wurzeln separat zu prüfen ist; dies hat keine Schwierigkeit. Durch das Voraufgehende sieht man, dass die im ersten Buche im Artikel 23 gegebene Regel, die Natur der innerhalb eines gegebenen Intervalles gesuchten Wurzeln zu erkennen, nur die zur Unterscheidung der Wurzeln verwandte lineare Annäherung ist. Dieser Satz ist nicht auf die lineare Annäherung beschränkt; im dritten Buche beweisen wir, dass es keinen Annäherungsprocess giebt, der nicht ein ähnliches Resultat liefert. Allgemein genügt jede exacte Methode, welche zur Berechnung der Näherungswerthe geeignet ist, wenn man mit dieser Methode den Gebrauch des Theorems (A) verbindet, welches erkennen lässt, wie viele Wurzeln man in einem gegebenen Intervalle suchen muss, zur Unterscheidung der imaginären Wurzeln. Unter exacten Näherungsmethoden verstehen wir diejenigen, welche sich auf die im ersten Buche dargelegten Principien gründen und fortwährend zwei Werthe, von denen der eine grösser, der andere kleiner als die Wurzel ist, ergeben.

XI [42]. Diese Bemerkung haben wir hauptsächlich auf die Annäherung, welche aus der Verwerthung der Kettenbrüche hervorgeht, angewandt; denn diese Methode ist ja allgemeiner bekannt. Diese Prüfung liefert das folgende bemerkenswerthe Resultat. Das Theorem (A) des ersten Buches giebt an, wie viele Wurzeln man in einem gegebenen Intervall suchen muss. Betrachten wir den Fall, in dem man sicher ist, dass alle Wurzeln einer Gleichung reell sind. Man muss sich zunächst vorstellen, dass man es mit einer Gleichung dieser Art zu thun hat und man den Werth für die Wurzeln durch die Annäherungsmethode der Kettenbrüche sucht. Diese Methode ist in den Werken von *Lagrange* vorzüglich dargelegt. Der berühmte Autor setzt voraus, dass man vermöge einer Hilfsgleichung sicher erkannt hat, dass in jedem Intervalle nur eine Wurzel existirt; hier werden wir aber von jeder voraufgehenden Rechnung Abstand nehmen und annehmen, dass die Realität der Wurzeln im voraus bekannt ist. Setzt man dies voraus, so genügt die alleinige Anwendung des Theorems (A), combinirt mit der Berechnung der Kettenbrüche, um die Werthe aller Wurzeln zu finden. [46] Erneuert man nach jeder Theiloperation die Anwendung desselben Theorems (A), so wird man, wenn zu den schon durch die voraufgehenden Operationen separirten Wurzeln die im übrigbleibenden Intervalle zu suchenden hinzugenommen werden, genau ebenso viele Wurzeln finden, wie das Theorem ursprünglich angegeben hatte. Dies aber kann nur eintreten, wenn die vorgelegte Gleichung in der That nur reelle Wurzeln hat. Gehen hingegen mehrere dieser Wurzeln in Intervallen, für welche das Theorem angiebt, dass sie dort gesucht werden sollen, verloren, so wird die Berechnung der Kettenbrüche diese fehlenden Wurzeln, wie wir beweisen, zum Verschwinden bringen; hierdurch wird man erkennen, dass die Gleichung nicht alle ihre Wurzeln reell hatte, wie man voraussetzte, und man wird auch genau die Anzahl der Paare imaginärer Wurzeln finden.

Die soeben gemachte Bemerkung erfordert einen vollständigen Beweis, den wir im dritten Buche gegeben haben. Sie zeigt, dass die Berechnung der Hilfsgleichung, welche die Grenze der kleinsten Differenz zwischen den Wurzeln kennen lehrt, vollständig überflüssig ist; der Theil dieser Methode, den man gerade als unpraktisch betrachten kann, ist also der-

jenige, welcher fortgelassen werden soll; es genügt: 1. die
Berechnung der Kettenbrüche, wie sie durch den Erfinder
dieser Methode auseinandergesetzt wurde, anzuwenden; 2. jede
Theiloperation mit der Anwendung des Theorems (A) zu verbinden. Hierbei bleibt nichts unsicher, weder über die Natur
der Wurzeln, noch über die mehr und mehr angenäherten
Werthe, welche aus der raschen Convergenz der Kettenbrüche
erhalten werden.

Dennoch nehmen wir uns nicht vor, auf diese letztere Methode zur Berechnung der Wurzeln zurückzukommen. Die lineare
Annäherung, wie wir sie im ersten Buche dargestellt haben,
ist bequemer und auch convergent. Wir wollten nur eine besondere und neue Eigenschaft der Kettenbrüche erweisen.

Unser Hauptzweck ist es, im dritten Buche zu beweisen:
1. Die Irrationalzahlen, welche die Wurzeln der Gleichungen ausdrücken, können in verschiedenen Formen entwickelt werden, und diese Annäherungen sind exact, denn sie
ergeben immer zwei Werthe, zwischen denen die Wurzel liegt;
[47] 2. diese irrationalen Grössen sind nicht weniger klar
definirt und bekannt, als wenn sie einfache Brüche wären,
so dass man immer aus den Coefficienten der vorgelegten
Gleichung die Nenner, welche bei irgend einer Entwicklung
auftreten, leicht ableiten kann;
3. jede exacte Näherungsmethode löst, wenn man mit ihr
die Anwendung unseres Theorems (A) des ersten Bandes verbindet, die schwierige Frage der Unterscheidung der imaginären Wurzeln;
4. diese Bemerkung ist besonders auf die Entwicklung in
Kettenbrüche anwendbar und erfordert keineswegs die Berechnung der Gleichung für die Differenzen oder irgend ein anderes
aus den Eigenschaften der unveränderlichen Functionen her-
geleitetes Resultat.

Früher sahen wir, dass die *Newton*'sche Annäherungsmethode nicht allgemein zur exacten Bestimmung der Wurzeln
angewandt werden konnte und dass es nöthig war, die
Schwierigkeiten aufzulösen. Ebenso verhält es sich mit dem
Process der Kettenbrüche, wie er von den Erfindern vorgeschlagen wurde; denn dieser Process würde erfordern, dass
man im voraus die kleinste Differenz zweier aufeinanderfolgender Wurzeln kennt. Diese Untersuchung erfordert nun
eine Berechnung, welche man ausser für die Gleichungen der
ersten Grade als unpraktisch betrachten muss. Deswegen

haben wir mit viel Sorgfalt geprüft, ob diese Schwierigkeit beseitigt werden kann, und dies gelang uns vermöge des Nachweises, dass die Berechnung der kleinsten Differenz zwischen den Wurzeln überflüssig ist. Die Aufeinanderfolge der auszuführenden Operationen ist immer dieselbe, wie auch immer diese Differenz sein mag. Diese Operationen sind die, welche man auszuführen hätte, wenn man im voraus wüsste, dass alle Wurzeln reell sind. Allein sie werden weniger zahlreich und einfacher, wenn mehrere Wurzeln imaginär sind; denn die Anwendung des Theorems (A) kündigt an, dass diese Wurzeln in gerader Zahl in den Intervallen, wo man sie suchte, verloren gehen.

XII. Der Gegenstand des vierten Buches ist die Auflösung der Buchstabengleichungen. Die Coefficienten dieser Gleichungen sind algebraische Polynome, bei denen jedes Glied von der Form $h a^n b^p c^q \ldots$ ist. [48] Die Buchstaben a, b, $c \ldots$ sind bekannte Grössen. Die Exponenten n, p, q u. s. w. sind gegebene Zahlen. Stellen A, B, $C, \ldots$ derartige Polynome dar, und betrachtet man ein Product $(x - A)(x - B)(x - C)\ldots$, das aus mehreren dieser Factoren besteht, so ist das Resultat der Multiplication ein Polynom eines gewissen Grades in x. Dieses vollständige Polynom denkt man sich gegeben: die Anzahl der Factoren sei m. Man soll alle Polynome ersten Grades $x - A$, $x - B$, $x - C$ u. s. w., welche man zur Bildung der linken Seite der vorgelegten Gleichung nothwendig vereinigen muss, finden. Hierzu muss man eine allgemeine Methode entdecken; diese soll bei einer Gleichung irgend welchen Grades m die einfachen Factoren, welche den Wurzeln der vorgelegten Gleichung entsprechen, kennen lehren. Enthalten einige dieser Polynome A, B, $C, \ldots$ eine endliche Anzahl von Gliedern, so muss diese Methode die durch diese endlichen Polynome ausgedrückten Wurzeln kennen lehren; legt man aber eine Buchstabengleichung irgend welchen Grades m vor, so wird die Auflösung am häufigsten Polynome mit einer unendlichen Anzahl von Gliedern ergeben. Jede dieser Wurzeln wird, wenn man sie in die linke Seite der vorgelegten Gleichung für x einsetzt, die wesentliche Eigenschaft haben, diese linke Seite zu annulliren. Die Methode, welche der Gegenstand unserer Untersuchung ist, wird also alle Wurzeln durch eine endliche Anzahl von Gliedern, wenn es solche Wurzeln giebt, darstellen; ferner soll sie dazu dienen, diejenigen Wurzeln, welche nicht die Form eines end-

chen Polynoms haben können, in unendliche Reihen zu ent-
ickeln.

Diese Frage gehört der Analysis speciosa [9]), deren Erfinder
ieta ist, an. Sie kann vollkommen gelöst werden, und das
rincip der Lösung ist schon in den Schriften von *Newton* [14]),
tirling [42]) und *Lagrange* [14]) enthalten. In Wahrheit hat man
iese Untersuchung immer als ein Element der Lehre von den
eihen betrachtet, man wird aber bald sehen, dass sie sich
irect auf die algebraische Analysis bezieht. Unter diesem
esichtspunkt betrachten wir sie hier.

Newton hat den Haupttheil dieser Frage auf eine besondere
onstruction zurückgeführt, welche immer als eine der schön-
en analytischen Erfindungen, die wir von diesem grossen
eometer empfangen haben, angesehen werden wird. [49]
agrange hat hierfür einen Beweis, der nichts zu wünschen
brig lässt, gegeben. Ohne in unserem Werke diese ersten
ntdeckungen wiederzugeben, suchen wir hauptsächlich die
ethode zu vervollkommnen und zu zeigen, dass sie zugleich
eichter und viel ausdehnungsfähiger ist.

Wir wandten eine von der *Newton*'schen Construction ver-
chiedene, die aber einer allgemeineren Anwendung fähig ist,
n. Sie führt im Falle einer einzigen Variablen zu demselben
esultat, nämlich der analytischen, von *Lagrange* bewiesenen
egel. Von den Buchstaben, welche die bekannten Grössen
usdrücken, bezeichnet man irgend einen mit *a*, um die Rech-
ung nach den Potenzen dieser Grösse anzuordnen; als erstes
lied einer Wurzel betrachtet man in dem Ausdruck dieser
Wurzel dasjenige, welches den höchsten Exponenten dieses *a*
nthält. Dies vorausgesetzt, sucht man zunächst die ersten
lieder aller Wurzeln. Der Exponent des Buchstaben *a* bei
inem dieser ersten Glieder ist eine Unbekannte, welche ge-
issen Bedingungen genügen muss; dieser Exponent ist zu
estimmen und so viele Werthe sind zu finden als die vor-
elegte Gleichung Wurzeln hat. Man erhält dann diese Ex-
onenten, deren Anzahl *m* ist, durch eine specielle, leicht an-
endbare Regel. Es möge nun die Construction, welche wir
ur Darstellung der Resultate dieser analytischen Regel ange-
andt haben, folgen. Man betrachtet eine Anzahl verschiedener,
n derselben Ebene gezogener gerader Linien. Die Lage einer
eden dieser Linien wird durch eine Gleichung ersten Grades
estimmt; ihre zwei Coefficienten sind bekannt; denn sie lassen
ich unmittelbar aus dem Exponenten der Variablen in gewisse

Glieder der vorgelegten Gleichung und dem Exponenten des Hauptbuchstaben a in dieselben Glieder bilden. Das System aller dieser Geraden ist immer in seinem oberen Theil durch ein Polygon, dessen zwei äusserste Seiten rechts und links unendlich sind, begrenzt. Alle Theile der gezeichneten Geraden, welche nicht mit den Seiten des Polygons zusammenfallen, liegen unterhalb dieser Seiten. Man beweist, dass die Scheitel der Winkel dieses Polygons den gesuchten Exponenten entsprechen. Jede Abscisse eines der Winkel ist einer der Werthe, welchen man dem Exponenten von a geben kann, um das erste Glied einer Wurzel zu bilden. [50] Die einzigen Exponenten, welche der gewählte Buchstabe a in den ersten gesuchten Gliedern haben kann, sind die Abscissen der Scheitel des Polygons. Die Figur giebt die Mittel zur Bestimmung dieser Abscissen klar an. Man muss eine der äusseren Seiten, bis man den ersten Scheitel trifft, entlang gehen, hierauf weiter an der soeben erreichten Seite, bis man eine zweite Seite trifft, dann dieser neuen Seite folgen, bis man die anstossende Seite trifft, u. s. w. Die analytische Regel, welche dieser Process angiebt, ist die bereits von *Newton*, *Stirling* und *Lagrange* betrachtete. Die Rechnung ist sehr einfach, und es giebt keinen kürzeren Weg, um die Exponenten der ersten Glieder zu finden. Man leitet sofort die Coefficienten in den gesuchten ersten Gliedern her und bildet alle diese ersten Glieder. Die Regel lässt so viele erste Glieder erkennen, wie die vorgelegte Gleichung Wurzeln hat; es ist auch nicht weniger leicht, die folgenden Glieder zu bilden.

Wir haben angenommen, dass die Glieder nach fallenden Potenzen des Hauptbuchstaben a angeordnet sind. Man könnte auch eine entgegengesetzte Anordnung befolgen, man müsste dann an erster Stelle das Glied jeder dieser Wurzeln, in welchem dieser Buchstabe den kleinsten Exponenten hat, finden. In diesem Falle würde die gesuchte Wurzel nach steigenden Potenzen von a angeordnet sein. Um diese zweite Frage zu lösen, wendet man eine Regel an, derjenigen ähnlich, bei welcher als erstes Glied das mit dem höchsten Exponenten des Buchstaben a steht. In der That ist dieses selbe System von geraden Linien, die wir oben betrachtet haben, in seinem unteren Theile durch ein anderes Polygon begrenzt, und alle Theile dieser geraden Linien, welche nicht mit einer Seite dieses unteren Polygons zusammenfallen, liegen oberhalb derselben Seiten. Daher ergiebt sich ein Process, welcher dem

oben beschriebenen völlig analog ist, und man findet durch
diese Berechnung die Scheitel dieses unteren Polygons. Diese
Abscissen sind die Exponenten des Buchstaben a in den
ersten Gliedern der Wurzeln, wenn man sie nach steigenden
Potenzen von a anordnet. Sind die Exponenten derartig bestimmt, so findet man sofort die entsprechenden Glieder und
bildet die ersten Theile der gesuchten Wurzeln. [51] Es ist
ebenso leicht, alle folgenden Glieder nach derselben Regel zu
finden, und so gelingt es, alle Factoren ersten Grades, deren
Product die linke Seite der vorgelegten Gleichung ist, zu bilden.

Im Allgemeinen ergiebt die Anwendung dieser Regeln die
Werthe aller Wurzeln der vorgelegten Gleichung ohne irgend
welche Schwierigkeit, und zwar entweder nach fallenden oder
nach steigenden Potenzen des gewählten Buchstaben geordnet.
Existiren endliche Polynome, welche der vorgelegten Gleichung
genügen, so findet man der Reihe nach alle Theile dieser Polynome, und man kommt zu einer letzten Operation, welche zeigt,
dass die Anzahl der Glieder endlich ist; ist aber die gesuchte
Wurzel nicht aus einer endlichen Anzahl von Gliedern gebildet,
so setzt sich die Operation unausgesetzt fort und die Wurzel
wird durch eine unendliche Reihe gegeben. Dieser Ausdruck
ist immer derartig, dass, wenn man ihn in die vorgelegte Gleichung an die Stelle der Variablen einsetzt, alle Glieder des
Resultats sich der Reihe nach auf Null reduciren.

Diese Methode der Auflösung ist allgemein. Sie lässt sich
auf Gleichungen irgend welchen Grades anwenden, und der
Hauptbuchstabe, bezüglich dessen die Rechnung angeordnet ist,
kann immer willkürlich angenommen werden. Ist die vorgelegte Gleichung sehr einfach, hat sie zum Beispiel nur zwei
Glieder, so dass die gesuchten Wurzeln ein einziges Radical
enthalten, so reducirt sich die allgemeine Methode auf diejenigen, welche man seit langer Zeit zur Ausziehung der Wurzel
aus einem gegebenen Polynom kennt. Nicht allein das Resultat
ist dasselbe, sondern auch die Rechnungsregeln sind genau
diejenigen der elementaren Algebra. Hieraus ersieht man, dass
die Methode als specielle Fälle die Ausziehung der Wurzeln
aus Buchstabengrössen umfasst.

Wir sagten, dass, wenn der erste Theil einer Wurzel durch
die vorstehende Regel bestimmt ist, man durch denselben Process alle folgenden Theile findet. Bezeichnet man mit p den
ersten, schon bekannten Theil der Wurzel, so genügt es, das
Binom $p + q$ an die Stelle der Variablen x einzusetzen; man

wird dann eine transformirte Gleichung vom Grade m haben,
bei der die Variable q unbekannt ist. Man kann daher auf
diese transformirte Gleichung die auseinandergesetzte Regel
anwenden und den ersten Theil des Werthes von q finden:
[**52**] es ist klar, dass diese aufeinanderfolgenden Substitutionen
alle Theile der Wurzel passend geordnet kennen lehren. Um
die Anwendungen zu erleichtern, haben wir uns vorgenommen,
von dieser Berechnung alle überflüssigen Operationen auszu-
schliessen, und daher haben wir eine specielle Regel gebildet,
welche den zweiten Theil einer jeden Wurzel ergiebt. Dieselben Betrachtungen reduciren die Berechnung der dritten,
vierten und folgenden Glieder auf die elementarsten Formen,
so dass nur diejenigen Operationen allein auszuführen bleiben,
ohne welche die Werthe der Wurzeln nicht bekannt sein könnten.
Die Regel reducirt sich darauf, in die linke Seite der Gleichung
den schon bekannten Theil der Wurzel einzusetzen und das
Resultat mit einem constanten Factor zu multipliciren. Was
die Convergenz der Annäherung betrifft, so würde man sie
durch dieselben Principien bestimmen, welche im zweiten Buche
entwickelt sind. Diese Convergenz ist, um allgemein zu sprechen, diejenige, welche aus der numerischen linearen Annäherung folgt.

Der Charakter dieser exegetischen Methode, welche alle
Buchstabengleichungen löst, kann nur durch verschiedene Beispiele gut auseinandergesetzt werden. Das vierte Buch bietet
mehrere dar. Wir citiren nur die Buchstabengleichung:

$$x^5 + x^4(-a^2 + a + b) + x^3(-a^3 - a^2b) + x^2(a + 1)$$
$$+ x(-a^3 + ab + a + b) - (a^4 + a^3b + a^3 + a^2b) = 0.$$

Wendet man die allgemeine Regel auf diese Gleichung an und
ordnet die Rechnung nach fallenden Potenzen des Buchstaben a
an, so findet man leicht, dass die ersten Glieder der Wurzeln:

$$x = a^2 + \cdots, \quad x = -a + \cdots, \quad x = \sqrt[3]{-a} + \cdots \text{ lauten.}$$

Die folgenden Glieder enthalten niedrigere Potenzen von a.
Sucht man die folgenden Glieder durch Anwendung derselben
Regel auf, so erkennt man, dass die auf a^2 folgenden Glieder
alle Null sind, und dass alle auf $-a$ folgenden Glieder gleich
$-b$ sind. Was die dritte Wurzel, deren erstes Glied $\sqrt[3]{-a}$
ist, betrifft, so würde sie zunächst in eine unendliche Reihe
entwickelt sein, aber dieselbe Analyse würde zeigen, dass ihr

vollständiger Werth $\sqrt[3]{-(a+1)}$ ist. [53] Durch eine regelmässige Berechnung würde man auf diese Art alle Factoren
der vorgelegten Gleichung erhalten, nämlich:

$$(x - a^2),\ (x + a + b),\ (x^3 + a + 1).$$

Man könnte die Rechnung auch derartig nach dem Buchstaben b ordnen, die Operationen würden dann nicht weniger
leicht sein. Dieselben Regeln lassen sich auf alle Fälle anwenden, und es giebt keine Buchstabengleichung, wie zusammen-
gesetzt sie auch immer ist, welche man nicht so in ihre Factoren auflösen könnte.

Wir sagten, dass die Regel, welche die ersten Glieder der
Wurzeln kennen lehrt, durch eine Construction, die aus einem
System von geraden Linien besteht, dargestellt wird. Die Fig. 3

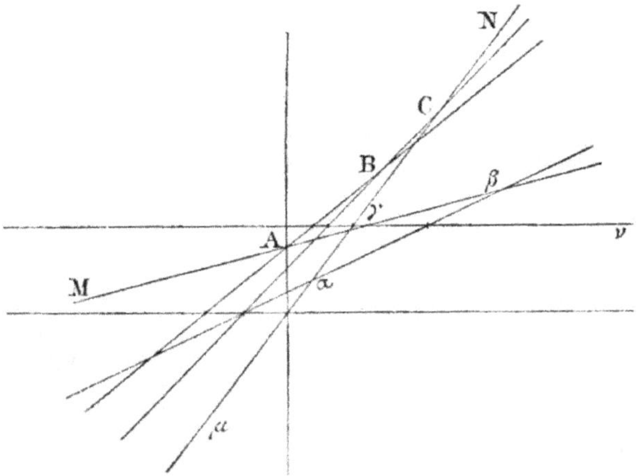

Fig. 3.

stellt dieses Liniensystem für das soeben citirte Beispiel dar.
Die Gleichungen der geraden Linien lauten:

$$y = 5x,\ y = 4x + 2,\ y = 3x + 3,\ y = 2x + 1,$$
$$y = x + 3,\ y = 4.$$

Die Coefficienten dieser Gleichungen sind aus den Gliedern
der vorgelegten Gleichung, bei denen der Buchstabe a die

höchsten Exponenten hat, gebildet. Die obere Grenze ist das Polygon $M A B C N$; das System ist unten durch das Polygon $\mu\ \alpha\ \beta\ \gamma\ \nu$ begrenzt.

Jede Buchstabengleichung irgend welchen Grades wird durch diese Methode vollkommen in ihre Factoren zerlegt, und es ist nicht weniger leicht, ihre Wurzeln zu finden, als dies für Gleichungen mit zwei Gliedern, die man schon lange Zeit durch die elementaren algebraischen Regeln aufzulösen weiss, statt hat. In den Werken von *Newton* (Arithmetica universalis), und in denjenigen von *Clairaut*[13]) und anderen findet man besondere Processe, um die commensurablen Wurzeln der Buchstabengleichungen zu finden; sie bestehen in einer Reihe von Versuchen, deren Berechnung unsicher ist. Durch die soeben beschriebene allgemeine Methode löst man die vorgelegte Gleichung leichter und exacter. *Newton* hat die Regel des analytischen Parallelogramms nur für die Berechnung der Reihen, welche das wahre Fundament seiner Fluxionsmethode ist, verwandt.

[54] Man könnte von diesen Entwicklungen der Wurzeln in Reihen auch zur Berechnung ihrer Näherungswerthe Gebrauch machen; besässe man nicht heute eine einfachere Methode zur directen Aufsuchung der Grenzen, so müsste man auf diese Lösung der Buchstabengleichungen zurückgehen. Aber die in den zwei ersten Büchern auseinandergesetzten Regeln führen viel schneller zur thatsächlichen Kenntniss der Wurzeln und befreien von jeder Discussion der Convergenz der Reihen. Die vorstehende Regel, welche dazu dient, die ersten Glieder der Wurzeln der Buchstabengleichungen zu bilden, ist zum Studium der Curven, wenn man sie in ihrem unendlichen Verlauf betrachtet, nothwendig. In den Werken von *Newton, Stirling, Cramer*[14]) und verschiedenen anderen Autoren findet man bemerkenswerthe Beispiele. Man kann diese Regel aus den Constructionen herleiten, oder, wie es *Lagrange* gemacht hat, auf einen rein analytischen Process reduciren. Eigentlich gehört diese Untersuchung der Betrachtung der linearen Ungleichheiten, deren Principien wir in unserem siebenten Buche auseinandersetzen, an; dies ist der allgemeinste Gesichtspunkt, von dem aus die Untersuchungen dieser Art betrachtet werden können.

XIII. Im vierten Buche haben wir auch eine viel complicirtere Frage als die Aufsuchung der Wurzeln einer einzigen Buchstabengleichung betrachtet; dieselbe hat die gleichzeitige

Auflösung zweier Buchstabengleichungen mit zwei Unbekannten zum Gegenstand. Jedes der Glieder dieser Gleichungen ist von der Form Hx^my^n; x und y bezeichnen dabei Unbekannte, H ist ein Buchstabenpolynom, das aus bekannten Grössen a, b, c, u. s. w. gebildet ist. Die Frage besteht darin, für x und y zwei aus den Buchstaben a, b, c, u. s. w. gebildete Polynome zu finden, welche, wenn man sie gleichzeitig an die Stelle von x und y in die vorgelegten Gleichungen $A = 0$, $B = 0$ einsetzt, die zwei Functionen A und B annulliren. Das System der zwei Werthe von x und y, welches diese Eigenschaft hat, bildet eine Lösung der zwei vorgelegten Gleichungen. Man soll alle möglichen Lösungen durch Angabe der Glieder, aus denen sich die Werthe von x und y zusammensetzen, finden. Lassen die Gleichungen $A = 0$, $B = 0$ commensurable Werthe von x, y zu, so dass die Polynome, welche diese Werthe ausdrücken, nur eine endliche Anzahl von Gliedern enthalten, so sind diese Polynome nothwendig durch die allgemeine Regel, welche wir im Auge haben, bestimmt. [55] Lassen aber die Werthe von x und y nicht diese endlichen Ausdrücke zu, so muss die Regel successiv alle Glieder der Entwicklung dieser Werthe ergeben.

So dehnen wir die Principien der Auflösung, die wir vorher auf Buchstabengleichungen mit nur einer einzigen Unbekannten angewandt haben, auf zwei Gleichungen und allgemein auf mehrere Gleichungen, wenn ihre Anzahl gleich derjenigen der Unbekannten ist, aus. Diese Entwicklungen der Wurzeln mehrerer Gleichungen bieten in der Analysis wichtige Anwendungen dar. Zum Beispiel dienen sie im Falle zweier Gleichungen dazu, die Natur der krummen Oberflächen in ihrem unendlichen Verlauf und ihre asymptotischen Schalen kennen zu lehren. Diese Ausdrücke für die Wurzeln könnte man auch dazu verwenden, die Gleichungen, welche mehrere Unbekannte enthalten, auf eine angenäherte Art zu lösen; aber diese Anwendungen sind hier nicht der Gegenstand unserer Untersuchung. Wir wollten nur kennen lernen, ob es für die Buchstabengleichungen mit mehreren Unbekannten algebraische Regeln giebt, welche denen für die Wurzeln einer Buchstabengleichung analog sind; in der That bewiesen wir, dass die Methoden der Auflösung nicht auf die Buchstabengleichungen, welche eine einzige Unbekannte enthalten, beschränkt sind. Sie dehnen sich auf sämmtliche Gleichungen, bei denen die Anzahl der Unbekannten gleich der Zahl der Gleichungen ist, aus; die

Rechnung ist zwar complicirter, aber doch von derselben Natur.
Man findet zuerst das erste Glied jeder Wurzel, d. h. dasjenige,
bei welchem der zur Ordnung der Rechnung gewählte Buchstabe einen grösseren Exponenten enthält, als es diejenigen
desselben Buchstaben in allen folgenden Gliedern sind. Man
bildet auf diese Art so viele erste Glieder als es verschiedene
Lösungen giebt. Jede Lösung umfasst zwei Werthe von x
und y, welche gleichzeitig in die zwei vorgelegten Gleichungen
gesetzt, beiden genügen. Dies ist die Berechnung dieser ersten
Glieder, welche den unendlichen Verlauf der Oberflächen kennen
lehrt.

[**56**] Betrachtete man drei Gleichungen mit drei Unbekannten, so würde eine jede Lösung aus drei gleichzeitigen Werthen
von x, y, z gebildet sein. Allgemein besteht diese Methode
der Auflösung der Buchstabengleichungen darin, successiv alle
Theile der Wurzeln, bei denen der gewählte Buchstabe den
grössten Exponenten hat, zu finden. Man kann dabei irgend
einen von den Buchstaben, welche die bekannten Grössen ausdrücken, auswählen. Hat man die ersten Glieder aller Lösungen
gefunden, so kann man die folgenden Glieder durch Anwendung derselben Methode finden.

Ereignet es sich, dass eine oder mehrere der Wurzeln
durch eine endliche Anzahl von Gliedern ausgedrückt werden
können, so hört die Methode bei dem letzten existirenden Gliede
auf. Man erkennt, dass alle anderen Null sind. Im allgemeinen aber führen diese Operationen zu Reihen. Sie könnten
dazu dienen, die Näherungswerthe der Wurzeln der numerischen Gleichungen mit mehreren Unbekannten zu bestimmen,
wir haben aber diese letztere Frage nicht behandelt. Sind
mehrere algebraische Gleichungen vorgelegt und ist ihre Anzahl
gleich derjenigen der Unbekannten, so weiss man, dass von
diesen Unbekannten eine willkürlich gewählte, dann eine zweite,
dann eine dritte, u. s. w. eliminirt werden kann und dass man so
zu einer Endgleichung gelangt, die nur eine einzige Unbekannte
enthält. Es giebt mehrere einfache Fälle, bei denen diese Elimination die gesuchten Lösungen erkennen lassen kann, und
es ist bemerkenswerth, dass in allen Fällen eine Schlussglei-
chung existirt. Aber dieser Satz ist rein theoretisch; er beweist nur, dass alle Wurzeln der algebraischen Gleichungen
eine gemeinsame Natur haben; jede derselben ist Unbekannte
bei einer gewissen algebraischen Gleichung. Dennoch darf man
nicht schliessen, dass dieser Process der Elimination die Methode

darstellt, welche man befolgen muss, um zur thatsächlichen Kenntniss der Wurzeln zu gelangen; dieser Weg würde viel zu complicirt sein. Für Gleichungen höheren Grades wäre er unpraktisch, und selbst in der Mehrzahl der Fälle erforderte diese Methode eine sehr aufmerksame Prüfung, um die Einführung der Frage fremder Factoren zu vermeiden, d. h. solcher, welche nicht gleichzeitig die linken Seiten aller vorgelegten Gleichungen annulliren. [57] Obgleich man diese aus der Elimination hervorgehenden, überflüssigen Factoren vermeiden oder absondern kann, würden die ausserordentliche Complication der Rechnungen und die Schwierigkeit, alle verschiedenen Lösungen separat zu bilden, immer den thatsächlichen Gebrauch dieser Regeln ausschliessen, ausser in sehr einfachen Fällen, die im voraus als Beispiele gewählt sind. Man muss sagen, dass man sich damit zufrieden geben müsste, die Lösungen von Gleichungen mit mehreren Unbekannten nicht zu kennen, wenn die Analysis sie nur durch Eliminationsprocesse zu bestimmen vermöchte.

Wir betrachten die Auflösung von mehreren Buchstabengleichungen von einem ganz anderen Gesichtspunkte. Wir behalten bei den vorgelegten Gleichungen ihre ursprünglichen Formen bei und suchen, indem wir gleichzeitig alle ihre Coefficienten vergleichen, die Wurzeln durch gleichzeitige Auflösung dieser Gleichungen zu finden. Wir beweisen in der That, dass keine Elimination nöthig ist und dass man die ersten Glieder der Wurzeln sofort nur aus der alleinigen Bedingung, dass die gleichzeitige Substitution dieser Wurzeln gleichzeitig alle vorgelegten Gleichungen befriedigen muss, bestimmen kann.

Der Gegenstand unseres vierten Buches ist daher, die Principien darzulegen, welche zu dieser Auflösung der Buchstabengleichungen dienen. Wir wenden die Gleichungen sofort, wie sie vorgelegt sind, ohne etwas an ihren Coefficienten zu ändern, an; es gelingt uns dann, die successiven Glieder, welche die Wurzeln bilden sollen, zu finden. Jede Lösung besteht aus ebensovielen Wurzeln, wie es verschiedene Unbekannte giebt, und die gleichzeitige Substitution muss gleichzeitig alle linken Seiten der Gleichungen annulliren. Zunächst muss man die ersten Glieder der Wurzeln, welche eine und dieselbe Lösung bilden, finden. Diese letztere Frage ist viel complicirter als diejenige, welche sich auf eine einzige Buchstabengleichung bezieht; aber sie wird auch nach einer sicheren,

auf Gleichungen irgend welchen Grades anwendbaren Regel
gelöst.

Wir führen hier das folgende Beispiel an, welches zwei
Gleichungen mit zwei Unbekannten darbietet, nämlich:

$$x^3 y^3 - y^3 x a^5 + 1 = 0,$$
$$x^4 y^2 a - y^4 x a^2 + 3 = 0.$$

[58] Wendet man auf diese zwei Gleichungen die Principien, welche wir soeben angegeben haben, an, so findet man
zwei verschiedene Lösungen; die erste wird von zwei zu-
sammengehörigen Werthen von x und y, deren erste Glieder:

$$x = a^{\frac{1}{6}} \sqrt[6]{3}$$
$$y = a^{-\frac{5}{6}} \sqrt[6]{3}$$

lauten, gebildet; die zweite Lösung umfasst die zwei anderen
Werthe von x und y, welche als erste Glieder:

$$x = -\frac{1}{27} a^{-14},$$
$$y = -3 a^{-3}$$

haben; dies sind die ersten Theile der Unbekannten x und y.

Um die folgenden Glieder zu finden, muss man das Binom
$p + q$ für x und das Binom $p' + q'$ für y einsetzen; p und p'
bedeuten dabei die ersten bekannten Glieder, q und q' sind
die Summen der folgenden Glieder. Die neuen Unbekannten
sind q und q', und man hat zu ihrer Bestimmung zwei Gleichungen. Man wendet dann dieselbe Regel an, um die ersten
Glieder von q und q', welche die zweiten Glieder der gesuchten
Wurzeln sind, zu finden. Verfolgt man die Rechnung nach
denselben Principien, so findet man die folgenden Theile der
Wurzeln.

Man sieht, dass die vorgelegten Gleichungen nur zwei mögliche Lösungen besitzen. Die eine enthält in den ersten Gliedern die Potenzen $\frac{1}{6}$ und $-\frac{5}{6}$ von a; keine andere Combination würde gleichzeitig den zwei vorgelegten Gleichungen
genügen können.

Betreffs der Regel, welche die ersten Glieder der Wurzeln kennen lehrt, beschränken wir uns auf die Aussage, dass man auch diese Bestimmung auf Constructionen zurückführen könnte; durch dieses Mittel haben wir die ersten Glieder der zwei oben angegebenen Lösungen gebildet. Uebrigens ist die Aufsuchung der Exponenten dieser ersten Glieder ein Problem der Analysis der linearen Ungleichheiten; aber der Gebrauch von Constructionen kann auch hier diese Theorie ersetzen. Man würde zur Auffindung der ersten Glieder der Lösungen durch successive Versuche von Combinationen von verschiedenen, den Exponenten zuertheilten Werthen gelangen; [59] die Verwerthung der Theorie der Ungleichheiten oder diejenige der Constructionen ergänzen diese Versuche. Uebrigens ist diese Anwendung nur unvermeidlich, wenn die Anzahl der in die vorgelegten Gleichungen eintretenden Glieder zu gross wäre; in diesem Fall können auch die Regeln nicht immer die Länge der Rechnung voraussehen lassen. Wie dies auch sei, jedenfalls bleibt es sicher, dass man immer zur exacten Bestimmung der ersten Glieder aller möglichen Lösungen gelangt. Die folgenden Glieder entdeckt man ebenfalls allein durch Anwendung derselben Regeln; auch der Weg der Operationen vereinfacht sich mehr und mehr, denn diese Glieder können nur Exponenten besitzen, die niedriger als die schon bestimmten sind; diese Bedingung erleichtert die Untersuchung.

Die soeben ausgesprochenen Sätze lassen sich auf alle Gleichungen mit mehreren Unbekannten, welches auch ihre Zahl und ihr Grad sei, anwenden; die Operationen sind aber desto complicirter, je grösser die Zahl der Gleichungen ist. Dennoch ist es klar, dass die Auflösung mehrerer Buchstabengleichungen sich vermöge dieser Principien, ohne dass man auf die successiven Eliminationen zurückzugehen braucht, ausführen lässt. Die Methode der Auflösung ergiebt im allgemeinen die Entwicklungen der Lösungen in unendliche Reihen. Der Gebrauch dieser Reihen, oder besser die Berechnung der einzelnen ersten Glieder, soll hauptsächlich auf die Discussion der Curven oder der krummen Oberflächen, um ihren unendlichen Verlauf zu betrachten, angewandt werden. Der allgemeinste Satz dieser Theorie lautet, die Auflösung mehrerer Gleichungen ist von jedem Eliminationsprocesse unabhängig und muss in gleichzeitiger Berechnung aus den vorgelegten Gleichungen, ohne irgend welche Aenderung an den ursprünglichen Coefficienten vorzunehmen, bestehen.

XIV. [15]) Das fünfte Buch soll nachweisen, dass die in den
voraufgehenden Büchern dargelegten Principien der algebraischen Analysis sich auch auf transcendente Functionen anwenden lassen. Hauptsächlich haben wir dabei diejenigen
dieser Functionen im Auge, welche die Mathematiker bis jetzt
betrachtet haben, zum Beispiel die, welche man in den Werken
von *Euler* findet, oder die, welche mehrere Mathematiker nach
einander in Untersuchungen aus der Dynamik oder mathematischen Physik verwandt haben, [60] speciell aber die von uns
in die Wärmetheorie eingeführten. Wir betrachten die Gleichungen, welche aus transcendenten Ausdrücken, deren Werth
sich, wie auch immer sonst die Natur der Function sei, durch
unmerkliche Zuwächse ändert, gebildet sind; oder wenigstens
betrachten wir die Theile irgend welcher transcendenten Functionen, die sich so durch unmerkliche Zuwächse ändern. Auf
diese Art schliesst man aus, dass in den Functionstheilen, auf
welche diese Untersuchungen angewandt werden, die Werthe
vom Positiven zum Negativen, ohne im Intervall Null zu werden,
übergehen; wenn diese Bedingung aber nicht statt hat, so
hindert nichts, jeden Theil, in dem die Continuität besteht,
separat zu prüfen.

Die algebraischen ganzen Functionen haben den eigenthümlichen Charakter, sich immer durch fortgesetzte Differentiationen
auf einen constanten Werth zu reduciren; bisher haben wir
diese Bedingung zugelassen. Man muss jetzt bemerken, dass
die Hauptsätze, zu denen wir geführt worden sind, nicht von
dieser Bedingung abhängen. Um die Beweise einfacher zu gestalten, haben wir dieselbe zunächst vorausgesetzt; prüft man
aber diese Beweise sorgfältig, so erkennt man, dass sie einen
viel ausgedehnteren Gegenstand umfassen; es ist nicht nöthig,
dass die fortgesetzte Differentiation die Functionen auf constante Werthe reducirt.

Es wurde zum Beispiel im ersten Buche bewiesen, dass,
wenn die Substitution der Grenze a in die Reihe der abgeleiteten Functionen aller Ordnungen Resultate ergiebt, welche
Glied für Glied mit denjenigen, welche aus der Substitution
einer anderen Grenze b in dieselben Functionen hervorgehen,
übereinstimmen, die Hauptgleichung $fx = 0$ im Intervalle der
zwei Grenzen keine Wurzel haben kann. Dieses Lemma ist
wichtig, und wir haben von demselben oft bei verschiedenen
algebraischen Untersuchungen Gebrauch gemacht. Es ist sicher,
dass dieser Satz sich nicht auf dieselbe Art auf algebraische

Functionen und transcendente Ausdrücke anwenden lässt. Ist zum Beispiel sin x die Hauptfunction und sind die zwei Grenzen a und b bezüglich a und $a + 2\pi$, so werden die zwei Reihen von Resultaten Glied für Glied dieselben sein. [61] Nun ist klar, dass man hieraus nicht schliessen kann, die Gleichung sin $x = 0$ habe in diesem Intervall von a bis $a + 2\pi$ keine Wurzel; der Beweis, den wir von dem fraglichen Lemma gegeben haben, beweist in diesem Falle, dass eine abgeleitete Gleichung einer gewissen Ordnung, wie $f^{(n)}(x) = 0$, zwischen den zwei Grenzen a und b nicht mehr Wurzeln haben kann, als die Gleichung $f^{(n+i)}(x) = 0$ von höherer Ordnung bei beliebigem i in demselben Intervall besitzt. Dieser Satz hängt nicht von der Natur der zu differentirenden Function ab; mit diesem Schluss muss man sich zufrieden geben; denn das Intervall der Grenzen ist zu gross, als dass die ersten Substitutionen die Grenzen jeder Wurzel angeben können.

XV. Wir wollen jetzt vier allgemeine Sätze aussprechen; sie dienen, wenn man die Principien der algebraischen Analysis auf die transcendenten Functionen anwendet, zur Bestimmung der Grenzen und Werthe der Wurzeln.

1. Im ersten Buche sind gewisse Relationen angegeben; diese verknüpfen die ganzen Zahlen, die wir Indices nannten und die den abgeleiteten Functionen entsprechen, unter sich. Würde man für eine gewisse Function $f^{(n)}(x)$, die in der Reihe der Abgeleiteten von $f(x)$ liegt, den Index i kennen, wobei a und b die zwei Grenzen sind, auf welche dieser Index sich bezieht, so würde man schliessen, dass die Gleichung $f^{(n)}(x) = 0$ im Intervall dieser Grenzen nicht mehr als i Wurzeln haben kann; d. h. hätte man die Gleichung $f^{(n)}(x) = 0$ zu lösen, so müsste man eine Anzahl i ihrer Wurzeln zwischen a und b suchen. Betrachten wir dann die abgeleitete Gleichung, die links von $f^{(n)}(x)$ steht, nämlich $f^{(n+1)}(x)$, und bezeichnen wir mit i' den neuen, $f^{(n+1)}(x)$ entsprechenden Index, so wird man schliessen, dass man bei der Auflösung der Gleichung $f^{(n+1)}(x) = 0$ eine Anzahl i' dieser Wurzeln in demselben Intervall der Grenzen a und b suchen muss. Die Indices i und i' können, wenn die Function $f(x)$ transcendent ist, zunächst unbekannt sein, aber zwischen diesen zwei Indices besteht eine nothwendige Relation. Die Zahl i' ist i, oder $i - 1$ oder $i + 1$, und man erkennt immer, welcher dieser drei Fälle statt hat. Es genügt, die Resultate der Substitution von a in $f^{(n)}(x)$ und $f^{(n+1)}(x)$ mit den Resultaten der Substitution von

b in dieselben Functionen zu vergleichen. Man wird also Folgendes hinschreiben:

[62] $f^{(n+1)}(a), \quad f^{(n)}(a),$

                    $f^{(n+1)}(b), \quad f^{(n)}(b),$

und prüfen, ob die aus den zwei aufeinanderfolgenden Gliedern $f^{(n+1)}(a)$, $f^{(n)}(a)$ hervorgehende Combination ein Zeichenwechsel oder eine Zeichenfolge ist. Dann wird man sehen, ob die Combination der zwei aufeinanderfolgenden Glieder $f^{(n+1)}(b)$, $f^{(n)}(b)$ ein Zeichenwechsel oder eine Zeichenfolge ist. Ist die aus den Substitutionen hervorgehende Combination in der ersten wie in der zweiten Reihe ein Zeichenwechsel, oder ist diese Combination sowohl in der ersten als auch in der zweiten Reihe eine Zeichenfolge, so ist der neue Index i' derselbe wie der voraufgehende i. Ergiebt aber die erste Reihe eine Zeichenfolge, welche in der zweiten Reihe einem Zeichenwechsel entspricht, so hat man $i = i' - 1$. Entspricht endlich ein Zeichenwechsel in der ersten Reihe einer Zeichenfolge in der zweiten, so hat man $i = i' + 1$. Diese Sätze resultiren aus der im ersten Buche zur Bildung der Indices, welche den successiven Derivirten entsprechen, gegebenen Regel und hängen nicht von der Natur der Function $f^{(n)}(x)$ ab. In der That beruhen diese Sätze auf dieser allgemeinen Voraussetzung, dass, wenn die eingesetzte Zahl sich durch unendlich kleine Zuwächse vermehrt, die Reihe der Vorzeichen, wenn die eingesetzte Zahl gleich einer Wurzel wird, einen Vorzeichenwechsel verliert. Die Wahrheit dieser Bemerkung ist nun nicht auf die algebraischen Functionen beschränkt; es ist dies eine Eigenschaft jedes Schnittpunktes, wie auch immer die Figur der Curve ist, welche die x-Axe schneidet.

Man ersieht daher, dass, wenn der einer abgeleiteten Function entsprechende Index bekannt ist, man die Indices, welche für dasselbe Intervall der zwei Grenzen a und b der voraufgehenden oder folgenden Function entsprechen, leicht bestimmen kann. Sind zum Beispiel die Resultate der Substitution von a in die ganze Reihe der abgeleiteten Functionen dieselben wie die Resultate der Substitution von b in diese Functionen, so erleidet der Werth des Index i keine Aenderung, so dass die Gleichung $f^{(n)}(x) = 0$ zwischen den Grenzen a und b nicht mehr Wurzeln haben kann, als eine andere abgeleitete Gleichung $f^{(n+j)}(x) = 0$ bei beliebigem Werth der

Zahl j zwischen denselben Grenzen besitzt. [63] Ist die ursprüngliche Function fx die linke Seite einer algebraischen Gleichung, so ergiebt die fortgesetzte Differentiation sicher, wenn m der Grad der vorgelegten Gleichung ist, eine Constante $f^{(m)}(x)$. Man gelangt dann zu einem ersten Index, welcher augenscheinlich Null ist. Da in dem Beispiel alle Indices die gleichen sind, so folgt, dass die ursprüngliche Gleichung $f(x) = 0$ keine Wurzel in diesem Intervalle haben kann; dies ist das Lemma des Artikels XXXIV des ersten Buches. Ist die Hauptgleichung $fx = 0$ nicht algebraisch, so ist es klar, dass man nicht denselben Schluss ziehen kann; aber man wird wenigstens die Relation kennen, welche zwischen einem Index i, der einer mit $f^{(r)}(x)$ bezeichneten Derivirten entspricht und dem Index i', welcher der Derivirten von einer um eine Einheit weniger hohen Ordnung, nämlich $f^{(r-1)}(x)$, entspricht, besteht. Folglich wird man durch dasselbe Mittel die Relation des Index i der Function $f^{(r)}(x)$ mit dem Index j der Hauptfunction fx bestimmen; würde man i kennen, so könnte man den Werth von j herleiten. Wir werden beweisen, dass man immer ein gewisses Intervall $\varDelta$, für welches der einer Function $f^{(r)}(x)$ entsprechende Index Null ist, angeben kann. Geht man daher von dieser Function bis zur Hauptfunction fx, so wird man die Indices der anderen Functionen für dasselbe Intervall bestimmen und auf diese Art die Anzahl der Wurzeln der vorgelegten Gleichung $fx = 0$, welche man dort suchen soll, erkennen.

2. Bezeichnet fx eine bestimmte transcendente Function, und A einen gegebenen Werth der Variablen x, so kann man stets ein solches Intervall $\varDelta$ bestimmen, dass eine gewisse abgeleitete Gleichung $f^{(r)}(x) = 0$ im Intervall von A bis $A + \varDelta$ keine Wurzel haben kann; der diesem Intervall eigenthümliche Index i ist dann sicher Null. Die vorgelegte Gleichung $fx = 0$ ist nach unserer Annahme bestimmt, d. h. der Ausdruck fx bestimmt den Werth der Function fx für jeden Werth der Variablen x völlig, entweder ergiebt er diesen Werth exact durch eine endliche Anzahl von Operationen, oder er ergiebt angenäherte Werthe, die so wenig wie man will differiren, dies letztere tritt zum Beispiel ein, wenn fx durch eine convergente Reihe gegeben ist. Würde der Ausdruck $f(x)$ nicht für jeden Werth der Variablen den Functionswerth bestimmen, so könnte man sich die Aufgabe die Gleichung $f(x) = 0$ aufzulösen nicht stellen. [64] Wie auch die Natur des Ausdruckes

$f(x)$ sein möge, immer kann man mit dessen Hülfe erkennen, ob für irgend einen Werth A der Variablen x der Functionswerth $f(x)$ grösser oder kleiner als eine vorgegebene Zahl B ist. Der Ausdruck $f(x)$ ergiebt auf diese Art den Functionswerth $f(A)$ entweder exact oder durch eine convergente Reihe oder durch einen anderen Process, welcher für diese Reihe tritt und vermöge dessen man die Grenzen für den Werth von $f(A)$ unbegrenzt näher bringen kann. Ebenso verhält es sich mit jeder abgeleiteten Function von beliebiger Ordnung; denn, da die Hauptfunction völlig bestimmt ist, so ist die Fluxion irgend welcher Ordnung auch bestimmt. Hieraus folgt dann streng, dass, wenn man mit A irgend einen vorgegebenen Werth der Variablen x bezeichnet, man immer ein solches Intervall $\varDelta$ bestimmen kann, dass für eine Derivirte irgend welcher Ordnung $f^{(r)}(x)$ die Gleichung $f^{(r)}(x) = 0$ in dem Intervall von A bis $A + \varDelta$ keine Wurzel haben kann, d. h. dass alle Werthe von $f^{(r)}(x)$ in diesem Intervalle dasselbe Vorzeichen haben. Wie auch der Ausdruck für $f(x)$ beschaffen sei, hat er zum Beispiel die Form einer Reihe, so setzt die Convergenz der Reihe eine Bedingung der Ungleichheit, welche folglich in der ganzen Ausdehnung eines gewissen Intervalls besteht, voraus. In diesem Intervalle kennt man zwei verschiedene Functionen, welche als Grenzen für den Werth von $f^{(r)}(x)$ dienen, und man kann den Zuwachs $\varDelta$ so bestimmen, dass beide Grenzen für $f^{(r)}(x)$ im Intervall von A bis $A + \varDelta$ Resultate von demselben Vorzeichen ergeben. Hieraus schliesst man, dass keine Wurzel der Gleichung $f^{(r)}(x) = 0$ zwischen A und $A + \varDelta$ gesucht werden darf; in diesem Intervall ist der Index i sicher Null.

Mittelst des ersten Satzes bestimmt man dann den Werth des Index, welcher für dasselbe Intervall der Hauptgleichung entspricht. Obgleich die vorgelegte Function $f(x)$ nicht algebraisch ist, so gelingt es trotzdem, die Anzahl der Wurzeln der Gleichung $f(x) = 0$, die man in dem fraglichen Intervalle suchen muss, zu erkennen; auf jedes der folgenden Intervalle lässt sich derselbe Process anwenden. Man findet daher die Intervalle, in denen die Wurzeln zu suchen sind, und bestimmt mit Hülfe der in den ersten Büchern auseinandergesetzten Regeln die Natur und die Grenzen der Wurzeln.

[65] Im fünften Buche haben wir verschiedene Beispiele, welche diese Anwendung der Principien der algebraischen Analysis aufzuklären geeignet sind, angegeben. Die Anwen-

dung beruht auf dem allgemeinen Begriff der Zeichenwechsel und Zeichenfolgen; es hiesse einen bedeutenden Theil der algebraischen Kunst abschneiden, wollte man diese Begriffe nicht in die Theorie der transcendenten Functionen einführen.

XVI. 3. Wenn eine transcendente oder algebraische Function $\varphi(x)$ vorgelegt ist und man alle reellen oder imaginären Werthe des x, nämlich α, β, γ, δ, . . ., welche die Function $\varphi(x)$ annulliren, abzählt und das Product $\left(1 - \dfrac{x}{\alpha}\right)$, $\left(1 - \dfrac{x}{\beta}\right)$, $\left(1 - \dfrac{x}{\gamma}\right)$, $\cdots$ aller einfachen Factoren, welche den Wurzeln der Gleichung $\varphi(x) = 0$ entsprechen, mit $f(x)$ bezeichnet, so wird dieses Product von $\varphi(x)$ verschieden sein können. Die Function $\varphi(x)$ kann, anstatt $f(x)$ äquivalent zu sein, das Product eines ersten Factors $f(x)$ in einen zweiten $F(x)$ werden. Dies wird eintreten können, wenn der zweite Factor $F(x)$ für jeden reellen oder imaginären Werth, den man dem x giebt, nicht aufhört, eine endliche Grösse zu sein oder wenn dieser zweite Factor nur durch die Substitution von Werthen des x, die den ersten Factor $f(x)$ unendlich gross machen, Null wird.

Umgekehrt hat die Gleichung $F(x) = 0$ Wurzeln und wird durch jene der Factor $f(x)$ nicht unendlich gross, so ist das Product aller Factoren ersten Grades, welche den Wurzeln von $\varphi(x) = 0$ entsprechen, sicher mit dieser Function $\varphi(x)$ äquivalent*).

---

*) 1. Existirte ein Factor $F(x)$, welcher für keinen reellen oder imaginären Werth des x Null werden könnte, wäre zum Beispiel $F(x)$ eine Constante A und $f(x) = \sin x$, so würden alle Wurzeln von $A \sin x = 0$ dieselben wie die von $\sin x = 0$ sein; das Product aller einfachen Factoren, welche den Wurzeln von $A \sin x = 0$ entsprechen, würde nur $\sin x$ und nicht $A \sin x$ ergeben. Ebenso würde es sein, wenn der Factor Fx keine Constante wäre und ein Factor Fx existiren könnte, welcher für jeden reellen oder imaginären Werth, den man dem x ertheilt, nicht aufhören würde, einen endlichen Werth zu haben; dann würden alle Wurzeln der Gleichung $\sin x \cdot Fx = 0$ auch diejenigen von $\sin x = 0$ sein; denn das Product man $\sin x \cdot Fx$ könnte nur, wenn man $\sin x$ zu Null macht, annulliren. Daher würde das Product aller Factoren, die den Wurzeln von $\varphi x = 0$ entsprechen, $\sin x$ und nicht $\sin x \cdot Fx$ ergeben. Man sieht also, in diesem Falle wäre es möglich, dass das Product aller einfachen Factoren nicht φx ergiebt.

2. Hat die Gleichung $Fx = 0$ Wurzeln, die reell oder imaginär sein können, — dies schliesst den Fall, in dem Fx eine Constante oder ein Factor mit stets endlichem Werthe ist, aus — und wird

[**66**] 4. Ist eine algebraische oder transcendente Gleichung
$\varphi(x) = 0$, welche aus einer endlichen oder unendlichen Anzahl
von reellen oder imaginären Factoren:

$$\left(1 - \frac{x}{\alpha}\right), \ \left(1 - \frac{x}{\beta}\right), \ \left(1 - \frac{x}{\gamma}\right), \ \left(1 - \frac{x}{\delta}\right), \ \cdots$$

gebildet ist, gegeben, so findet man die Anzahl der imaginären
Wurzeln, die Grenzen der reellen Wurzeln und die Werthe
dieser Wurzeln durch die in den ersten Büchern auseinandergesetzte Methode der Auflösung, welche sowohl für den Fall,
dass die fortgesetzte Differentiation $\varphi(x)$ auf einen constanten
Factor zurückführt, als auch in dem Falle, dass die Differentiation unbegrenzt fortgeführt werden kann, genau dieselbe
ist. Die Gleichung $\varphi x = 0$ hat genau ebenso viele imaginäre
Wurzeln als es reelle Werthe des x giebt, die, in eine zwischenliegende abgeleitete Function eingesetzt, für diese Function
Null und für die voraufgehende und die folgende abgeleitete
Function zwei Resultate desselben Vorzeichens ergeben. Gelingt es also zu beweisen, dass kein reeller Werth des x existirt, der eine abgeleitete zwischenliegende Function zum Verschwinden bringt und der voraufgehenden und folgenden Function dasselbe Vorzeichen giebt, so hat die vorgelegte Gleichung
sicher keine imaginäre Wurzel. Prüft man zum Beispiel den
Ursprung der transcendenten Gleichung: [**67**]

$$(\text{I.}) \quad 0 = 1 - \frac{x}{1} + \frac{x^2}{(1 \cdot 2)^2} - \frac{x^3}{(1 \cdot 2 \cdot 3)^2} + \frac{x^4}{(1 \cdot 2 \cdot 3 \cdot 4)^2} \cdots \ ^{16},$$

die Function fx durch die Wurzeln von Fx unendlich, so wird
das Product $fx \cdot Fx \ \frac{0}{0}$ und kann einen von φx sehr verschiedenen
Werth haben. Ergeben aber die Wurzeln von $Fx = 0$ für fx einen
endlichen Werth, so würde das Product $fx \cdot Fx$, wenn $Fx = 0$ ist
Null werden. Nun würde die vollständige Abzählung der Wurzeln
der Gleichung $\varphi x = 0$, oder $fx \cdot Fx = 0$ die Wurzeln von $Fx = 0$
umfassen. Durch fx haben wir aber das Product aller einfachen
Factoren, welche den Wurzeln von $\varphi x = 0$ entsprechen, dargestellt;
daher würde es gegen die Annahme sein, zuzulassen, dass es auch
einen anderen derartigen Factor Fx, dessen Wurzeln auch Factoren
von φx sind, giebt. Dies würde voraussetzen, dass man keine
vollständige Abzählung der Wurzeln der Gleichung $\varphi x = 0$ vorgenommen hatte, denn man hat das Product der einfachen Factoren,
welche den Wurzeln dieser Gleichung entsprechen, allein durch fx
ausgedrückt.

so haben wir bewiesen, dass sie aus dem Producte einer unendlichen Anzahl von Factoren besteht.   Betrachten wir eine
gewisse recurrente Relation, welche zwischen den Coefficienten
der abgeleiteten Functionen verschiedener Ordnungen besteht,
so erkennt man die Unmöglichkeit, dass ein reeller, in drei
aufeinanderfolgende abgeleitete Functionen eingesetzter Werth
von x die zwischenliegende Function annullire und für die
voraufgehende und folgende Function zwei Resultate desselben
Vorzeichens ergebe.   Hieraus schliesst man mit Sicherheit,
dass die Gleichung (1) keine imaginären Wurzeln haben kann.

Die im ersten Buche angegebene Regel, durch welche man
leicht erkennt, ob die zwei Wurzeln, welche man in einem
Intervall suchen muss, reell sind oder in diesem Intervall verloren gehen, lässt sich direct auf jede algebraische oder trans-
scendente Gleichung, die so aus einer endlichen oder unendlichen Anzahl reeller oder imaginärer Factoren gebildet ist,
anwenden.   Ebenso verhält es sich mit den in den ersten
Büchern gegebenen Theoremen betreffs der linearen Annäherung; bei diesen bestimmten wir zwei Grenzen, von denen
die eine stets grösser, die andere stets kleiner als die Wurzel
war, um hierdurch die lineare Annäherung zu regeln.   Das
Maass der Convergenz ist von derselben Ordnung, wie wenn
die Gleichung algebraisch wäre.   Wie auch immer die Natur
der algebraischen oder transcendenten Function ist, so wächst
die Anzahl der exacten Ziffern, die man bei jeder Operation
bestimmt, nach demselben Gesetz; der Charakter der linearen
Annäherung ist nicht den algebraischen Functionen allein
eigenthümlich; er ist durch die Art der successiven Substitutionen bestimmt und gehört allen Functionen an.

Bei dieser Analyse des fünften Buches haben wir soeben
die Sätze, welche dazu dienen, die Methode der Auflösung
der bestimmten Gleichungen zu verallgemeinern, angegeben.
Wollte man diese Methode auf die algebraischen Functionen
beschränken, so würde man sich nur eine sehr unvollständige
Idee bilden.   Es ist klar, dass sie auf alle Arten von Functionen passt.   Die verschiedenen Beispiele, auf welche wir
diese Principien angewandt haben, machen diesen Schluss noch
klarer. [68]

XVII. Der Gegenstand des sechsten Buches ist die Dar-
legung der Beziehungen der recurrenten Reihen zur Theorie
der Gleichungen.   Diese Beziehungen sind viel ausgedehnter,
als man bisher dachte.   Wir erkannten, dass sie alle Wurzeln,

sowohl die reellen wie die imaginären, umfassen, und dass man mit dieser Methode alle Coefficienten aller Factoren irgend welchen Grades bestimmen kann. Den ersten Gedanken, welcher zu diesem Gebrauch der recurrenten Reihen geführt hat, kann man in *Newton's* Werken finden, aber *Daniel Bernoulli* muss immer als hauptsächlichster Erfinder betrachtet werden.

Wir erinnern zunächst an die Eigenschaft, welche als Fundament für diese Methode dient. In den als recurrent bezeichneten Reihen folgt jedes Glied aus den voraufgehenden vermöge einer constanten und sehr einfachen Relation. Um allgemein ein Glied einer recurrenten Reihe zu bilden, bezeichnet man eine gewisse Anzahl ihm unmittelbar voraufgehender Glieder und multiplicirt diese Glieder mit constanten Zahlen, die positiv oder negativ sind; addirt man die Producte, so ist die Summe das gesuchte Glied. Die Reihe ist von der Ordnung *m*, wenn man zur Bildung eines Gliedes die *m* ihm unmittelbar voraufgehenden Glieder nimmt. Die Reihe der *m* constanten Zahlen nennt man die Scala der Reihe. Um eine Reihe dieser Ordnung zu bilden, genügt es, die ersten *m* Glieder der Reihe und die Beziehungsscala zu kennen. Offenbar kann man dann alle folgenden Glieder ableiten und die Reihe fortgesetzt verlängern. Setzt man diese Definitionen als bekannt voraus, so besteht die Regel von *Daniel Bernoulli* in Folgendem[47]:

Es sei eine algebraische Gleichung:

$$x^m + ax^{m-1} + bx^{m-2} + cx^{m-3} + \cdots + gx + h = 0,$$

in welcher die Coefficienten a, b, c, ... g, h bekannte Zahlen sind, vorgelegt. Man schreibt eine Anzahl m von willkürlich genommenen Werthen als die m ersten Glieder einer recurrenten Reihe hin; zum Beispiel kann man voraussetzen, dass diese ersten Glieder alle der Einheit gleich sind. Als Beziehungsscala der Reihe wird man die Coefficienten $- a$, $- b$, $- c$, ... $- g$, $- h$ der Gleichung nehmen und die Reihe immer weiter fortsetzen, indem man jedes neue Glied vermöge der ihm unmittelbar voraufgehenden m Glieder berechnet. [**69**] Man wird so eine recurrente Reihe, deren erste m Glieder willkürlich sind, bilden; diese wird aber im ganzen übrigen Verlauf eine mit der vorgelegten Gleichung nothwendige Beziehung aufweisen.

Dividirt man dann jedes Glied der recurrenten Reihe durch das ihm voraufgehende, so bildet man eine Reihe von Quotienten; der Autor der Regel beweist dann, dass diese Reihe von Quotienten mehr und mehr nach einer Wurzel der Gleichung convergirt. Jeder Quotient ist ein Näherungswerth dieser Wurzel, und diese Werthe werden immer exacter. Sie differiren nur noch in den letzten Decimalziffern: so gelangt man allein durch elementare Rechnungsoperationen dazu, die Wurzel so genau, wie man es wünschen kann, zu erkennen.

Euler hat die soeben ausgesprochene Regel im Détail entwickelt; sie ist der Gegenstand des 17. Capitels der Introductio in analysim infinitorum. Die so durch die recurrente Reihe bestimmte Wurzel ist die grösste von allen, d. h. sie enthält, wenn man vom Vorzeichen absieht, am meisten Einheiten.

Man denke sich jede der Wurzeln ins Quadrat erhoben und die Quadrate nach Ordnung der Grösse angeordnet; man wird so die Ordnung der Wurzeln von der grössten bis zur kleinsten bezeichnen. Hat die Gleichung imaginäre Wurzeln, so bestimmt man die Ordnung, nach welcher die Wurzeln geordnet werden müssen, auf folgende Weise. Man denke je zwei der conjugirt imaginären Wurzeln mit einander multiplicirt; das immer reelle Product ist es, welches, mit dem Quadrat jeder reellen Wurzel verglichen, den Platz angiebt, welchen das Paar der zwei conjugirt imaginären Wurzeln in der Reihe der Wurzeln einnehmen muss.

Die recurrente Reihe lässt die erste Wurzel, wenn sie reell ist, erkennen; ebenso die kleinste Wurzel, wenn sie reell ist. Sind die imaginären Wurzeln der grössten Wurzel untergeordnet, d. h. ist das Product zweier conjugirter Wurzeln kleiner als das Quadrat der ersten Wurzel, so bestimmt man diese erste Wurzel durch den soeben auseinander gesetzten Process; sie ist dann noch die Grenze, welcher sich die convergente Reihe der continuirlichen Quotienten beständig nähert.

[70] Nimmt aber ein Paar imaginärer Wurzeln den ersten Platz ein, so ergiebt die recurrente Reihe kein Resultat. Bildet man den Quotienten aus jedem Gliede durch das voraufgehende, so ist die Reihe dieser continuirlichen Quotienten nicht mehr convergent; sie ergiebt vage und ungleiche Werthe, die sich keiner bestimmten Grenze nähern.

In den Noten zu dem Traité de la résolution des équations numériques erinnert *Lagrange* an die von *Daniel Bernoulli* gefundene Regel und die Bemerkungen von *Euler*, welche die Ausnahmestellung der imaginären Wurzeln betreffen. Der Verfasser dieses Werkes fügt hinzu, dass man durch denselben

Process, wie der Erfinder ihn vorgeschlagen hat, irgend eine
Wurzel bestimmen kann, wenn man im voraus die Grenzen,
welche diese Wurzel von allen anderen trennen, kennt; ferner
zeigt er, dass die Art der Operation analog der Regel der
Newton'schen Annäherung ist. Da diese Anwendung aber eine
sichere Methode zur Bestimmung der Grenzen der Wurzeln
erfordern würde, so betrachtet er diese Verwendung der recurrenten Reihen mit Recht als sehr unvollständig, sowohl weil
die Regel im Falle der imaginären Wurzeln im Stiche lässt,
als auch weil die vorherige Bestimmung der Grenzen für jede
Wurzel nöthig ist.

XVIII. Die soeben auseinandergesetzten Einzelheiten lassen
auf eine positive Art die Natur der Frage, welche zu behandeln war, und ihren gegenwärtigen Zustand erkennen. Die
ausserordentliche Einfachheit dieser Methode und die Nützlich-
keit ihrer Anwendungen, welche *Euler* in volles Licht gestellt
hat, haben mich veranlasst, mit Sorgfalt zu prüfen, ob man
sie nicht auf alle Wurzeln, sowohl die reellen wie die imaginären, ausdehnen könnte, und welche allgemeinsten Beziehungen
zwischen recurrenten Reihen und der Theorie der Gleichungen
existiren. Diese Analyse bot folgende Fragen, die ich sämmtlich löste, dar.

Erstens: welches ist das exacte Maass der Convergenz der
Annäherung?

Zweitens: kann man einen analogen Process anwenden,
um die zweite, dritte und allgemein alle reellen Wurzeln der
vorgelegten Gleichung zu finden, ohne dabei auf irgend eine
andere Methode zur Bestimmung der Grenzen dieser Wurzeln
zurückzugehen?

[71] Drittens: kann man, wenn die gesuchten Wurzeln
imaginär sind, auch noch die recurrenten Reihen anwenden,
und wie leitet man dann immer bessere Näherungswerthe für
den reellen und den imaginären Theil jeder Wurzel her?

Jetzt will ich die Lösung der drei voraufgehenden Fragen
angeben; diese Auseinandersetzung wird, um den Gegenstand
und die Resultate des sechsten Buches klar erkennen zu lassen,
genügen.

Wendet man die Reihe von *Bernoulli* auf eine Gleichung
mit reeller erster Wurzel an, so convergirt die Reihe der Quotienten nach dem Werthe der Wurzel, und die schliesslichen
Abweichungen der Annäherungen nehmen wie die Glieder einer
geometrischen Reihe, bei welcher der Quotient zweier aufein-

anderfolgender Glieder ein Bruch ist, ab. Dieser Bruch ist, wie man bei der ersten Prüfung erkennt, das Verhältniss zwischen der zweiten und ersten Wurzel. Haben die erste und zweite Wurzel verschiedene Vorzeichen, — diese Bedingung kann man immer leicht herbeiführen —, so sind die Näherungswerthe abwechselnd zu gross und zu klein. Die zwei aufeinanderfolgenden Werthen gemeinsamen Ziffern gehören nothwendig der gesuchten Wurzel an. Diese Eigenschaft findet sich nicht bei den *Newton*'schen Annäherungen.

Die sehr bemerkenswerthen Anwendungen, welche *Euler* von der Methode der recurrenten Reihen gemacht hat, beweisen, dass sie in einer grossen Zahl von Fällen nützlich ist; aber der Weg der Berechnung erscheint uns im allgemeinen nicht schnell genug. Daher betrachten wir die Eigenschaften der recurrenten Reihen nicht von diesem Gesichtspunkte. Das Hauptmerkmal, welches wir im Auge haben und das diese Methode von allen anderen unterscheidet, ist, dass sie keine vorherige Kenntniss erfordert; ferner geht aus unseren Untersuchungen hervor, dass derselbe Process sowohl die reellen als auch die imaginären Theile aller Wurzeln bestimmt. Dieser Satz erscheint in gewisser Beziehung in dem Werke von *Daniel Bernoulli*, und besonders in dem von *Euler* angekündigt; er erforderte aber die vollständige Lösung der zweiten und dritten Frage. Dieselbe besteht in Folgendem:

Denken wir, dass man die ursprüngliche recurrente Reihe, die sofort aus den Coefficienten der vorgelegten Gleichung hervorgeht, und deren erste Glieder willkürlich genommen sind, bildet. [**72**] Bezeichnen wir die nach der Ordnung der Grösse angeordneten Wurzeln der Gleichung mit s, t, u, v, x, ..., A, B, C, D, E, ... seien die Glieder der recurrenten Reihe. Ist die Wurzel, welche den ersten Rang einnimmt, reell, so nähert man sich ihr mehr und mehr und fortgesetzt, wenn man jedes Glied durch das voraufgehende dividirt; hierin besteht die schon bekannte Regel; so findet man aber nur die erste Wurzel. Um die folgenden Wurzeln zu bestimmen, wird man vier aufeinanderfolgende Glieder A, B, C, D nehmen, dann bilde man das Product $A \cdot D$ der zwei äussersten Glieder und subtrahire davon das Product $B \cdot C$ der zwei mittleren Glieder; den Rest $AD - BC$ schreibe man unter die erste Reihe, ebenso operire man bezüglich je vier anderer aufeinanderfolgender Glieder B, C, D, E; C, D, E, F; u. s. w. Auf diese Art gewinnt man eine zweite, aus der ersten hergeleitete Reihe α, β, γ, δ, ϵ, ... Wir werden nun beweisen, dass 1. die zweite Reihe recurrent ist, 2. die fortgesetzten Quotienten $\dfrac{\alpha}{\beta}$, $\dfrac{\gamma}{\beta}$, $\dfrac{\delta}{\gamma}$, ... haben die Summe $s + t$ der zwei ersten Wurzeln der vorgelegten Gleichung als Grenze[18]); da die erste der Wurzeln durch eine voraufgehende Operation bekannt ist, so kennt man mithin den Werth t der zweiten Wurzel.

Wählt man an der Stelle von vier aufeinanderfolgenden Gliedern der ersten Reihe nur drei aufeinanderfolgende Glieder A, B, C, und subtrahirt von dem Producte $A \cdot C$ der äussersten das Quadrat B^2 des mittleren Gliedes, wobei man alle Reste unter die ursprüngliche Reihe schreibt, so bildet man eine zweite Reihe; man beweist dann: 1. diese zweite Reihe ist recurrent; 2. die Reihe der aufeinanderfolgenden Quotienten, welche diese Reihe ergiebt, convergirt und hat das Product $s \cdot t$ der zwei ersten Wurzeln der vorgelegten Gleichung zur Grenze.

Aehnlich würde man die drei ersten Wurzeln s, t, u der Gleichung bestimmen. Zu dem Zwecke würde man die ursprüngliche Reihe bilden und durch die Regeln, welche wir angaben, drei andere recurrente Reihen herleiten. Die erste würde durch die convergente Reihe ihrer Quotienten die Summe $s + t + u$ der drei ersten Wurzeln kennen lehren; die zweite würde die Summe $s t + s u + t u$ der Producte je zweier, die dritte Reihe das Product $s t u$ bestimmen.

[73] Ebenso verhält es sich mit allen anderen Wurzeln der vorgelegten Gleichung, man würde sie, in welcher Zahl sie auch immer vorhanden wären, der Reihe nach bestimmen. Um allgemein der Ordnung nach alle Wurzeln zu bestimmen, bildet man zuerst die Reihe der fortlaufenden Quotienten, deren Grenze der Werth von s ist. Dann leitet man aus der ersten recurrenten Reihe diejenigen her, welche geeignet sind, die Summe $s + t$, dann die Summe $s + t + u$, dann die Summe der vier ersten Wurzeln, u. s. w. kennen zu lehren.

Es bleibt uns noch übrig, auch die Lösung der dritten Frage bezüglich der imaginären Wurzeln anzugeben. Nach dem soeben Gesagten kann man:

1. die recurrente Reihe, aus der man die Näherungswerthe der ersten Wurzel herleitet,

2. eine zweite Reihe von Quotienten, welche den Werth des Productes $s \cdot t$ ergiebt,

3. eine dritte Reihe, welche das Product $s.t.u$ der drei ersten Wurzeln ergiebt,

u. s. w. bilden.

Ist die erste Wurzel imaginär, d. h. übertrifft das Product von zwei conjugirt imaginären Wurzeln das Quadrat jeder reellen Wurzel, so ergiebt die erste Reihe kein Resultat; die Reihe der fortlaufenden Quotienten wird, wie dies schon *Euler* bemerkt hat, divergent und vag sein. Wir zeigen nun, dass in diesem Falle die zweite Reihe der Quotienten convergent ist und dass die Reihe dieser fortlaufenden Quotienten das reelle Product $s.t$ der zwei imaginären Wurzeln wird.

Ist die dritte Wurzel u reell, so ist die dritte Reihe der Quotienten convergent.

Wäre die dritte Wurzel u imaginär, so würde das Gegentheil stattfinden; in diesem Falle würde aber die vierte Reihe der Quotienten, welche $s.t.u.v$ entspricht, nothwendig convergent sein.

Dieselben Sätze lassen sich auf die nach den vorstehenden Regeln zur Bestimmung der Summen $s + t$, $s + t + u$ u. s. w. gebildeten Reihen anwenden. Legt man allgemein diese Regeln stets zur Berechnung der aufeinanderfolgenden Grössen s, $s\,t$, $s\cdot t\cdot u$, u. s. w. oder $s + t$, $s + t + u$, u. s. w. zu Grunde, so kann es nicht zweimal hintereinander vorkommen, dass die Reihe der Quotienten divergent ist. [74] Zwei aufeinanderfolgende Reihen können alle beide convergente Reihen ergeben, aber sie können nicht alle beide divergent sein; für eine von beiden hat die Reihe der Quotienten eine feste Grenze, welche der gesuchte Werth ist.

Aus diesen Resultaten geht hervor, dass zur Kenntniss der Wurzeln der vorgelegten Gleichung es für alle Fälle genügt, die Reihen, welche sich auf die successiven Producte und auf die successiven Summen der Wurzeln beziehen, zu bilden. Man wird so immer besser angenäherte Werthe für alle reellen Wurzeln erlangen und, was bemerkenswerth ist, für jede imaginäre Wurzel den reellen Theil dieser Wurzel und den Coefficienten des imaginären Theiles kennen. Dies ist der weitgehendste Gebrauch, den man von der Methode der recurrenten Reihen machen kann. Diese Reihen haben also in der That sehr allgemeine Eigenschaften für die Theorie der algebraischen Gleichungen; das Studium dieser Beziehungen ist der eigentliche Gegenstand unseres sechsten Buches.

XIX. Man weiss schon lange, dass eine algebraische,

unveränderliche Function aller Wurzeln einer Gleichung, d. h.
ein Ausdruck, in dem diese sämmtlich auf dieselbe Art auftreten, vermöge der Coefficienten der Gleichung durch eine
Gleichung ersten Grades gegeben wird. Dieser bemerkenswerthe Satz hat seinen ersten Ursprung in den Theoremen
von *Franz Vieta*[9]), einem der ersten Begründer der Theorie
der Gleichungen. *Albert Girard*[15]) hat aus den Theoremen
Vieta's den Ausdruck für die Summe der ganzen Potenzen
der Wurzeln hergeleitet. Man findet dann diese Formeln in
den Werken von *Newton*[15]). Die neuen, soeben ausgesprochenen
Theoreme lassen erkennen, dass die Functionen, welche nur
eine gewisse Anzahl von Wurzeln enthalten, Eigenschaften
anderer Art, die nicht weniger allgemein sind, haben. So
ist bei einer Gleichung von höherem als drittem Grade die
Summe der drei Wurzeln nicht mehr durch eine Gleichung
ersten Grades, sondern durch eine Grenze, der man immer
näher kommt, gegeben. Diese Grenze ist der fortlaufende
Quotient zweier aufeinanderfolgender Glieder einer Reihe,
welche sehr leicht zu bilden ist. Es giebt keinen Factor, der
aus irgendwelcher Anzahl der Reihe nach geordneter einfacher
Factoren der vorgelegten Gleichung hervorgeht, dessen sämmtliche Coefficienten man nicht so bestimmen kann. [75] Die
Prüfung dieser allgemeinen Eigenschaften lässt uns die Natur
der Irrationalzahlen, welche durch die Wurzeln der algebraischen Gleichungen ausgedrückt sind, besser erkennen.
Diese Wurzeln sind Grenzen gewisser Reihen, welche nach
einem sehr einfachen Gesetze aus den Coefficienten der vorgelegten Gleichung hervorgehen. Dieser auf dem Gebrauche
der recurrenten Reihen begründete Process ist hauptsächlich
deswegen bemerkenswerth, weil er zu einer anderen Methode
für die Unterscheidung der Wurzeln und ihrer Grenzen Veranlassung giebt und sich auf die Aufsuchung der Coefficienten
der imaginären Wurzeln anwenden lässt. Uebrigens glauben
wir nicht, dass man auf diesem Wege schnell genug zur
Kenntniss der Wurzeln gelangt. Die von *Euler* gebrachten
Beispiele sind scharfsinnig gewählt, aber diese Art der Annäherung erfordert im allgemeinen zuviel Rechnung. Wir betrachten daher diese Frage nur in theoretischer Beziehung.
Die angegebenen Eigenschaften sind unvergleichlich viel allgemeiner als die von den Erfindern und den Autoren, welche
seither dieselbe Frage behandelten, gekannten; sie sind besonders für die Theorie von Interesse. Der Zweck dieser

Untersuchung war, eines der hauptsächlichsten Elemente der algebraischen Analysis zu vervollständigen.

XX[25]). Im siebenten und letzten Buche werden die Principien der Theorie der Ungleichheiten auseinandergesetzt. Dieser Theil unseres Werkes betrifft eine neue Art von Fragen, welche in der Geometrie, der algebraischen Analysis, der Mechanik und der Wahrscheinlichkeitsrechnung verschiedene Anwendungen darbieten. Wir werden den Hauptcharakter dieser Untersuchungen angeben und einige Beispiele, die geeignet sind, den Gegenstand kennen zu lehren, vorführen.

Eine Frage ist im allgemeinen bestimmt, wenn die Anzahl der Gleichungen, die alle vorgelegten Bedingungen ausdrücken, gleich der Anzahl der Unbekannten ist. In der Theorie, um die es sich handelt, sind diese Bedingungen nicht durch Gleichungen ausgedrückt; d. h. anstatt eine gewisse Function der Unbekannten gleich einer Constanten oder Null zu setzen, giebt man vermöge der Zeichen $>$ oder $<$ an, dass diese Function grösser oder kleiner als die Constante ist. Dies stellt eine Ungleichheit dar.

[76] Man nimmt zum Beispiel an, dass vier Unbestimmte einer gewissen Anzahl Ungleichheiten ersten Grades unterworfen sein sollen und dass man alle möglichen Werthe dieser Unbekannten finden muss. Die Anzahl der Ungleichheiten könnte kleiner, oder gleich, oder selbst viel grösser als die der Unbekannten sein, im allgemeinen ist dies unbestimmt. Es handelt sich darum, alle Werthe der vier Unbekannten, welche, in alle vorgelegten Bedingungen eingesetzt, ihnen gleichzeitig genügen, zu finden; dabei können diese Bedingungen allein in gewissen Ungleichheiten bestehen oder auch Gleichungen umfassen. Eine Frage dieser Art lässt eine unendliche Menge von Lösungen zu; sie ist unbestimmt; man muss eine allgemeine Regel geben, welche dazu dient, leicht alle möglichen Lösungen zu finden. Es ist klar, dass Probleme dieser Art sich häufig bei den Anwendungen mathematischer Theorien darbieten können.

In mehreren Fällen kann man durch besondere Bemerkungen, welche der zu lösenden Frage eigenthümlich sind, zur Auflösung gelangen; ist aber die Zahl der Bedingungen gross, beziehen sich dieselben auf drei oder mehr als drei Variable, so wird die Reihe der Ueberlegungen derartig complicirt, dass es fast immer selbst dem geübtesten Geiste unmöglich sein würde, sie ganz zu umfassen. Man müsste dann

nach der Natur der Frage zu verschiedenartigen Betrachtungen
seine Zuflucht nehmen, wie dies auch bezüglich mehrerer einfacher Probleme, die man ohne Hülfe der Analysis löst, statt
hat. Daher war es nötig, die Berechnung bei Bedingungen
der Ungleichheit auf einen allgemeinen und gleichmässigen
Process zurückzuführen. Durch eine regelmässige und constante Combination der Zeichen ergänzt man so die schwierigsten und ausgedehntesten Ueberlegungen: dies ist das Eigenthümliche algebraischer Methoden. An erster Stelle führen
wir ein sehr einfaches Beispiel für diese Art von Fragen an.

Wir nehmen an, dass ein ebenes, horizontales Dreieck
durch drei verticale, in den Scheiteln der Winkel befestigte
Stützen getragen wird. Die Kraft jeder Stütze wird durch 1
angegeben und ausgedrückt, d. h. würde man auf diese Stütze
ein Gewicht, das leichter als die Einheit ist, legen, so würde
dieses Gewicht getragen werden, die Stütze würde aber sofort
brechen, wenn das Gewicht die Einheit überschritte. [77] Man
nimmt an, man stellt ein gegebenes Gewicht, zum Beispiel 2,
derartig auf den dreieckigen Tisch, dass keine der Stützen
gebrochen wird. Wäre das gegebene Gewicht 3, so würde
die Frage völlig bestimmt sein; wenn es kleiner als 3 ist,
so ist sie unbestimmt. Wir sehen die Coordinaten des Punktes,
in den man das vorgegebene Gewicht stellen soll, als zwei
Unbekannte an, die auf die Stützen ausgeübten Druckkräfte als
drei weitere Unbekannte; um die Rechnung zu vereinfachen,
nehmen wir an, dass das Dreieck rechtwinklig gleichschenklig
ist; die Frage enthält dann, wie man sieht, neben fünf unbekannten Grössen eine bekannte, nämlich das vorgegebene
Gewicht. Die Principien der Statik ergeben sofort drei
Gleichungen; zu ihnen kommen für jeden Scheitel zwei Ungleichheiten, welche ausdrücken, dass der Druck positiv und
kleiner als 1 ist oder besser nicht die Einheit überschreiten
kann. Es ist klar, dass hierdurch alle Bedingungen der Frage
ausgedrückt sein werden; es handelt sich nur noch um die
Anwendung der allgemeinen Regeln für die Berechnung der
linearen Ungleichheiten; durch diese wird man alle möglichen
Werthe der unbekannten Coordinaten herleiten und so alle
Punkte des Dreiecks, in welche das Gewicht gestellt werden
kann, bestimmen.

Bildet man diese Lösung, so findet man, dass die Punkte,
um die es sich handelt, sich im Innern der Tafel befinden
und, falls das gegebene Gewicht zwischen 1 und 2 liegt, ein

Sechseck bilden. Diese Figur wird das Dreieck selbst, wenn das Gewicht kleiner als die Einheit ist; es ist ein kleineres Dreieck, wenn das Gewicht zwischen 2 und 3 liegt; es reducirt sich auf einen einzigen Punkt, wenn das Gewicht gleich 3 ist; überschreitet es endlich 3, so existirt die Figur nicht mehr; denn die Linien, welche die Figur bilden sollen, hören auf, sich zu treffen.

Es möge nun die Construction, welche zum Ziehen der Linien dient, folgen. Bezeichnet man die Seite des gleichschenklig rechtwinkligen Dreiecks mit 1, so theile man die Einheit durch das gegebene Gewicht, um dessen Hinaufstellung es sich handelt, und trage die durch den Quotienten gemessene Länge: 1. auf jeder Seite des rechten Winkels von dem Scheitel dieses Winkels aus ab, dies ergiebt zwei Punkte, 1 und 2, 2. von dem Scheitel des spitzen Winkels aus auf einer der Seiten des rechten Winkels, dies ergiebt einen dritten Punkt 3. 3. auf der anderen Seite des rechten Winkels von dem Scheitel des spitzen Winkels aus, dies ergiebt einen vierten Punkt 4. [**78**] Man errichte dann im Punkt 1 auf der Seite, auf der dieser Punkt liegt, eine Senkrechte, und ebenso im Punkte 2 auf der anderen Seite eine Senkrechte, endlich ziehe man eine dritte Gerade durch die Punkte 3 und 4. Diese drei so gezogenen Linien bestimmen auf der Oberfläche des Dreiecks den Raum, wohin das gegebene Gewicht gelegt werden kann, ohne dass eine der Stützen bricht.

Man könnte eine so einfache Frage leicht ohne Rechnung lösen; ist aber die Zahl der Stützen grösser als drei, ist ihre Kraft ungleich, trägt die horizontale Unterlage schon in gewissen Punkten gegebene Massen, oder soll man nicht ein einziges, sondern mehrere Gewichte hinstellen, so kann man sich nicht davon befreien, auf die Ungleichheitsrechnung zurückzugehen. Der Vortheil dieses Rechnungsverfahrens besteht darin, dass es in allen Fällen genügt, die Bedingungen der Frage auszudrücken, dies ist leicht; dann sind nur diese Ausdrücke mittelst allgemeiner Regeln, die immer dieselben sind, zu combiniren. Man bildet auf diese Weise die Lösung, zu der man sonst nur durch eine Reihe sehr complicirter Ueberlegungen gelangen könnte.

Die Fragen dieser Art sind alle unbestimmt, denn sie lassen eine unendliche Menge Lösungen zu; aber sie unterscheiden sich unter einander bezüglich der Ausdehnung. Bei den einen schränken die geforderten Bedingungen diese

Ausdehnung sehr ein; bei anderen ist die Abzählung aller möglichen Lösungen weniger beschränkt. Bei gewissen Untersuchungen ist es nothwendig, die Fragen in dieser Richtung zu betrachten.

Eine aufmerksame Prüfung lehrt, dass die jeder Frage eigenthümliche Ausdehnung eine Grösse ist, die man stets in Zahlen abschätzen kann; hierin ist die Theorie, deren Principien wir auseinandersetzen, mit der Wahrscheinlichkeitslehre verknüpft, und es giebt thatsächlich verschiedene Probleme, die von dieser letzteren Wissenschaft abhängen und sich durch die Ungleichheitsrechnung lösen lassen. Man kann die Ausdehnung oder Capacität einer Frage nicht anders messen, als indem man bei der Abzählung alle möglichen Lösungen umfasst, so dass man hier von der Integralrechnung Gebrauch machen muss; thatsächlich ist die Zahl, welche die Ausdehnung irgend einer Frage misst, immer durch ein bestimmtes mehrfaches Integral mit gegebenen Grenzen ausgedrückt. [79] Die Ausführung der successiven Integrationen ist, wie auch immer ihre Zahl sei, stets möglich und sehr leicht; schreibt man die Grenzen der Integrale und verwendet dabei die Bezeichnung, welche ich in der analytischen Wärmetheorie vorgeschlagen habe [49]), so ist die Grösse, welche man bestimmen will, in allgemeinster und einfachster Form ausgedrückt.

Es ist klar, dass die vorgelegten Bedingungen auch derartig sein könnten, dass die Frage keine mögliche Lösung zuliesse. In diesem Falle entwickelt die Rechnung den Widerspruch gegen die Bedingungen und zeigt die Unmöglichkeit, sie zu erfüllen. Der Gegenstand der Methode ist also, die Möglichkeit der Lösung für die Frage zu erkennen, in diesem Falle alle zulässigen Lösungen zu finden, endlich die der Frage eigenthümliche Ausdehnung durch eine Zahl zu messen.

Oft kommt es auch bei dieser Art von Untersuchungen vor, dass der Hauptgegenstand die Auffindung der Grenzen der Lösungen ist; dann ist die Frage nicht unbestimmt; ebenso verhält es sich mit der Messung der Ausdehnung; diese Fragen hängen von derselben Analyse ab.

Wir haben als ein erstes Beispiel eine Frage der Statik, die man durch den Calcül der Ungleichheiten löst, angegeben. Es möge eine zweite Frage derselben Art, welche sich von der ersten darin unterscheidet, dass die Unbekannte eine Grenze ist und daher einen einzigen Werth hat, folgen.

Man nimmt an, dass eine ebene und horizontale Oberfläche

von quadratischer Gestalt durch vier verticale Stützen, die in den Scheiteln der Winkel befestigt sind, getragen wird; jede dieser Stützen kann ein Gewicht, das kleiner als die Einheit ist, ertragen; aber sie würde sofort brechen, wenn sie mit einem Gewicht, das grösser als die Einheit ist, belastet würde. Man bezeichnet irgend einen Punkt auf der horizontalen Unterlage und fragt, welches das grösste Gewicht ist, das man in diesen Punkt stellen kann, ohne irgend eine Stütze dadurch zu zerbrechen. Dieses grösste Gewicht oder die Kraft der Unterlage an diesem Orte hängt augenscheinlich von der Lage des Punktes ab. Zur Darstellung des grössten Gewichtes, das diesem Orte entspricht, errichte man eine verticale Ordinate; diese bestimmt für jeden Punkt der horizontalen Unterlage dieses grösste Gewicht; [80] es handelt sich dann darum, die krumme Oberfläche, welche durch alle äussersten Enden der Ordinaten hindurchgeht, zu bestimmen.

Diese Untersuchung gehört der analytischen Theorie der Elasticität an; man müsste die Stützen als zusammendrückbar betrachten und so durch die Rechnung die Aenderungen, welche die elastische Ebene in allen ihren Theilen erleidet, ausdrücken. Wie complicirt auch diese Frage erscheint, so kann sie doch gelöst werden; denn die Methoden, welche zur Integration der Differentialgleichungen, die der Wärmetheorie eigenthümlich sind, dienen, haben der Analysis eine neue Ausdehnung gegeben, welche die Wirkungen der Elasticität der Rechnung zu unterwerfen gestattet. Wir betrachten hier aber die Frage unter einem andern Gesichtspunkte. Man nimmt an, dass die elastische Tafel die dem Gleichgewichte passende Figur erhalten hat und dann völlig starr wird; dies kann das bestehende Gleichgewicht nicht stören. Dann müssen, ganz gleich, ob dabei die Tafel biegsam, wie es alle Körper thatsächlich sind, oder nach Voraussetzung starr ist, die für das Gleichgewicht nöthigen Bedingungen erfüllt sein. Diese letzten Bedingungen will man durch die Theorie der Ungleichheiten ausdrücken; zu deren Bildung hatte man bisher keine physikalische Hypothese.

Man stellt sich die Aufgabe, die Natur und die Dimensionen der Oberfläche aufzufinden, deren Coordinaten das grösste Gewicht ausdrücken, welches die Tafel an jedem gegebenen Orte ertragen kann. Die aus unserer Rechnung hergeleitete Lösung beweist, dass die Oberfläche, um welche es sich handelt, keinem continuirlichen Gesetze unterworfen ist, sie wird von mehreren hyperbolischen, getrennt gelegenen Flächen gebildet. Die Frage wird durch die folgende Construction gelöst. Man theile durch die zwei Diagonalen und zwei transversale Gerade, von denen eine jede die Mitte einer Seite mit der Mitte der gegenüberliegenden Seite verbindet, das Quadrat in acht gleiche Theile. Jeder dieser acht Theile ist ein rechtwinkliges Dreieck, das man in zwei Segmente theilt, von denen das eine doppelt soviel Oberfläche als das andere hat. Diese Theilung wird durch eine von dem rechten Winkel des Dreiecks zu einem der Winkel des Quadrats gezogene Gerade ausgeführt. Als Basis eines jeden dieser Segmente betrachte man diejenige der drei Seiten, welche einer Quadratseite parallel ist. [81] Um das grösste Gewicht, das in einen gegebenen Punkt des grösseren Segments gestellt werden kann, zu finden, muss man durch diesen Punkt zu der Basis des Segments eine Parallele ziehen, bis dieselbe diejenige der zwei Diagonalen, von welcher der Punkt am entferntesten ist, trifft, und dann auf dieser Parallelen die zwischen dem Schnittpunkte und dem gegebenen Punkte liegende Länge messen. Die durch diese Länge dividirte Einheit ist der gesuchte Werth für das grösste Gewicht. Liegt dieser gegebene Punkt in dem kleineren Segment, so muss man durch diesen Punkt eine Parallele zur Basis des Segments ziehen, bis sie diejenige der Quadratseiten trifft, welche von dem Punkt am entferntesten ist, und den Theil dieser Parallelen, welcher zwischen dem Schnittpunkte und dem gegebenen Punkte liegt, abmessen. Die durch die Hälfte der abgemessenen Länge dividirte Einheit drückt den gesuchten Werth für das grösste Gewicht aus. Wendet man für jeden der 16 Theile des Quadrats die eine oder die andere Regel an, so findet man das grösste Gewicht, welches in jeden Punkt der rechteckigen Tafel gestellt werden kann.

Man ersieht, dass der Werth der verticalen Ordinate, welche das grösste Gewicht misst, nicht einem continuirlichen Gesetze unterworfen ist. Dieses Gesetz ändert sich plötzlich, wenn man von dem grossen zum kleinen Segmente übergeht. Man würde diese Lösung leicht ohne Rechnung finden können, wir hatten sie schon lange Zeit bemerkt. Wenn die Figur der Ebene aber eine andere ist, wenn die Anzahl der Stützen grösser als vier wird, wenn die Tafel schon in gewissen Punkten gegebene Massen trägt, so muss man nothwendig zu Regeln, welche zur Combination der Ungleichheiten dienen, seine Zuflucht nehmen.

XXI. Bei den in diesem siebenten Buche behandelten Anwendungen ist, wie bei den zwei voraufgehenden, der Hauptzweck, die Natur dieser neuen Gattung von Problemen und die allgemeine Form des Rechnungsverfahrens kennen zu lehren. Andere Probleme betreffen allgemeine Fragen, deren Lösung für den Fortschritt der analytischen Theorien nothwendig ist. Die eine bezieht sich auf den Gebrauch der Bedingungsgleichungen; diese Frage ist für die Bildung der astronomischen Tafeln wichtig. Es handelt sich, solche Werthe der Unbekannten zu finden, dass der grösste Fehler, abgesehen vom Vorzeichen, möglichst klein wird, oder dass der mittlere Fehler, d. h. die Summe der Fehler, abgesehen vom Vorzeichen, dividirt durch ihre Zahl, möglichst klein werde.

[82] Eine zweite Anwendung ist diejenige, welche wir im vierten Buche gegeben haben; ihr Gegenstand ist die Bildung der successiven Glieder des Werthes jeder der Unbekannten, welche gegebenen Buchstabengleichungen genügen sollen. Wir zeigen, dass die Auflösung dieser Gleichungen von der Theorie der linearen Ungleichheiten abhängt.

Wie auch immer die Zahl der Unbekannten ist, so genügt es, die der Frage eigenthümlichen Bedingungen auszudrücken und die allgemeinen Regeln dieses Calcüls auf die hingeschriebenen Ungleichheiten anzuwenden. Man ergänzt so durch einen algorithmischen Process sehr complicirte Ueberlegungen; diese müsste man sonst nach der Natur der Frage abändern und, wenn die Zahl der Unbekannten drei überschritte, so würde es so zu sagen unmöglich sein, sie zu bilden. Dennoch kann man nicht immer vermeiden, dass die Anzahl der Operationen sehr gross wird, aber man reducirt ihre Zahl bedeutend, indem man die Eigenschaften der extremen Functionen betrachtet. So nennen wir diejenigen Functionen, welche entweder grösser oder kleiner als alle anderen sind.

Wir geben jetzt das Princip der Auflösung für eine der merkwürdigsten Fragen; diese bezieht sich auf die Beobachtungsfehler.

Man betrachtet lineare Functionen mehrerer Unbekannter x, y, z, u. s. w. Die numerischen Coefficienten, welche in den Functionen auftreten, sind gegebene Grössen. Wäre die Anzahl der Functionen nicht grösser als diejenige der Unbekannten, so könnte man für x, y, z, u. s. w. ein System numerischer Werthe derartig finden, dass die gleichzeitige Substitution

dieser Werthe in die Functionen für jede ein Resultat Null
ergäbe. Ueberschreitet aber die Zahl der Functionen diejenige
der Unbekannten, so kann man im allgemeinen diese Bedingung
nicht erfüllen. Setzen wir jetzt voraus, dass man $x, y, z, \ldots$
numerische Werthe $X, Y, Z, \ldots$ beilegt, diese in eine Function
einsetzt und den positiven oder negativen Werth des Substi-
tutionsresultats berechnet. Man betrachtet das positive oder
negative, von Null verschiedene Resultat als einen Fehler oder
eine Abweichung; [83] sieht man vom Vorzeichen ab, so nimmt
man die Zahl der positiven oder negativen Einheiten, welche
das Resultat ausdrückt, als Maass des Fehlers.

Dies vorausgesetzt, muss man $x, y, z, \ldots$ solche Werthe X, Y, Z,
geben, dass die grösste Abweichung, die aus der Substitution in die
verschiedenen vorgelegten Functionen hervorgeht, kleiner wird als
die grösste Abweichung, die man bei der Substitution eines jeden
anderen von $X, Y, Z, \ldots$ verschiedenen Systems von Werthen
in die Functionen finden würde. Man könnte auch ein System
$X, Y, Z, \ldots$ von derartigen gleichzeitigen Werthen für $x, y, z, \ldots$
suchen, dass die Summe der Fehler, abgesehen vom Vorzeichen,
kleiner ist als die Summe der Fehler, die aus der Substitution
eines jeden von $X, Y, Z, \ldots$ verschiedenen Systems hervorgeht.

Die folgende Construction stellt die Methode, welche befolgt werden muss, um ohne unnöthige Rechnung die Grössen
$X, Y, Z, \ldots$, welche bei der grössten Abweichung den kleinsten Werth ergeben, zu finden, klar dar. Diese von uns
schon lange gegebene Construction ist der Hauptpunkt der
Frage; sie allein löst alle Schwierigkeiten. Nicht allein macht
sie die Lösung klar und fixirt sie im Gedächtniss, sondern sie
dient auch zur Entdeckung derselben; obgleich sie dem Fall
zweier Variablen x und y eigenthümlich ist, so genügt sie,
um den allgemeinen Process kennen zu lehren. Die Anzahl
der vorgelegten Functionen wird übrigens als beliebig vorausgesetzt. x und y seien in der Horizontalebene die Coordinaten eines Punktes. Die Verticalordinate messe den Werth
der linearen Function. Jeder Function entspricht eine Ebene.
Der Abstand z eines Punktes der Ebene von der Horizontalebene ist in x und y ausgedrückt. Bei jeder linearen Function ändere man die Vorzeichen von x und y, dies verdoppelt
die Anzahl der vorgelegten Functionen und folglich die Anzahl der betrachteten Ebenen. Man stelle sich alle Ebenen
gezeichnet vor und schenke nur den Theilen der Ebenen, die
oberhalb der Horizontalebene liegen, seine Aufmerksamkeit.

Diese oberen Theile der gegebenen Ebenen sind unbeschränkt fortgesetzt. Man muss hauptsächlich bemerken, dass das System aller dieser Ebenen eine Vase, die ihnen als Grenze oder Enveloppe dient, einschliesst. Die Figur dieser äussersten Vase ist die eines Polyeders, das seinen convexen Theil nach der Horizontalebene richtet. [84] Der tiefste Punkt der Vase oder des Polyeders hat die Werthe X, Y, Z, welche der Gegenstand der Frage sind, zu Coordinaten; d. h. Z ist der kleinste mögliche Werth für die grösste Abweichung, und X und Y sind geeignete Werthe von x und y, um dieses Minimum, abgesehen vom Vorzeichen, zu ergeben.

Um den tiefsten Punkt der Vase schnell zu erreichen, errichte man in irgend einem Punkte der Horizontalebene, z. B. im Coordinatenursprung der x und y, eine verticale Ordinate bis zum Schnitt mit der höchsten Ebene, d. h. unter allen Schnittpunkten, die man auf dieser Verticallinie findet, wähle man denjenigen, der am entferntesten von der Ebene der x und y ist. Sei m_1 dieser Schnittpunkt, so kennt man die Ebene, auf der er liegt. Man geht auf dieser Ebene von dem Punkte m_1 weiter hinunter bis zu einem Punkte m_2 einer Kante des Polyeders; verfolgt man diese Kante, so geht man von neuem vom Punkte m_2 bis zu einem Scheitel m_3, der drei äussersten Ebenen gemeinsam ist. Von dem Punkte m_3 geht man entlang einer zweiten Kante bis zu einem Scheitel m_4; man setzt die Anwendung dieses Processes fort, indem man dabei immer derjenigen der zwei Kanten folgt, die zu einem weniger hohen Scheitel führt. So gelangt man zu dem niedrigsten Punkte des Polyeders. Diese Operation stellt die Reihe der numerischen Operationen, welche die analytische Regel vorschreibt, genau dar. Sie macht den Weg der Methode, welche darin besteht, successiv von einer extremen Function zu einer anderen überzugehen, indem man den Werth der grössten Abweichung mehr und mehr vermindert, sehr klar.

Der Calcül der Ungleichheiten lehrt, dass derselbe Process für eine beliebige Anzahl Unbekannter passt; denn die extremen Functionen haben in allen Fällen Eigenschaften, welche denen der Flächen des Polyeders, welches als Grenze für die geneigten Ebenen dient, analog sind. Allgemein bleiben die Eigenschaften der Flächen, Kanten, Scheitel und Grenzen aller Ordnungen, ebenso auch bei der allgemeinen Analyse, wie gross auch die Anzahl der Unbekannten sei, bestehen.

XXII. Die dargelegten Fragen stellen unsere Untersuchungen insgesammt dar. [85] Diese Auseinandersetzung war nöthig, damit man sich eine allgemeine Idee der Theorie der Gleichungen bilden und ein exactes Urtheil über die schon bekannten Methoden fällen kann. Man sieht, der klarste Begriff, welcher alle Untersuchungen zu leiten am geeignetsten war, ist auch der einfachste; ihn hatte *Vieta* schon bei Beginn der modernen Analysis vorgeschlagen. Er dachte, die Auflösung der algebraischen Gleichungen muss von einer allgemeinen Methode abhängen, die er exegetisch nannte, und die darin besteht, gleichzeitig alle Coefficienten der vorgelegten Gleichungen zu betrachten, um hieraus durch successive Operationen alle Theile jeder Wurzel herzuleiten. *Vieta* hat nicht die allgemeine Methode, deren Aufsuchung er vorschlug, gebildet; er hat sie nur bemerkt und ihren Charakter durch verschiedene Beispiele angegeben; man konnte sie nicht ohne gewisse Elemente der Differentialrechnung finden. Die Richtigkeit dieser allgemeinen Anschauung ist *Newton* nicht entgangen; er hat sie selbst, indem er einen ersten Theil der exegetischen Methode gab, welche die ersten Glieder der Reihen kennen lehrt, bestätigt. Aber er hat nicht das Mittel entdeckt, die imaginären Wurzeln der numerischen Gleichungen zu erkennen und zwei Grenzen für jede reelle Wurzel zu finden. Heute kann man alle Schwierigkeiten, welche diese Untersuchungen darboten, heben und die Unvollkommenheiten der ersten Versuche ergänzen; das ist der in diesem Werke verfolgte Zweck. Es enthält die Auseinandersetzung einer Methode, welche zur leichten Bestimmung der Wurzeln aller Gleichungen dient.

Jetzt kann man sich eine vollständige Idee von dem Gegenstand und den Resultaten unserer Untersuchungen bilden. Die Hauptpunkte sind: erstens der Beweis des allgemeinen Theorems, welches die Anzahl der Wurzeln erkennen lässt, die man in einem gegebenen Intervall suchen muss, sowie der Satz von der Zahl der imaginären Wurzeln. Die *Descartes*-sche Regel ist ein Corollar zu diesen Theoremen, und, wie ich glaube, kann man sie unter keinem einfacheren und weitergehenden Gesichtspunkte betrachten.

2. Die Regel, welche dazu dient, mit Sicherheit zu erkennen, ob die zwei gesuchten Wurzeln reell sind oder in dem Intervall verloren gehen.

[86] 3. Die Lösung aller Fragen, welche die *Newton*'sche Annäherung darbietet. Wären diese Fragen nicht gelöst

gewesen, so wäre dieser Process, einer der einfachsten und fruchtbarsten der ganzen Analysis, unvollständig und vag.

4. Die Prüfung der Methode, welche voraussetzt, dass man zuerst den kleinsten Werth der Differenz von zwei Wurzeln berechnet. Aus der Discussion geht hervor, dass diese Berechnung unnöthig ist. Man muss sofort die Processe der Kettenbrüche anwenden, und die Natur der Wurzeln wird klar.

5. Die Auseinandersetzung der Principien, welche zur Lösung der Buchstabengleichungen dienen, und die Ausdehnung dieser Methode auf den Fall mehrerer Unbekannten.

6. Die eigenthümliche Ausdehnung der recurrenten Reihen. Wir haben bewiesen, dass diese Methode genügt, um alle Wurzeln, die Factoren aller Grade und die Coefficienten der imaginären Ausdrücke kennen zu lehren. Diese Regel war auf die zwei äussersten und reellen Wurzeln beschränkt; wir zeigten, dass sie alle Wurzeln, sowohl die reellen wie die imaginären, ergiebt.

Aus dieser Aufzählung ersieht man, dass wir keine der Untersuchungen, welche die Theorie der Gleichungen aufklären können, vergassen. Bei jeder Frage suchten wir die allgemeinsten Principien, die auf dem kürzesten Wege zur thatsächlichen Kenntniss der Wurzeln führen können. Diese berühmte Frage muss man heute als völlig gelöst ansehen. Wir denken, dass die der Berechnung gewidmete Wissenschaft immer dieses Hauptelement beibehalten wird.

Methode zur Bestimmung zweier Grenzen für jede reelle Wurzel und zur Unterscheidung der imaginären Wurzeln.

I. Die vorgelegte Gleichung lautet:

$$x^m + a_1 x^{m-1} + a_2 x^{m-2} + a_3 x^{m-3} + \cdots + a_{m-1} x + a_m = 0.$$

Die linke Seite dieser Gleichung bezeichnen wir mit X oder fx. Der Exponent m ist eine ganze Zahl, die Coefficienten a_1, a_2, a_3, $\cdots$, a_{m-1}, a_m sind gegebene Zahlen. Es handelt sich darum, festzustellen, wie viel reelle Zahlen α, β, γ, $\ldots$ vorhanden sind, die, statt x in X eingesetzt, diese Function fx zu Null machen und für jede dieser reellen Wurzeln α, β, γ, $\ldots$ zwei Grenzen zu bestimmen, zwischen denen sie allein gelegen ist. Um diese Fragen zu entscheiden, betrachten wir die Functionen X, X', X'', X''', $\ldots$, $X^{(m)}$, von denen eine jede aus der voraufgegangenen folgt, indem man das Differential bezüglich x bildet und durch dx dividirt. Die Anzahl dieser Functionen ist $m + 1$, und die Function $X^{(m)}$ enthält x nicht mehr; dieselbe ist eine constante positive Grösse. Wir schreiben diese Reihe von Functionen in dieser Reihenfolge:

$$X^{(m)}, \ X^{(m-1)}, \ X^{(m-2)}, \ \ldots, \ X'', \ X', \ X.$$

[88] Nehmen wir jetzt an, dass man dem x einen bestimmten positiven oder negativen Werth a beilegt und, nachdem man hin statt x in diese Functionenreihe eingesetzt hat, man das Vorzeichen jedes Resultats hinschreibt: so bildet man eine Reihe von Vorzeichen, von denen das erste, welches $X^{(m)}$ entspricht, stets positiv ist. Wir nehmen an, dass die eingesetzte Zahl a durch unendlich kleine Zuwächse allmählich von einem negativen Werth, welcher eine unendliche Anzahl von Einheiten enthält, und den man mit $-\frac{1}{0}$ bezeichnet, bis zu einem positiven Werth $\frac{1}{0}$, welcher auch über jede Grenze wächst, zunimmt; wir betrachten dann die Veränderungen,

welche die Reihe der Resultate, in dem Maasse wie die eingesetzte Zahl a zunimmt, erfährt. Diese Reihe von Vorzeichen hat sehr merkwürdige Eigenschaften, deren aufmerksame Prüfung zur Bestimmung der Grenzen für die Wurzeln führt.

Ist die eingesetzte Zahl a gleich $-\dfrac{1}{0}$, so reducirt sich jede Function auf ihr erstes Glied; das Vorzeichen des Resultats für die Substitution von $-\dfrac{1}{0}$ wird offenbar für die erste Function $+$, für die zweite Function $-$, für die dritte $+$, und so weiter fort abwechselnd. Ist die eingesetzte Zahl gleich $\dfrac{1}{0}$ geworden, so umfasst die Reihenfolge der Vorzeichen nur positive Zeichen. Ist in dem ersten Falle a gleich $-\dfrac{1}{0}$, so folgt auf jedes Vorzeichen der Reihe ein verschiedenes Vorzeichen; diese Reihe umfasst nur Vorzeichenwechsel, deren Anzahl gleich m ist; in dem zweiten Fall, in dem a gleich $\dfrac{1}{0}$ ist, folgt jedem Vorzeichen ein gleiches; die Reihe umfasst nur dieselben Vorzeichen, Zeichenfolgen oder Permanenzen. Wir werden beweisen, dass die Anzahl m der Zeichenwechsel, welche in der ersten Reihe existirten, fortwährend abnimmt in dem Maasse, wie die eingesetzte Zahl a zunimmt, und dass diese Reihe jedesmal dann einen Zeichenwechsel verliert, wenn die Zahl a gleich einer reellen Wurzel wird.

II. Zunächst ist klar, dass die Zeichenreihe immer dieselbe bleibt wie sie vorher war, wenn nicht die eingesetzte Zahl a eine oder mehrere der Functionen $X^{(m)}$, $X^{(m-1)}$, $\ldots$, X'', X', X zu Null macht: denn der Werth einer Function wie X oder X' oder X'', u. s. w. kann dann und nur dann das Zeichen ändern, wenn die Function vorher gleich Null wird. Man muss daher untersuchen, was in der Zeichenreihe vorgeht, wenn die eingesetzte Zahl einen Werth annimmt, der eine der Functionen $X^{(m)}$, $X^{(m-1)}$, $X^{(m-2)}$, $\ldots$, X'', X', X zu Null macht. [89] Setzen wir zuerst voraus, dass die einzige Function, welche Null wird, die letzte X oder fx sei. Dann hat man $f(a) = 0$. Was die Function $f'a$ betrifft, so möge sie einen positiven oder negativen Werth haben.

Wir betrachten drei successive und unendlich nahe Zustände der eingesetzten Zahl a, nämlich:

$$x = a - da,$$
$$x = a,$$
$$x = a + da,$$

und vergleichen die Substitutionsresultate, nämlich:

$$f(a - da),$$
$$f(a),$$
$$f(a + da).$$

Da der Ausdruck $f(a)$ verschwindet, so lauten diese Resultate:

$$- da\ f'(a),$$
$$0,$$
$$+ da\ f'(a).$$

Schreibt man die Zeichen der drei Reihen, welche man bildet, indem man $a - da$, a, $a + da$ einsetzt, in drei entsprechende unter einander stehende Horizontalreihen, so unterscheiden sich diese Reihen nur durch die Vorzeichen, welche am Ende stehen. Wir setzen ja in der That voraus, dass der Werth a von x die Function fx allein zu Null macht; man kann a immer um eine so kleine Grösse da oder $- da$ ändern, dass die Substitution von $a - da$ oder $a + da$ keine der anderen Functionen zum Verschwinden bringt. Daher bewahren diese anderen Functionen das Vorzeichen, welches sie hatten, als der Werth von x gleich a war. Ist das Vorzeichen von $f'a$ positiv, so sind die drei zu vergleichenden Reihen am Ende:

$$\ldots + -$$
$$\ldots + 0 \quad (1),$$
$$+ +$$

[**90**] d. h., ist die Fluxion $f'(a)$ positiv, so vergrössert $f(x)$ seinen Werth und ist der Reihe nach negativ, Null und positiv. Beim Anblick der Tabelle (1) sieht man, dass der Zeichenwechsel $+ -$ zu einer Zeichenfolge $+ +$ geworden ist.

Ist das Vorzeichen von $f'(a)$ negativ, so lauten die drei Reihen schliesslich folgendermaassen:

$$\ldots - +$$
$$- 0 \quad (2),$$
$$- -$$

d. h. ist die Fluxion $f'(a)$ negativ, so nimmt der Werth von $f(x)$ derart ab, dass er der Reihe nach positiv, Null und negativ wird. Die Tabelle (2) lässt erkennen, dass der Vorzeichenwechsel — —|— durch eine Zeichenfolge — — ersetzt ist. Ganz gleichgültig daher, ob $f'(a)$ positives oder negatives Vorzeichen hat, es wird in beiden Fällen ein Vorzeichenwechsel durch eine Vorzeichenfolge ersetzt. Daher verliert die Vorzeichenreihe, welche man findet, indem man für x einen continuirlich wachsenden Werth a setzt, jedesmal dann einen Vorzeichenwechsel, wenn der eingesetzte Werth eine der reellen Wurzeln der vorgelegten Gleichung erreicht und unendlich wenig überschreitet.

Jetzt wollen wir voraussetzen, dass die eingesetzte Zahl a einen Werth, welcher eine einzige der zwischenliegenden Functionen der Reihe $X^{(m)}$, $X^{(m-1)}$, $X^{(m-2)}$, ..., X'', X', X mit Ausnahme der letzten Function X annullirt, annimmt. Diejenige Function, welche verschwindet, sei $X^{(n)}$ oder $f^{(n)}(x)$, so dass man $f^{(n)}(a) = 0$ hat. Mit n bezeichnen wir den Differentiationsindex, mit $n + 1$ oder $n - 1$ den Index in der voraufgehenden, bezüglich folgenden Function. Wie wir es oben gethan haben, vergleicht man die Resultate der drei Substitutionen von $a - da$, a, $a + da$ in der Functionsreihe; zunächst bemerkt man, dass, weil da eine unendlichkleine Grösse ist, die Vorzeichenreihen sich nur durch die Zeichen der Resultate, welche durch die Substitutionen in $f^{(n)}(x)$ herrühren, unterscheiden. Die drei Resultate lauten:

[91]
$$f^{(n)}(a - da)$$
$$f^{(n)}(a)$$
$$f^{(n)}(a + da)$$

oder

$$- da\ f^{(n+1)}(a),$$
$$0,$$
$$+ da\ f^{(n+1)}(a);$$

nun kann das Vorzeichen von $f^{(n+1)}(a)$ —|— oder — sein, ebenso verhält es sich mit demjenigen von $f^{(n-1)}(a)$; dies ergiebt vier verschiedene Combinationen.

Sind im Fall der ersten Combination die Werthe von $f^{(n+1)}(a)$ wie $f^{(n-1)}(a)$ positiv, so muss man diese drei Theile aus den Zeichenreihen

$$\begin{array}{ccc} + & - & + \\ + & 0 & + \quad\quad (3) \\ + & + & + \end{array}$$

vergleichen.

Ist im zweiten Fall das Vorzeichen von $f^{(n+1)}(a)$ —, das
von $f^{(n-1)}(a)$ +, so sind die entsprechenden Theile, welche
man zu vergleichen hat,

$$
\begin{array}{ccc}
- & + & + \\
- & 0 & + \quad (4) \\
- & - & +
\end{array}
$$

Die Tabelle (3) lässt erkennen, dass die obere Reihe zwei
ihrer Zeichenwechsel, nämlich + — und — +, welche durch
+ + und + + ersetzt wurden, verloren hat. Mit der
Tabelle (4) verhält es sich nicht ebenso: sie zeigt, dass die
Reihe keinen Zeichenwechsel verloren hat; denn einer der
Zeichenwechsel — + ist zwar durch eine Zeichenfolge — —
ersetzt worden, aber gleichzeitig tritt für die Zeichenfolge + +
der Zeichenwechsel — + ein.

Für $f^{(n-1)}(a)$ hatten wir positives Vorzeichen vorausgesetzt.
Wird dagegen diese Function negativ, wenn man a für x setzt,
so gewinnt man die folgenden zwei Tabellen:

92]

$$
\begin{array}{ccc}
+ & - & - \\
+ & 0 & - \quad (5) \\
+ & + & -
\end{array}
$$

und

$$
\begin{array}{ccc}
- & + & - \\
- & 0 & - \quad (6) \\
- & - & -
\end{array}
$$

Die eine (5) zeigt, dass in diesem Falle die obere Reihe
keinen Vorzeichenwechsel verloren hat; die andere (6) entspricht einem anderen Fall, wo die Vorzeichenreihe zwei Vorzeichenwechsel verloren hat; für — + und + — ist nämlich
— — und — — getreten.

Aus dieser Untersuchung folgt, dass, wenn die eingesetzte
Zahl a einen Werth annimmt, der eine einzige der zwischenliegenden Functionen zum Verschwinden bringt, aber die vorgelegte Function X nicht annullirt, die Vorzeichenreihe auf
einmal entweder zwei oder keinen Vorzeichenwechsel verliert.
Niemals aber tritt es ein, dass sie einen verliert oder gewinnt.

Wenn die eingesetzte Zahl eine reelle Wurzel der vorgelegten Gleichung erreicht und übersteigt, so verliert die
Reihe, wie wir sahen, nothwendig einen Zeichenwechsel; wir
haben auch soeben bewiesen, dass, wenn die durch die Substitution Null gewordene Function nicht die letzte X, sondern
eine zwischenliegende ist, die Zeichenreihe entweder gleich-

zeitig zwei Vorzeichenwechsel oder gar keinen verliert. Wächst daher die eingesetzte Zahl a allmählich durch unendlichkleine Zuwächse von $-\dfrac{1}{0}$ bis zu $\dfrac{1}{0}$, so verliert die Zeichenreihe mindestens ebensoviele Zeichenwechsel, als reelle Wurzeln existiren. Die Anzahl der Vorzeichenwechsel der Reihe kann nie zunehmen; sie nimmt nothwendig um eine Einheit ab, wenn die einzige verschwindende Function die letzte X ist; sie kann um zwei Einheiten abnehmen oder unverändert wie vorher bleiben, wenn nur eine der zwischenliegenden Functionen allein verschwindet.

III. Bisher haben wir vorausgesetzt, dass die Substitution von a eine einzige der Functionen, welche die Reihe bilden, zum Verschwinden bringt; dies geschieht im allgemeinen. Das Gegentheil kann nur dann bisweilen eintreten, wenn zwischen den Coefficienten der vorgelegten Gleichung gewisse Relationen bestehen. Eine unendlich kleine Aenderung in dem Werthe der Coefficienten würde diese Relation zerstören, und derselbe Werth von x [93] würde dann nicht mehr gleichzeitig zwei oder mehrere der Functionen zum Verschwinden bringen. Aus diesem Grunde kann man immer bei Untersuchungen dieser Art von diesen singulären Fällen absehen. Aber weil es sich um den strengen Beweis eines Fundamentalsatzes handelt, so ist es vorzuziehen, diese Fälle hier separat zu betrachen.

Wir wollen daher jetzt voraussetzen, dass ein und derselbe Werth a, welcher statt x in die Functionenreihe gesetzt wird, mehrere aufeinanderfolgende Functionen annullirt; wir vergleichen dann, wie wir es bisher gethan haben, die Resultate der Substitutionen $a - da$, a, $a + da$. Wir bezeichnen diejenige Function, welche verschwindet, wenn man a für x setzt, mit $f^{(n)}(x)$ und nehmen an, dass mehrere aufeinander folgende Functionen $f^{(n-1)}(x)$, $f^{(n-2)}(x)$, u. s. w. ebenfalls durch dieselbe Substitution annullirt werden. Die Zahl der aufeinanderfolgenden verschwindenden Functionen $f^{(n)}(a)$, $f^{(n-1)}(a)$, $f^{(n-2)}(a)$, $f^{(n-3)}(a)$, u. s. w. sei i. Die voraufgehende Function $f^{(n+1)}(a)$ ergiebt nicht das Resultat Null; sie nimmt das Vorzeichen $+$ oder $-$ an; ebenso verhält es sich mit der Function $f^{(n-i)}(x)$, welche auf die letzte verschwindende Function folgt. Es handelt sich darum, die Zwischenreihe, welche durch die Substitution von a gegeben wird, mit der darunter stehenden Reihe, welche man bildet, indem man $a + da$ setzt, und der darüber stehenden, $a - da$

entsprechenden Reihe zu vergleichen. Man braucht zunächst nur diejenigen Theile dieser Reihen, welche sich auf die verschwindenden Functionen, und diejenige, welche ihnen voraufgeht, zu betrachten. Man hat $f^{(n)}(a + da) = f^{(n)}(a) + da f^{(n+1)}(a)$, oder, da nach Voraussetzung $f^{(n)}(a)$ Null ist, $f^{(n)}(a + da) = da\, f^{(n+1)}(a)$; da $f^{(n)}(a)$ und $f^{(n-1)}(a)$ Null sind, so wird

$$f^{(n-1)}(a + da) = f^{(n-1)}(a) + da f^{(n)}(a) + \frac{da^2}{2} f^{(n+1)}(a)$$

$$= \frac{da^2}{2} \cdot f^{(n+1)}(a).$$

Allgemein hat man diese Reihe von Ausdrücken:

[**94**] $$f^{(n)}(a + da) = da f^{(n+1)}(a),$$

$$f^{(n-1)}(a + da) = \frac{da^2}{2} f^{(n+1)}(a),$$

$$f^{(n-2)}(a + da) = \frac{da^3}{2 \cdot 3} f^{(n+1)}(a),$$

$$f^{(n-3)}(a + da) = \frac{da^4}{2 \cdot 3 \cdot 4} f^{(n+1)}(a),$$

u. s. w.,

und folglich:

$$f^{(n)}(a - da) = - da f^{(n+1)}(a),$$

$$f^{(n-1)}(a - da) = \frac{da^2}{2} f^{(n+1)}(a),$$

$$f^{(n-2)}(a - da) = - \frac{da^3}{2 \cdot 3} f^{(n+1)}(a),$$

$$f^{(n-3)}(a - da) = \frac{da^4}{2 \cdot 3 \cdot 4} f^{(n+1)}(a),$$

u. s. w.

Hieraus folgt, dass, wenn man mit

$$f^{(n+1)}(a), \ 0, \ 0, \ 0, \ 0, \ 0, \ \ldots$$

den Theil der Zwischenreihe, welchen die Functionen

$$f^{(n+1)}(x), \ f^{(n)}(x), \ f^{(n-1)}(x), \ f^{(n-2)}(x), \ f^{(n-3)}(x), \ f^{(n-4)}(x), \ \ldots$$

für $x = a$ ergeben, bezeichnet, man durch die angegebene Regel die Vorzeichen des entsprechenden Theiles der unteren

Reihe, welche die Substitution von $a + da$ ergiebt, und die Vorzeichen des entsprechenden Theiles der oberen Reihe, welche die Substitution von $a - da$ ergiebt, erhält. Für die untere Reihe muss man unter jede Null der Zwischenreihe das Vorzeichen von $f^{(n+1)}(a)$ schreiben; um die obere Reihe zu bilden, muss man über die erste Null linker Hand das entgegengesetzte Vorzeichen von $f^{(n+1)}(a)$, über die folgende Null das Vorzeichen von $f^{(n+1)}(a)$, und so fortfahrend alternirend das Vorzeichen von $- f^{(n+1)}(a)$ respective das entgegengesetzte über die Vorzeichen Null der Zwischenreihe schreiben.

[95] Dies vorausgesetzt, wollen wir zur Bildung der Reihen übergehen, indem wir von links nach rechts vorwärts schreiten; es ist klar, dass die Anwendung der voraufgegangenen Regel in der oberen Reihe Vorzeichenwechsel einführt, welche in der unteren Reihe ebensoviele Vorzeichenfolgen werden. Da die Zahl der verschwindenden Functionen gleich i ist, so findet man, dass die obere Reihe eine gleiche Anzahl i von Vorzeichenwechseln enthält, die in der unteren Reihe durch ebensoviele Vorzeichenfolgen ersetzt sind. Man muss auch bemerken, dass bei diesen zwei Reihen die entsprechenden Vorzeichen abwechselnd verschieden, bezüglich gleich sind. Für die Functionen, deren Rang durch $f^{(n)}$, $f^{(n-2)}$, $f^{(n-4)}$, $f^{(n-6)}$, ... bezeichnet wird, sind sie verschieden; hingegen sind sie für die Functionen, deren Platz durch $f^{(n-1)}$, $f^{(n-3)}$, $f^{(n-5)}$, ... bezeichnet wird, gleich. Endlich folgt auf die Functionen, welche Null sind und deren Anzahl i ist, eine nicht verschwindende Function $f^{(n-i)}(x)$; die Substitution von a in diese Function ergiebt für die drei Reihen dasselbe Vorzeichen und dieses Vorzeichen kann $+$ oder $-$ sein.

Jetzt kann man leicht erkennen, wie viel Vorzeichenwechsel, welche durch Vorzeichenfolgen in der unteren Reihe ersetzt sind, bei der oberen Reihe verloren gegangen sind. Ist i eine gerade Zahl, so ist das Vorzeichen der letzten verschwindenden Function $f^{(n-i+1)}(a)$ in der unteren und oberen Reihe dasselbe: folglich ergiebt sich in beiden Reihen dieselbe Vorzeichencombination mit der äussersten nicht verschwindenden Function, welche $f^{(n-i)}(a)$ ist. Daher hat die obere Reihe in diesem Falle eine Anzahl i von Vorzeichenwechseln, welche durch Vorzeichenfolgen ersetzt werden, verloren.

Ist aber die Zahl i ungerade, so zerfällt dieser Fall in zwei andere Unterfälle; da das Vorzeichen der letzten verschwindenden Function $f^{(n-i+1)}(a)$ nicht für die obere und untere Reihe dasselbe ist, so folgt, dass diese verschiedenen Vorzeichen mit dem Vorzeichen von $f^{(n-i)}(a)$, welches den zwei Reihen gemeinsam ist, zwei entgegengesetzte Combinationen bilden. Ist diejenige dieser Combinationen, welche sich in der oberen Reihe findet, ein Vorzeichenwechsel, so entspricht sie einer in der unteren Reihe befindlichen Vorzeichenfolge: daher ist die Anzahl der Vorzeichenwechsel, welche die obere Reihe verloren hat, nicht i, sondern $i + 1$. [**96**] Wenn die Vorzeichencombination, welche die obere Reihe schliesst, eine Vorzeichenfolge ist, so wird sie in der zweiten Reihe ein Vorzeichenwechsel; in diesem Falle ist die Anzahl der Vorzeichenwechsel, welche in der oberen Reihe verloren wurde, nicht mehr i, sondern $i - 1$.

Aus diesen Bemerkungen schliesst man, dass, falls die Anzahl der verschwindenden Functionen gleich i ist, die Anzahl der in der oberen Reihe verlorenen Zeichenwechsel, wenn i gerade ist, gleich i ist; ist i ungerade, so verliert die obere Reihe in einem Falle $i + 1$ Zeichenwechsel und im zweiten Falle $i - 1$ Zeichenwechsel. Bezeichnet man daher mit h die Gesammtzahl der Vorzeichenwechsel der oberen Reihe und mit k die Gesammtzahl der Zeichenwechsel der unteren Reihe, so sieht man, dass erstens k niemals grösser als h sein kann, dass zweitens, wenn i gerade ist, die Differenz $h - k$ gleich i ist, und dass drittens, wenn die Anzahl i der verschwindenden Functionen ungerade ist, die Differenz $h - k$ gleich $i + 1$ oder $i - 1$ ist. Diese Differenz ist daher immer eine gerade Zahl.

Ist der Werth von i gleich 1, so ist die Differenz $h - k$ gleich 2 oder 0; dies ist der allgemeine Fall, den wir untersuchten, als wir voraussetzten, dass eine einzige Zwischenfunction verschwindet; verschwinden aber mehrere aufeinanderfolgende Zwischenfunctionen gleichzeitig, so ist die Differenz $h - k$ gleich 2, 4 oder 6, u. s. w.

IV. Wir haben auch den Fall zu betrachten, in dem die aufeinanderfolgenden verschwindenden Functionen nach rechts an das Ende der Functionenreihe rücken, so dass sie die linke Seite X der vorgelegten Gleichung umfassen. Aus unserem voraufgegangenen Beweis folgt, dass, wenn man mit j die Anzahl dieser am Reihenende stehenden verschwindenden Functionen bezeichnet, die obere Reihe eine Anzahl von Vorzeichenwechseln, welche genau gleich j ist, verliert. In diesem Fall, welcher derjenige der gleichen Wurzeln ist, enthält, wie man weiss, die Function X den Factor $(x - a)^j$. Wenn die eingesetzte Zahl gleich dem Werthe a der mehrfachen Wurzel geworden ist, so hat die Zeichenreihe eine Anzahl j ihrer Vorzeichenwechsel verloren. Diese Verminderung der Anzahl der Vorzeichenwechsel der Reihe hat immer dann statt, wenn die eingesetzte Zahl, indem sie allmählich von dem Werthe $-\frac{1}{0}$ zu dem Werthe $\frac{1}{0}$ übergeht, jede der reellen Wurzeln erreicht und unendlich wenig überschreitet; [97] die Reihe verliert daher ebensoviele Vorzeichenwechsel, wie die vorgelegte Gleichung reelle gleiche oder ungleiche Wurzeln besitzt.

V. Man kann schliesslich voraussetzen, dass die Substitution derselben Zahl a mehrere aufeinanderfolgende Functionen in verschiedenen Theilen der Reihe, nämlich eine Anzahl i in einem ersten, eine Anzahl i' in einem zweiten Theile u. s. w. und eine Anzahl j am Reihenende stehender Functionen, welche letztere die vorgelegte Function X umfassen, zum Verschwinden bringt.

Wir bezeichnen mit H die Gesammtanzahl der Vorzeichenwechsel, welche die Reihe enthält, wenn die eingesetzte Zahl einen Werth hat, der kleiner als a ist und sich von a nur um eine unendlichkleine Grösse unterscheidet; mit K bezeichnen wir die Anzahl der Vorzeichenwechsel, welche die Reihe noch besitzt, wenn der Werth von x grösser als a geworden, sich aber von a nur um eine unendlichkleine Grösse unterscheidet. Um die Differenz $H - K$ zu finden, genügt es, auf jeden der Theile der Reihe, in dem sich die verschwindenden Functionen befinden, die Sätze, welche wir eben bewiesen haben, anzuwenden. Ist die Zahl i gerade, so muss man für diesen Theil der Reihe beachten, dass eine Zahl i von Vorzeichenwechseln durch Vorzeichenfolgen ersetzt ist. Ist aber die Zahl i ungerade, so kann die Reihe die Anzahl $i + 1$ oder $i - 1$ Vorzeichenwechsel verlieren. Ebenso verhält es sich mit den Zahlen i', i'' .... Was die am Ende stehenden verschwindenden Functionen betrifft, deren Anzahl j ist, so geben sie für alle Fälle an, dass die Reihe eine Anzahl von Vorzeichenwechseln, die genau gleich j ist, verloren hat.

Man ersieht, dass der vorstehende Beweis sich immer darauf beschränkt, die analytischen Resultate, welche man durch Einsetzen von $a - da$, a, $a + da$ in die Functionenreihe findet, zu vergleichen: dieser Vergleich macht alle Sätze, welche wir bezüglich der progressiven Verminderung der

Anzahl der Vorzeichenwechsel der Reihe auseinandergesetzt haben, klar.

VI. Diese Beweise lassen uns erkennen, wie die Reihe der Substitutionsresultate die m Vorzeichenwechsel, welche sie ursprünglich hatte, als der eingesetzte Werth $-\dfrac{1}{0}$ war, nach und nach verliert.

[**98**] 1. Die Anzahl der Vorzeichenwechsel der Reihe nimmt fortwährend ab; diese Reihe kann weder neue Vorzeichenwechsel erhalten, noch solche, welche bereits verschwunden sind, wieder annehmen.

2. Bringt die Substitution die letzte Function $f(x)$ zum Verschwinden, so verliert die Reihe aus diesem Grunde ebensoviele Vorzeichenwechsel wie die Gleichung $f(x) = 0$ reelle Wurzeln, welche gleich der eingesetzten Zahl sind, hat.

3. Annullirt dieser eingesetzte Werth eine oder mehrere der zwischenliegenden Functionen, hingegen nicht die letzte Function $f(x)$, so kann die Reihe keinen Vorzeichenwechsel oder eine gerade Anzahl verlieren. In diesem Falle kann keine ungerade Anzahl von Vorzeichenwechseln verschwinden.

Bedenkt man dies, so folgt, dass, wenn die Gleichung nur m reelle Wurzeln hat, die Reihe eine Anzahl von Vorzeichenwechseln, die genau gleich m ist, verliert; folglich kann sie in diesem Falle keinen Vorzeichenwechsel durch die Substitution eines Werthes verlieren, welcher eine oder mehrere der zwischenliegenden Functionen, aber nicht die letzte Function $f(x)$ zum Verschwinden bringt.

Hat die Gleichung $m - 2$ reelle und 2 imaginäre Wurzeln, so wird die Reihe nur ein einziges Mal zwei Vorzeichenwechsel verlieren durch Substitution eines Werthes, welcher eine Zwischenfunction, aber nicht die am Ende stehende Function $f(x)$ zum Verschwinden bringt; die $m - 2$ anderen Vorzeichenwechsel werden der Reihe nach in dem Maasse verschwinden, wie die eingesetzte Zahl der Reihe nach einer jeden der $m - 2$ reellen Wurzeln gleich wird.

In allen Fällen entspricht jede der gleichen oder ungleichen Wurzeln nothwendig einem verlorenen Vorzeichenwechsel. Folglich ist die Anzahl der Vorzeichenwechsel, welche verschwinden, ohne dass die letzte Function $f(x)$ Null wird, gleich der Anzahl der imaginären Wurzeln der vorgelegten Gleichung.

VII. So gelangt man dazu, den Satz, welchen wir aussprechen

und den wir als eines der Fundamentalelemente der algebraischen Analysis betrachten, zu beweisen.

[**99**] Es sei die numerische Gleichung $f(x) = 0$ vom Grade
m vorgelegt; man betrachtet die Functionen $f(x)$, $f'(x)$, $f''(x)$, $\ldots$,
$f^{(m)}(x)$, von denen eine jede aus der voraufgegangenen folgt,
indem man das Differential bezüglich x bildet und durch dx
dividirt. Hat man diese Functionenreihe in der Ordnung
$f^{(m)}(x)$, $f^{(m-1)}(x)$, $f^{(m-2)}(x)$, $\ldots$, $f''(x)$, $f''(x)$, $f(x)$ hingeschrieben,
so setze man für x einen bestimmten Werth a und betrachte,
wie viele Combinationen von zwei verschiedenen, aufeinanderfolgenden Vorzeichen, wie $+\,-$ oder $-\,+$ die Reihe der
Vorzeichen der Resultate $f^{(m)}(a)$, $f^{(m-1)}(a)$, $\ldots$, $f''(a)$, $f'(a)$,
$f(a)$ darbietet. Die Anzahl h dieser Vorzeichenwechsel, gerechnet in der Reihe, welche durch die Substitution von a hervorgeht, ändert sich, wenn man in dieselben Functionen von
a verschiedene Zahlen setzt: der Vergleich der Resultate bietet
folgende Eigenschaften: 1. Nimmt man an, dass die eingesetzte
Grösse a sich durch unmerkliche Zuwächse von $-\dfrac{1}{0}$ bis $\dfrac{1}{0}$ vermehrt, so vermindert sich die Anzahl h der Vorzeichenwechsel
der Reihe in dem Maasse, wie sich die eingesetzte Grösse vermehrt. Die Reihe der Vorzeichen, welche eine Anzahl m von
Vorzeichenwechseln enthält, wenn man $-\dfrac{1}{0}$ einsetzt, verliert
successiv alle ihre Vorzeichenwechsel in dem Maasse, wie man
grössere Werthe einsetzt. Die Anzahl h von Vorzeichenwechseln,
welche der Substitution von a entspricht, kann niemals von der
Anzahl k der Vorzeichenwechsel, welche einem grösseren Werthe
b als a entspricht, übertroffen werden.

2. Die Reihe verliert jedesmal dann einen Vorzeichenwechsel,
wenn der eingesetzte Werth a gleich einer der reellen Wurzeln
der vorgelegten Gleichung wird. Es verschwinden daher ebensoviele Vorzeichenwechsel, wie die Gleichung reelle gleiche oder
ungleiche Wurzeln hat.

3. Ebenso oft wie die Gleichung $fx = 0$ Paare imaginärer
Wurzeln hat, ebenso oft ereignet es sich, dass die Reihe zwei
ihrer Vorzeichenwechsel, die gleichzeitig verschwinden, verliert.

VIII. Diese Untersuchung giebt sofort an, wieviele Wurzeln
eine vorgelegte Gleichung zwischen zwei gegebenen Grenzen a
und b haben kann. Setzt man die kleinere Grenze a in die
Functionenreihe, so zählt man die Anzahl h der Vorzeichen-

wechsel dieser Reihe; setzt man auch die Grenze b ein, so zählt
man die Zahl k der Vorzeichenwechsel derjenigen Reihe, welche
diese zweite Substitution ergiebt; [**100**] die Differenz h-k lässt
erkennen, wieviele von den Wurzeln man zwischen den zwei
vorgelegten Grenzen suchen muss. Wir haben bewiesen, dass
diese Differenz $h-k$ nicht negativ sein kann; sie kann 0 oder
1, 2, 3, 4 . . . . werden.

Ist sie Null, so kann die Gleichung zwischen den Grenzen
a und b keine reelle Wurzel haben. Existirte nämlich eine
reelle Wurzel α, welche die Function X zu Null machte, so
würde die anstatt x eingesetzte Grösse, indem sie durch unendlichkleine Zuwächse vom Werthe a zum Werthe b übergeht,
nothwendiger Weise wenigstens einen Vorzeichenwechsel zum
Verschwinden bringen; da nun diejenigen dieser Vorzeichenwechsel, welche einmal verschwunden sind, nicht wieder auftreten können, so würde die durch die Substitution von b sich
ergebende Reihe weniger Vorzeichenwechsel enthalten als die
durch die Substitution von a resultirende; dies ist gegen die
Voraussetzung.

Ist die Differenz $h-k$ gleich 1, so hat die Gleichung eine
zwischen a und b gelegene reelle Wurzel; denn ein solcher
Vorzeichenwechsel kann nur durch die Substitution eines
Werthes, welcher die Function X zu Null macht, verschwinden.
Zwischen diesen Grenzen a und b kann es auch nicht mehr
als eine reelle Wurzel geben; denn sonst würde die Reihe
mehr als einen Vorzeichenwechsel verlieren.

Ist die Differenz $h-k=2$, so kann die Gleichung $X=0$
zwischen den Grenzen a und b zwei reelle Wurzeln haben;
aber sie kann in diesem Intervall auch keine reelle Wurzel
besitzen. Dieser Fall tritt ein, wenn eine gewisse Zahl u
existirt, welche grösser als a und kleiner als b ist und die, in
die Functionenreihe eingesetzt, gleichzeitig zwei Vorzeichenwechsel zum Verschwinden bringt, ohne jedoch die Function X zu
annulliren. Ausserdem ist man sicher, dass in dem betrachteten
Falle die Gleichung im Intervall der Grenzen a bis b nicht
mehr als zwei reelle Wurzeln besitzen kann; denn wäre dies
der Fall, so würde die Gleichung gegen die Voraussetzung
mehr als zwei Vorzeichenwechsel verlieren.

In allen Fällen kann die Gleichung $X=0$ zwischen den
Grenzen a und b nicht mehr reelle Wurzeln besitzen als die
Differenz $h-k$ der Vorzeichenwechsel, welche in den zwei
Reihen (a) und (b) zu zählen sind, Einheiten enthält. [**101**] Wir

bezeichnen dabei mit (a) und (b) die Reihen der Resultate der Substitution von a und b.

Ist $h-k$ eine ungerade Zahl, so giebt es zwischen den Grenzen a und b wenigstens eine reelle Wurzel.

Ist $h-k$ eine gerade Zahl, so kann die Gleichung $X = 0$ zwischen a und b auch keine reelle Wurzel enthalten. Ist allgemein die Zahl der reellen, zwischen a und b gelegenen Wurzeln nicht gleich $h-k$, so unterscheidet sie sich hiervon nur um eine gerade Zahl $\varDelta$; in diesem Fall hat die Gleichung $X = 0$ wenigstens ebensoviel imaginäre Wurzeln wie die Differenz $\varDelta$ Einheiten besitzt.

IX. Der Satz, welcher unter dem Namen der *Descartes*'schen Regel bekannt ist und dessen allgemeiner Inhalt seit lange feststeht, ist ein Corollar zum obigen Satze. Es genügt für die zwei Grenzen a und b die Grössen $-\dfrac{1}{0}$ und 0 oder 0 und $\dfrac{1}{0}$ zu wählen. Setzt mam nämlich an die Stelle von x in die Functionen $X^{(m)}$, $X^{(m-1)}$, ..., X'', X', X den Werth Null, so sind die Vorzeichen der Reihe der Resultate offenbar dieselben wie die Vorzeichen der Coefficienten 1, a_1, a_2, .., a_m der vorgelegten Gleichung. Um daher mit Hülfe des voraufgegangenen Satzes zu erkennen, wie viel Wurzeln es zwischen $-\dfrac{1}{0}$ und 0 oder 0 und $\dfrac{1}{0}$ geben kann, muss man bestimmen, wieviel Vorzeichenwechsel die Reihe der Vorzeichen der Coefficienten, d. h. diejenige Reihe, welche die Substitution von 0 in die Functionenreihe ergiebt, aufweist und diese Reihe dann mit den Reihen, welche die Substitution von $-\dfrac{1}{0}$ bezüglich $\dfrac{1}{0}$ ergeben, vergleichen. Die Reihe $\left(-\dfrac{1}{0}\right)$ enthält eine Anzahl m von Vorzeichenwechseln, die Reihe $\left(\dfrac{1}{0}\right)$ enthält hingegen keinen Vorzeichenwechsel. Die vorgelegte Gleichung kann daher nicht mehr reelle negative Wurzeln enthalten, als es in der Reihe der Coefficienten Vorzeichenfolgen giebt; ferner kann sie nicht mehr reelle positive Wurzeln besitzen, als die Reihe der Coefficienten Vorzeichenwechsel besitzt.

X. Die Anwendung des allgemeinen Satzes lässt die Intervalle, in denen die Wurzeln zu suchen sind klar erkennen. Wenn die zwei Grenzen a und b derartig sind, dass die Reihen (a) und (b) dieselbe Anzahl von Vorzeichenwechseln besitzen, so kann keine Wurzel zwischen diesen Grenzen liegen. [102] Folglich wäre jede Auflösungsmethode unvollkommen, die dazu führte, an die Stelle von x Zahlen zwischen solchen Grenzen zu setzen; denn sie würde eine grosse Zahl überflüssiger Operationen erfordern. Ersichtlich muss man die Wurzeln in gewissen Intervallen, in denen nämlich das voraufgehende Theorem ihre Existenz ankündigt, suchen.

Bevor ich zu der Anwendung dieses Satzes übergehe, ist es nöthig, sich bei einer wichtigen Bemerkung aufzuhalten; diese betrifft die Substitutionen, welche eine oder mehrere der zwischenliegenden Functionen annulliren.

XI. Hat man durch Einsetzung der vorgegebenen Grenzen a und b in die Functionen $f^{(m)}(x)$, $f^{(m-1)}(x)$, ..., $f''(x)$, $f'(x)$, $f(x)$ zwei Reihen von Resultaten gefunden, so kommt es häufig vor, dass eins oder mehrere der Resultate Null werden. Es handelt sich darum, zu erkennen, welche Vorzeichen man den verschwindenden Grössen beilegt und wie man die Vorzeichenwechsel zählen muss.

In diesem Falle betrachten wir zwei Werthe, die von der einzusetzenden Zahl a unendlich wenig verschieden sind; diese Werthe seien mit $a - da$ und $a + da$ oder $< a$, $> a$ bezeichnet. Jeder dieser Werthe wird jetzt das Vorzeichen $+$ oder $-$, und nicht Null ergeben.

Ist z. B. die Reihe, welche durch Einsetzen von a hervorgeht,

$$+ + 0000 - 000 - + 0 + 00000 -,$$

so findet man für die Reihe, welche die Substitution der mit $> a$ bezeichneten Grösse ergiebt:

$$+ + + + + + - - - - - - + + + + + + + + -$$

Um diese zweite Reihe zu bilden, geht man von links nach rechts vor; findet man in der ersten Reihe ein von Null verschiedenes Vorzeichen, so schreibt man dasselbe Vorzeichen in die zweite Reihe hinunter. Kommt man aber zu einem Zeichen 0 der ersten Reihe, so ersetze man es in der zweiten Reihe durch ein Vorzeichen, welches gleich demjenigen ist, das man soeben linker Hand in dieser zweiten Reihe hingeschrieben hat.

[103] Um die Reihe, welche der Grösse $< a$ entspricht, zu bilden, geht man auch von links nach rechts vor. Findet man ein Vorzeichen, welches in der durch die Substitution von a gegebenen Reihe nicht Null ist, so wiederholt man dasselbe Vorzeichen in der darüberstehenden Reihe. Kommt man aber zu einem Zeichen 0 der gegebenen Reihe, so ersetzt man es in der oberen Reihe durch ein Vorzeichen, welches demjenigen, das man soeben in der oberen Reihe linker Hand hingeschrieben hat, entgegengesetzt ist. Im Artikel III haben wir die zwei Regeln, an welche wir eben erinnerten, bewiesen. Schreibt man in dem gewählten Beispiele die drei Reihen hin, so hat man die folgende Tabelle:

$$(< a) + - + - + - + - + - + - + - + - + - -$$
$$(a) + 0\ 0\ 0\ 0 - 0\ 0\ 0 - + 0 + 0\ 0\ 0\ 0 -$$
$$(> a) + + + + + - - - - - - + + + + + + + + -$$

Hat man auf diese Art die Reihe (a) durch zwei andere ersetzt, so bedient man sich der Reihe $(> a)$, wenn man die Grenze a mit einer grösseren Grenze b zu vergleichen hat. Hat man aber die Grenze a mit einer Grenze b', die kleiner als a ist, zu vergleichen, so ersetzt man die Reihe (a) durch die Reihe $(< a)$. Diese Regel des doppelten Vorzeichens ist jedesmal dann anzuwenden, wenn die Substitution einer Grenze ein oder mehrere Male das Resultat Null ergiebt; die zu vergleichenden Reihen werden dann in jedem Falle nicht mehr das Vorzeichen Null enthalten.

Am häufigsten kommt es vor, dass die zwei Reihen $(< a)$ und $(> a)$ nicht dieselbe Anzahl von Vorzeichenwechseln enthalten. Die Anzahl h der Vorzeichenwechsel der oberen Reihe $(< a)$ kann nicht kleiner sein als die Anzahl k der Vorzeichenwechsel der unteren Reihe; übersteigt h die Zahl k, — dies tritt nothwendig dann ein, wenn zwei oder mehr als zwei aufeinanderfolgende Glieder verschwinden —, so ist $h - k$ eine gerade Zahl $\varDelta$. In diesem Falle hat die vorgelegte Gleichung $f(x) = 0$, unabhängig von den Wurzeln, welche in anderen Intervallen fehlen können, die Anzahl $\varDelta$ von imaginären Wurzeln.

Im vorstehenden Beispiele hat die untere Reihe 14 Vorzeichenwechsel weniger als die obere Reihe; aus diesem Grunde allein würde die Gleichung $f(x) = 0$ 14 imaginäre Wurzeln haben. [104] Diese Wurzeln fehlen der Gleichung in dem unendlich kleinen, zwischen $a - da$ und $a + da$ gelegenen Intervall [35]).

XII. Die bisher bewiesenen Sätze ergeben ein leichtes Mittel, die Intervalle abzusondern, in denen die Wurzeln zu suchen sind. Wir führen verschiedene Beispiele für die Anwendung dieser Sätze vor. Das erste ist das der Gleichung:

$$x^5 - 3x^4 - 24x^3 + 95x^2 - 46x - 101 = 0$$

Als Functionenreihe ergiebt sich:

$$X \ldots x^5 - 3x^4 - 24x^3 + 95x^2 - 46x - 101$$
$$X' \ldots 5x^4 - 12x^3 - 72x^2 + 190x - 46$$
$$X'' \ldots 20x^3 - 36x^2 - 144x + 190$$
$$X''' \ldots 60x^2 - 72x - 144$$
$$X^{IV} \ldots 120x - 72$$
$$X^V \ldots 120.$$

Setzt man die Zahlen $\ldots -10, -1, 0, 1, 10 \ldots$ anstatt x und schreibt die Vorzeichen der Functionen:

$$X^V, X^{IV}, X''', X'', X', X$$

hin, so findet man:

$$(-10) \ldots + \quad - \quad + \quad - \quad + \quad -$$
$$(-1) \ldots + \quad - \quad - \quad + \quad - \quad +$$
$$(0) \ldots + \quad - \quad - \quad + \quad - \quad -$$
$$(1) \ldots + \quad + \quad - \quad + \quad + \quad -$$
$$(10) \ldots + \quad + \quad + \quad + \quad + \quad +.$$

Vergleicht man die Zeichenreihe, welche durch die Substitution von -10 resultirt, mit der durch Substitution von $+10$ entstehenden, so sieht man, dass (-10) fünf Vorzeichenwechsel und die Reihe $(+10)$ keinen Vorzeichenwechsel aufweist. Die Gleichung kann daher nur in diesem Intervall -10 bis $+10$ Wurzeln enthalten. Vergleicht man die zwei Reihen (-10) und (-1), so schliesst man, dass in diesem Intervall eine der reellen Wurzeln liegt; [**105**] denn die zweite Reihe hat nur vier, die erste hingegen fünf Vorzeichenwechsel. Vergleicht man die zwei Reihen (-1) und (0) auf dieselbe Art, so sieht man, dass in diesem Intervall eine zweite reelle Wurzel existirt; denn die Zahl der Vorzeichenwechsel der ersten Reihe übertrifft die Zahl der Vorzeichenwechsel der zweiten Reihe um eine Einheit. Das Intervall 0 bis 1 kann keine Wurzel enthalten, denn die Reihe (0) wie die Reihe (1) haben beide die gleiche Anzahl, nämlich 3 Vorzeichenwechsel. Was das zwischen 1 bis 10˙ gelegene Intervall betrifft, so findet man in der ersten Reihe (1) drei, in der zweiten (10) keine Vorzeichenwechsel. Daher muss man zwischen 1 und 10 drei Wurzeln suchen; eine dieser Wurzeln ist reell, ob die zwei anderen reell sind oder in diesem Intervall fehlen, steht bis jetzt noch nicht fest. Die einzigen Intervalle, in denen man die Wurzeln suchen muss, sind daher die von — 10 bis — 1, von — 1 bis 0, und von 1 bis 10. In jedem der zwei ersten Intervalle findet sich eine, von den anderen völlig getrennte reelle Wurzel; in dem dritten Intervall, nämlich dem von 1 bis 10, existirt auch eine reelle Wurzel, aber es bleibt noch zu entscheiden, ob die zwei anderen in diesem Intervall gelegenen Wurzeln reell oder imaginär sind; diese Frage werden wir bald lösen. Es wäre ganz unnöthig, in anderen als den angegebenen Intervallen Wurzeln der vorgelegten Gleichung aufzusuchen.

XIII. Die vorgelegte Gleichung sei:

$$x^4 - 4x^3 - 3x + 23 = 0.$$

Die Functionenreihe lautet:

$$X \ldots x^4 - 4x^3 - 3x + 23$$
$$X' \ldots 4x^3 - 12x^2 - 3$$
$$X'' \ldots 12x^2 - 24x$$
$$X''' \ldots 24x - 24$$
$$X^{IV} \ldots 24.$$

[106] Setzt man die Zahlen 0, 1, 10 ein und betrachtet die Vorzeichen der Resultate in den Functionen:

$$X^{IV}, X''', X'', X'\ X,$$

so findet man:

	X^{IV}	X'''	X''	X'	X
(< 0)	+	—	+	—	+
(0)	+	—	0	—	+
(> 0)	+	—	—	—	+
(< 1)	+	—	—	—	+
(1)	+	0	—	—	+
(> 1)	+	+	—	—	+
(10)	+	+	+	+	+˙

In diesem Beispiel bringt die Substitution von 0 an die
Stelle von x die Function X'' zum Verschwinden; daher muss
man die Regel des doppelten Vorzeichens anwenden. Sie
zeigt, dass man in der oberen Reihe (< 0) das Vorzeichen
$+$ über das Zeichen 0 und in der unteren das Zeichen $—$
unter 0 schreiben muss. Vergleicht man die zwei Reihen (< 0)
und (> 0), so findet man in der ersten 4, in der zweiten nur
2 Vorzeichenwechsel. Die Gleichung hat daher zwei imaginäre
Wurzeln, die in dem unendlich kleinen Intervall von < 0 bis
> 0 fehlen.

Die Substitution der Zahl 1 bringt die zwischenliegende
Function X''' zum Verschwinden; wendet man daher die Regel
des doppelten Vorzeichens an, so wird das Zeichen 0 der
mittleren Reihe (1) in der oberen Reihe (< 1) durch $—$ und
in der unteren Reihe (> 1) durch $+$ ersetzt. Vergleicht man
jetzt die zwei Reihen (< 1) und (> 1), so findet man dieselbe
Anzahl von Vorzeichenwechseln; daher fehlt in dem Intervall
von < 1 bis > 1 keine Wurzel. Diese Substitution für die
Zahl 1, welche eine der zwischenliegenden Functionen annullirt,
behält die Anzahl der Vorzeichenwechsel bei. Mit der Substitution von 0, welche zwei Vorzeichenwechsel zum Verschwinden bringt, verhält es sich nicht so, sie zeigt, dass der
Gleichung in dem Intervall von < 0 bis > 0 zwei Wurzeln
fehlen.

[107] Um die Vorzeichenreihen, welche die Substitution
von 0 und die von 1 ergeben, mit einander zu vergleichen,
muss man die Reihen (> 0) und (< 1) anwenden; um aber
die Reihen, welche die Substitution von 1 und die von 10
ergeben, zu vergleichen, muss man die Reihen (> 1) und (10)
anwenden. Der Vergleich der Reihen (> 0) und (< 1) zeigt,
dass zwischen 0 und 1 keine Wurzel liegen kann; denn diese
zwei Reihen haben dieselbe Anzahl von Vorzeichenwechseln.
Der Vergleich der Reihen (> 1) und (10) zeigt, dass man im
Intervall 1 bis 10 zwei Wurzeln suchen darf; denn die zweite
Reihe hat keine, die erste hingegen zwei Vorzeichenwechsel.
Die vorgelegte Geichung hat daher zwei imaginäre Wurzeln;
die zwei anderen Wurzeln können nur in dem Intervalle 1 bis 10
existiren. Es bleibt noch zu prüfen, ob sie reell sind oder
in diesem Intervall fehlen; dies werden wir später prüfen.

XIV. Die Gleichung:
$$x^3 + 2x^2 — 3x + 2 = 0$$
ergiebt die folgenden Resultate:

$$X \quad = x^3 + 2x^2 - 3x + 2$$
$$X' \quad = 3x^2 + 4x - 3$$
$$X'' \quad = 6x + 4$$
$$X''' = 6$$

und

$$X''', X'', X', X$$

$(-10) \ldots + \quad - \quad + \quad -$

$(-1) \ldots + \quad - \quad - \quad +$

$(0) \ldots + \quad + \quad - \quad +$

$(1) \ldots + \quad + \quad + \quad +.$

Der Vergleich der Reihen (-10) und (-1) zeigt, dass die Gleichung zwischen -10 und -1 eine reelle Wurzel besitzt und dass sie in diesem Intervall auch nicht mehr als diese eine haben kann. Die erste Reihe hat nämlich 3, die zweite nur zwei Vorzeichenwechsel. Durch Vergleich der Reihen (-1) und (0) sieht man, dass man zwischen -1 und 0 keine Wurzel suchen darf; denn die zwei Reihen haben dieselbe Anzahl von Vorzeichenwechseln, nämlich 2.

[108] Was das Intervall von 0 bis 1 betrifft, so muss man dort zwei Wurzeln suchen, weil die Reihe, welche die Substitution von 0 anstatt x ergiebt, zwei, die Reihe hingegen, welche 1 entspricht, keine Vorzeichenwechsel hat. Es bleibt noch zu prüfen, ob die zwei zwischen 0 und 1 gelegenen Wurzeln reell sind oder ob sie in diesem Intervall fehlen.

XV. Ist die vorgelegte Gleichung:

$$x^5 + x^4 + x^2 - 25x - 36 = 0.$$

so hat man die Reihe von Functionen:

$$X \quad = x^5 + x^4 + x^2 - 25x - 36$$
$$X' \quad = 5x^4 + 4x^3 + 2x - 25$$
$$X'' \quad = 20x^3 + 12x^2 + 2$$
$$X''' = 60x^2 + 24x$$
$$X^{IV} = 120x + 24$$
$$X^V = 120.$$

Setzt man die Zahlen:

$$-1, -10, - \text{ u. s. w.}$$
$$0,$$
$$1, 10, \text{ u. s. w.}$$

ein, so findet man:

$$X^V, \ X^{IV}, \ X''', \ X'', \ X', \ X$$

$(-10) \ldots$	$+$	$-$	$+$	$-$	$+$	$-$
$(-1) \ldots$	$+$	$-$	$+$	$-$	$-$	$-$
$(<0) \ldots$	$+$	$+$	$-$	$+$	$-$	$-$
$(0) \ldots$	$+$	$+$	0	$+$	$-$	$-$
$(>0) \ldots$	$+$	$+$	$+$	$+$	$-$	$-$
$(1) \ldots$	$+$	$+$	$+$	$+$	$-$	$-$
$(10) \ldots$	$+$	$+$	$+$	$+$	$+$	$+$.

Durch Vergleichen dieser Resultate folgert man:

[**109**] 1. Alle Wurzeln sind in dem Intervall von -10 bis $+10$ zu suchen; denn eine der Reihen hat 5, die andere keine Vorzeichenwechsel.

2. Zwei dieser Wurzeln sind zwischen -10 und -1 zu suchen; denn die erste Reihe hat 5, die zweite nur 3 Vorzeichenwechsel; aber es bleibt noch zu prüfen, ob diese zwei Wurzeln existiren oder imaginär sind.

3. Da die Reihe (<0) zwei Vorzeichenwechsel mehr als die Reihe (>0) hat, so besitzt die Gleichung zwei imaginäre Wurzeln, welche in diesem unendlich kleinen Intervall fehlen.

4. Die Gleichung hat keine Wurzel zwischen -1 und 0, da sowohl die Reihe (-1) als auch die Reihe (<0) drei Vorzeichenwechsel besitzen.

5. Die Gleichung hat keine Wurzel zwischen 0 und 1, weil die Reihen (>0) und (1) je einen Vorzeichenwechsel besitzen.

6. Die Gleichung besitzt zwischen 1 und 10 eine reelle Wurzel, weil die zweite Reihe einen Vorzeichenwechsel weniger als die erste Reihe besitzt; diese Wurzel ist völlig getrennt.

XVI. Wendet man den am Ende des Artikels XI ausgesprochenen Satz auf die binomischen Gleichungen der Form:

$$x^m + a_m = 0$$

oder diejenigen, welchen mehrere aufeinanderfolgende Terme fehlen, wie:

$$x^m + a_i x^{m-i} + a_m = 0$$

an, so erkennt man durch Anwendung der Regel des doppelten Vorzeichens sofort die Anzahl der imaginären Wurzeln, welche aus dem Fehlen der Glieder resultiren. Sind die Gleichungen binomisch, so ergiebt die Substitution von 0 für x in die Functionenreihe:

[110] $X^{(m)}$, $X^{(m-1)}$, $X^{(m-2)}$, $X^{(m-3)}$ . . . , X', X

die folgenden Resultate:

$$\begin{cases} (<0)\ldots + & - & + & - \ldots & + a_m \\ (0)\ldots\ldots + & 0 & 0 & 0 \ldots 0 & + a_m \\ (>0)\ldots + & + & + & + \ldots & + a_m. \end{cases}$$

Ist m gerade und der Coefficient a_m positiv, so hat die Reihe (<0) nur Vorzeichenwechsel und die Reihe (>0) keine; mithin sind alle Wurzeln imaginär. Ihre Anzahl ist m. Ist m gerade und der Coefficient a_m negativ, so fehlen der Gleichung im unendlich kleinen Intervall <0 bis >0 $m-2$ Wurzeln. Die Gleichung hat zwischen $-\dfrac{1}{0}$ und 0 eine reelle Wurzel und eine andere zwischen 0 und $\dfrac{1}{0}$.

Ist m ungerade, so erschliesst man aus dem Anblick der Reihen, dass die Gleichung $m-1$ imaginäre und eine einzige reelle Wurzel besitzt, deren Vorzeichen dem von a_m entgegengesetzt ist.

Was die Gleichungen der Form:

$$x^m + a_i x^{m-i} + a_m = 0,$$

bei denen mehrere aufeinanderfolgende Terme fehlen, betrifft, so erkennt man nach derselben Regel, dass sie infolge der fehlenden Glieder nothwendig imaginäre Wurzeln haben; über ihre Bestimmung kann man Folgendes sagen[50]): Da auf x^m das Glied $a_i x^{m-i}$ folgt, so ist die Anzahl der imaginären Wurzeln, die allein infolge dieser Thatsache existiren, gleich $i-1$, wenn $i-1$ eine gerade Zahl ist; ist $i-1$ ungerade, so ist ihre Anzahl bei positivem a_i gleich i, bei negativem a_i gleich $i-2$. Die Gleichung $x^m + a_i x^{m-i} + a_m = 0$ kann auch, wie aus der Regel des doppelten Vorzeichens folgt, nicht mehr als 4 reelle Wurzeln besitzen. Sind $i-1$ und m beide gerade, so folgt allein aus der Regel des doppelten Vorzeichens, dass die Gleichung wenigstens $m-2$ imaginäre Wurzeln haben muss.

Zum Beispiel ersieht man sofort, dass die Gleichung:

$$x^5 + x + 1 = 0$$

vier imaginäre Wurzeln besitzt; denn ihr fehlen zwischen den

Gliedern x^5 und x, welche dasselbe Vorzeichen haben, drei aufeinanderfolgende Terme.

[111] Die soeben ausgesprochenen Resultate sind recht leicht aus dem im Artikel XI gegebenen Satze zu beweisen; es ist daher nicht nöthig, sie auseinanderzusetzen; übrigens sind sie meistens bekannt, und man beweist sie leicht vermöge anderer Principien.

XVII. Wendet man dieselbe Untersuchung auf die Gleichung:

$$x^7 - 2x^5 - 3x^3 + 4x^2 - 5x + 6 = 0$$

an, so findet man:

$$X = x^7 - 2x^5 - 3x^3 + 4x^2 - 5x + 6$$
$$X' = 7x^6 - 10x^4 - 9x^2 + 8x - 5$$
$$X'' = 42x^5 - 40x^3 - 18x + 8$$
$$X''' = 210x^4 - 120x^2 - 18$$
$$X^{IV} = 840x^3 - 240x$$
$$X^V = 2520x^2 - 240$$
$$X^{VI} = 5040x$$
$$X^{VII} = 5040$$

und kann die folgende Tabelle bilden:

	X^{VII}	X^{VI}	X^V	X^{IV}	X'''	X''	X'	X
(-10) ...	+	—	+	—	+	—	+	—
(-1)	+	—	+	—	+	+	—	+
(<0)	+	—	—	+	—	+	—	+
(0)	+	0	—	0	—	+	—	+
(>0)	+	+	—	—	—	+	—	+
(1)	+	+	+	+	+	—	—	+
(10)	+	+	+	+	+	+	+	+·

1. Vergleicht man die zwei Reihen (-10) und (-1), so sieht man, dass die zweite nur einen Zeichenwechsel weniger als die erste hat. Mithin hat die Gleichung zwischen den Grenzen -10 und -1 nur eine einzige reelle Wurzel.

2. Die Einsetzung von 0 für x ergiebt mehrmals das Resultat 0. Man wird daher die zwei Reihen (<0) und (>0) bilden und wird, wenn man diese zwei Reihen vergleicht, ersehen, dass die eine 6, die andere 4 Vorzeichenwechsel besitzt. [112] Daher hat die Gleichung zwei imaginäre Wurzeln, welche in diesem Intervall fehlen.

3. Vergleicht man die Reihen (— 1) und (< 0) so erkennt man, dass die Gleichung zwischen — 1 und 0 keine reelle Wurzel besitzen kann.

4. Vergleicht man die Reihen (> 0) und (1), so erkennt man, dass zwischen 0 und 1 nicht mehr als zwei reelle Wurzeln liegen können. Es bleibt noch zu untersuchen, ob diese Wurzeln thatsächlich existiren oder ob sie in diesem Intervall fehlen.

5. Aus dem Anblick der Reihen (1) und (10) schliesst man, dass man zwischen den Grenzen 1 und 10 zwei Wurzeln suchen soll.

So ergeben sich die Intervalle, in denen man Wurzeln der vorgelegten Gleichung zu suchen hat, nämlich das von — 10 bis — 1, in dem sicher eine einzige reelle Wurzel existirt; das von 0 bis 1, in dem man nicht mehr als zwei reelle Wurzeln finden kann, das von 1 bis 10, in dem man auch zwei Wurzeln suchen darf. Man ist auch sicher, dass die Gleichung zwei imaginäre Wurzeln hat; sie gehen in dem unendlich kleinen Intervall von < 0 bis > 0 verloren.

XVIII. Wir führen noch zwei Beispiele an für den Vorgang, den man befolgen muss, um leicht die Intervalle, in denen die Wurzeln gesucht werden müssen, zu finden.

Das erste Beispiel ist die Gleichung:

$$x^5 + 3x^4 + 2x^3 - 3x^2 - 2x - 2 = 0.$$

Man hat:

$$X \ldots x^5 + 3x^4 + 2x^3 - 3x^2 - 2x - 2$$
$$X' \ldots 5x^4 + 12x^3 + 6x^2 - 6x - 2$$
$$X'' \ldots 20x^3 + 36x^2 + 12x - 6$$
$$X''' \ldots 60x^2 + 72x + 12$$
$$X^{IV} \ldots 120x + 72$$
$$X^V \ldots 120.$$

Setzt man die Zahlen — 1, 0, 1, 10 ein, so findet man:

[113]

	X^V	X^{IV}	X'''	X''	X'	X
(< 1) . . .	+	—	+	—	+	—
(— 1) . . .	+	—	0	—	+	—
(> — 1) .	+	—	—	—	+	—
(0)	+	+	+	—	—	—
(1)	+	+	+	+	+	—
(10)	+	+	+	+	+	+ .

Beim Anblick dieser Reihen sieht man,

1. dass die vorgelegte Gleichung keine Wurzel jenseits von — 1 hat, da die Reihe $(< - 1)$ fünf Vorzeichenwechsel besitzt;

2. dass zwei Wurzeln in dem Intervall, dessen Grenzen $< - 1$ und $> - 1$ sind, verloren gehen, da die Grenze $< - 1$ fünf Zeichenwechseln entspricht, während in der Reihe $(> - 1)$ nur drei Zeichenwechsel auftreten;

3. dass man zwischen — 1 und 0 zwei Wurzeln suchen muss, denn die Reihe $(> - 1)$ hat drei, die Reihe (0) nur einen Zeichenwechsel;

4. dass zwischen 0 und 1 keine Wurzel existiren kann, denn die zwei Reihen (0) und (1) haben dieselbe Anzahl Zeichenwechsel, nämlich einen;

5. dass die Gleichung zwischen 1 und 10 eine einzige reelle Wurzel hat: denn die Reihe (10) hat einen Zeichenwechsel weniger als die Reihe (1).

XIX. Das zweite Beispiel ist die Gleichung:

$$x^5 - 10x^3 + 6x + 1 = 0.$$

Man hat:

$$
\begin{aligned}
X &= x^5 - 10x^3 + 6x + 1 \\
X' &= 5x^4 - 30x^2 + 6 \\
X'' &= 20x^3 - 60x \\
X''' &= 60x^2 - 60 \\
X^{IV} &= 120x \\
X^V &= 120
\end{aligned}
$$

[114] und kann die folgende Tabelle bilden:

	$X^V,$	$X^{IV},$	$X''',$	$X'',$	$X',$	$X;$
$(- 10)$	+	—	+	—	+	—
$(< - 1)$ ...	+	—	+	+	—	+
$(- 1)$	+	—	0	+	—	+
$(> - 1)$ ...	+	—	—	+	—	+
(< 0)	+	—	—	+	+	+
(0)	+	0	—	0	+	+
(> 0)	+	+	—	—	+	+
(< 1)	+	+	—	—	—	—
(1)	+	+	0	—	—	—
(> 1)	+	+	+	—	—	—
(10)	+	+	+	+	+	+ ·

Man schliesst aus den Reihen (— 10) und ($<$ — 1), dass zwischen — 10 und — 1 eine einzige reelle Wurzel existirt, aus den Reihen ($>$ — 1) und ($<$ 0), dass man zwischen — 1 und 0 zwei Wurzeln suchen muss, aus den Reihen ($>$ 0) und ($<$ 1), dass die Gleichung zwischen 0 und 1 eine einzige reelle Wurzel hat, aus den Reihen ($>$ 1) und (10), dass man zwischen 1 und 10 eine einzige reelle Wurzel zu suchen hat.

XX. Es würde unnöthig sein, diese Anwendungen zu vermehren; wir haben sie so ausgewählt, dass sie eine genügend grosse Anzahl verschiedener Fälle darbieten.

Es ist klar, dass dieser Process ohne Unsicherheit den Ort der Wurzeln, d. h. die Grenzen, zwischen denen man sie suchen muss, erkennen lässt; jedoch bestimmt er nicht immer die Natur dieser Wurzeln. Im Gegentheil sieht man, dass, wenn die Anwendung des Theorems eine gerade Anzahl von Wurzeln in einem vorgegebenen Intervall angiebt, es eintreten kann, dass alle diese Wurzeln imaginär sind. [115] Wir haben daher eine zweite Frage, die Bestimmung der Natur der angegebenen Wurzeln, zu entscheiden. Im Folgenden geben wir eine vollständige Lösung dieser zweiten Frage; dieselbe ist von der ersten, bisher behandelten, welche sich mit der Angabe der Intervalle beschäftigt, in denen man die Wurzeln suchen muss, ganz verschieden.

Man muss sich denken, dass man den Abstand von zwei dem x beigelegten Werthen, von denen der eine in sehr grosser Entfernung unterhalb 0 und der andere in sehr grosser Entfernung oberhalb 0 liegen, in eine Anzahl Intervalle getheilt hat. Jedes dieser Theilintervalle hat zwei Grenzen a und b. Diese Intervalle sind nun von zweierlei Gattung:

1. Solche, in denen man keine Wurzeln der Gleichung suchen darf. Diese Intervalle erkennt man durch folgende Eigenthümlichkeit: setzt man ihre Grenzen a und b in die Functionenreihe: $f^{(m)}(x)$, $f^{(m-1)}(x)$, ..., $f''(x)$, $f'(x)$, $f(x)$, so ergiebt dies zwei Reihen von Resultaten und die zweite Reihe hat ebensoviel Zeichenwechsel wie die erste.

2. Intervalle, in denen man zur Aufsuchung der Wurzeln vorgehen kann. Diese Intervalle erkennt man durch folgende Eigenthümlichkeit: setzt man die Grenzen a und b in die Functionenreihe, so hat die durch Substitution der grösseren Grenze b gegebene Reihe weniger Vorzeichenwechsel als die Reihe, welche die Substitution von a liefert.

Die ersten Intervalle sind ausgeschlossen; ihre Gesammt-
ausdehnung ist unvergleichlich grösser als diejenige der anderen.
Was die zweiten Intervalle betrifft, so sind sie selbst von
zweierlei Art: nämlich diejenigen, in denen Wurzeln thatsächlich existiren, und diejenigen, in denen die Wurzeln verloren
gehen. Es bleibt uns noch übrig, diesen Unterschied klar
auseinanderzusetzen und sichere, leicht anwendbare Regeln zur
Unterscheidung dieser zwei Arten von Intervallen anzugeben.

XXI. Die angeregte Frage bietet sich z. B. bei der Behandlung der im Artikel XII betrachteten Gleichung:

$$x^5 - 3x^4 - 24x^3 + 95x^2 - 46x - 101 = 0$$

dar. Das allgemeine Theorem giebt an, dass man zwischen
den Grenzen 1 und 10 drei Wurzeln suchen muss. Setzt man
in die Reihe der Functionen eine Zahl c, die grösser als 1 und
kleiner als 10 ist, ein, so theilt man das Intervall 1 bis 10
in zwei Theile und hat dann die voraufgehenden Sätze auf
die Theilintervalle 1 bis c und c bis 10 anzuwenden. [116]
Fährt man so mit der Einsetzung von zwischenliegenden Zahlen
und der hierdurch ausgeführten Theilung der Intervalle fort,
so gelangt man, wenn die drei Wurzeln reell sind, dazu, dieselben zu trennen, und man findet für jede derselben ein Intervall.
in dem sie allein gelegen ist; dies ist der Zweck der Untersuchung. Sind aber zwei der gesuchten Wurzeln imaginär, so
führt die Untertheilung des Intervalls zu keinem Ende; man
weiss nicht, ob die Trennung der Wurzeln, weil dieselben
imaginär sind, unmöglich wird, oder nur, weil ihre Differenz
ausserordentlich klein, eine verzögerte ist.

Beschränkt man sich darauf, zwischenliegende Werthe einzusetzen und immer die Vorzeichen der Resultate zu vergleichen,
so kann man diese Schwierigkeit nicht überwinden; diese
Frage erfordert eine besondere Regel. Aus diesem Grunde
kann auch die von *Rolle* vorgeschlagene »Cascadenmethode«[21]
nicht zur Bestimmung der Wurzelgrenzen dienen; denn ihr
fehlt ein Verfahren zur Bestimmung der imaginären Wurzeln.

Das Annäherungsverfahren, das man *Newton* verdankt,
löst diese Frage auch nicht; vielmehr setzt es dieselbe als gelöst
voraus. *Newton*'s Methode ist eines der schätzenswerthesten
Elemente der Analysis; denn sie bezieht sich auf alle Zweige
der Rechnung, aber sie hat nicht die Unterscheidung der
imaginären Wurzeln zum Gegenstand. Um diese auszuführen,
haben *Lagrange* und *Waring*[23] die Bestimmung der kleinsten

Differenz der Wurzeln der Gleichung oder einer Grösse, die kleiner als diese kleinste Differenz ist, vorgeschlagen. Vom theoretischen Standpunkte betrachtet ist diese Lösung exact. Wäre es in der That gelungen zu erkennen, dass die Differenz der reellen Wurzeln, die am wenigsten differiren, kleiner als eine gewisse Grösse $\varDelta$ ist, so würde es genügen, für die Variable x aufeinanderfolgend Zahlen, deren Differenz $\varDelta$ oder kleiner als $\varDelta$ ist, einzusetzen. So wäre man sicher, alle Wurzeln zu unterscheiden; würde man auf diese Art nicht ebensoviele Wurzeln finden, wie der Grad m der vorgelegten Gleichung Einheiten hat, so würden diejenigen Wurzeln, welche man durch diese Substitutionen nicht getrennt hat, in gerader Zahl vorhanden sein und gleich der Anzahl der imaginären Wurzeln der vorgelegten Gleichung werden. [117] Aber man findet es leicht erklärlich, dass man eine derartige Methode der Auflösung nicht zulassen kann. Erstens ist die Rechnung, welche diesen Werth der Grenze $\varDelta$ kennen lehrt, für die Gleichungen etwas höheren Grades unpraktisch. Zweitens würde man in Intervallen, in denen nach dem allgemeinen Theorem (Artikel VIII) keine Wurzel existiren kann, Substitutionen ausführen. Man müsste daher zunächst das allgemeine Theorem anwenden und nur in den Intervallen, wo die Wurzeln gesucht werden dürfen, Substitutionen ausführen. Dieses Verfahren würde die Länge der Rechnung vermindern, aber nicht davon frei machen, den Werth von $\varDelta$ zu finden; dies ist aber die Hauptschwierigkeit. Daher war es nöthig, mittelst anderer Principien diese sehr wichtige Frage, welche mit Sicherheit die Natur der Wurzeln zu erkennen gestattet, zu behandeln. Es gelang mir, seit lange sie durch ein schnelles und leichtes Verfahren zu behandeln. Die in den folgenden Artikeln auseinanderzusetzende Lösung habe ich früher in den Vorlesungen an der École Polytechnique de France vorgetragen; sie ist die klarste und einfachste unter allen, welche ich für diesen Gegenstand finden konnte. Es handelt sich hier um ein wesentliches Element, welches man als schwierigsten Punkt der ganzen Theorie betrachten muss, den völlig aufzuklären wir uns bemühen mussten. Es genügte nicht, das analytische Princip, aus dem wir die Lösung hergeleitet haben, anzugeben; vielmehr ist es vorzuziehen, die Sätze durch Anwendung von Constructionen klar zu machen. Nichts ist geeigneter, die Natur der Frage aufzuklären. Dann geben wir mehrere Beispiele für die zur Lösung der Frage führende allgemeine Regel.

XXII. Man setzt voraus, dass nach Einsetzung zweier Zahlen
a und b in die Functionenreihe:

$$f^{(m)}(x), \; f^{(m-1)}(x), \; \ldots, \; f'''(x), \; f''(x), \; f'(x), \; f(x)$$

die Reihe (a) der Vorzeichen der Resultate, d. h. diejenige,
welche durch Einsetzen von a resultirt, von der Reihe (b) sich
dadurch unterscheide, dass die zweite Reihe zwei Vorzeichenwechsel weniger als die erste enthält; b soll dabei grösser
als a sein. Zum Beispiel möge die Reihe (a) mit den Vorzeichen:

$$+ \; - \; +$$

[118] und die Reihe (b) mit den Vorzeichen:

$$+ \; + \; +$$

schliessen. Wir setzen auch voraus, dass in allen Theilen
dieser zwei Reihen, welche links von den soeben hingeschriebenen
Vorzeichen stehen, jedes Vorzeichen der Reihe (a) mit dem
entsprechenden Vorzeichen der Reihe (b) übereinstimmt. Man
sieht, dass, während die eingesetzte Zahl vom Werthe a zum
Werthe b übergeht, die Reihe der Vorzeichen zwei Vorzeichenwechsel verliert. Aus dem voraufgegangenen Theorem des
Artikels VII folgt daher, dass die Gleichung $f(x) = 0$ nicht
mehr als zwei Wurzeln zwischen a und b haben kann; man
weiss aber nicht, ob die zwei angezeigten Wurzeln reell sind
oder in diesem Intervalle verloren gehen: dies ist die zu
lösende Frage. Lässt man aber in jeder der zwei Reihen (a)
und (b) das letzte Vorzeichen fort, so enthält die erste Reihe
nur einen Vorzeichenwechsel mehr als die zweite Reihe. Daher
kann die Gleichung $f'(x) = 0$ nur eine Wurzel zwischen a
und b besitzen und man ist sicher, dass diese Wurzel reell ist.

Lässt man ferner die zwei letzten Vorzeichen einer jeden
der Reihen (a) und (b) fort, so findet man infolge der Voraussetzung, dass die erste Reihe nicht mehr Vorzeichenwechsel
als die zweite hat. Die Gleichung $f''(x) = 0$ hat daher zwischen
a und b keine Wurzel; d. h. es giebt in diesem Intervall keine
Zahl, welche, für x gesetzt, die Fluxion zweiter Ordnung $f''(x)$
zu Null macht.

XXIII. Es ist leicht, durch die Eigenschaften der Figur die
Relationen zwischen den Functionen $f''(x)$, $f'(x)$, $f(x)$ darzustellen.
Die Ordinate y der Curve mpn (Figur 4 und 5) drückt den
Werth aus, welchen die Function $f(x)$ annimmt, falls man der
Variabeln x irgend einen auf der Abscisse Ox gemessenen

Werth beilegt. Die Grenzen a und b sind die Abscissen $0\,a$, $0\,b$. Der Bogen $m\,p\,n$, welcher diesem Intervall $a\,b$ entspricht, hat keinen Inflexionspunkt; denn der Werth der Abscisse, die jedem Inflexionspunkt entspricht, annullirt die Fluxion zweiter Ordnung $f''(x)$ oder $\dfrac{d^2 y}{d x^2}$. [119] So ist der Bogen $m\,p\,n$ frei von Krümmungen, und da der Werth von $f''(x)$ an den zwei Grenzen des Bogens positiv ist, so sieht man, dass dieser Bogen die von der Figur angegebene Form hat. Er ist längs seiner ganzen Ausdehnung concav. Seine concave Seite ist der oberen Seite der Fläche zugekehrt. In einem gewissen Punkt p dieses Bogens ist die Tangente der Abscissenaxe parallel. Dieser Punkt entspricht dem Werthe von x, welcher die Fluxion erster Ordnung $f'(x)$ annullirt; da die Gleichung $f'(x) = 0$ nur eine einzige Wurzel zwischen den Grenzen a und b hat, so existirt nur ein einziger Punkt p, in dem die Neigung Null ist. Fügt man zu dieser Bedingung noch hinzu, dass die äussersten Ordinaten $f(a)$ und $f(b)$ positiv sein sollen, so sieht man, dass der betrachtete Theil der Curve durch die Figur 4 oder 5 dargestellt wird. Im ersten Falle existiren zwei Schnittpunkte α und β, und die Abscissen $0\,\alpha$ und $0\,\beta$ drücken die Werthe der reellen Wurzeln aus. Bei der zweiten Figur erreicht der Bogen nicht mehr die Abscissenaxe; es existirt also kein Schnittpunkt, so dass die zwei gesuchten Wurzeln imaginär werden. Die vorgelegte Frage besteht darin, die zwei Constructionen, durch welche die vorgelegte Function im Intervalle der Grenzen a und b dargestellt wird, zu unterscheiden. Würde man den genauen Werth γ derjenigen Abscisse $0\,\gamma$. welche dem Punkte p mit einer zur Axe parallelen Tangente entspricht, kennen, so wäre die Frage leicht gelöst; man brauchte diesen Werth γ nur in die Function $f(x)$ einzusetzen und das Vorzeichen des Resultats zu prüfen. Ist dieses Vorzeichen von dem gemeinsamen Vorzeichen der zwei Resultate $f(a)$ und $f(b)$ verschieden, so existiren zwei Schnittpunkte α und β. Ist aber das Zeichen von $f(\gamma)$ dasselbe wie das von $f(a)$ und $f(b)$, so fehlen die zwei Schnittpunkte und die Wurzeln sind daher imaginär.

Man könnte einen Näherungswerth der Wurzel γ der Gleichung $f'(x) = 0$ für x in $f(x)$ einsetzen. Hat das Resultat dieser Substitution ein von $f(a)$ und $f(b)$ verschiedenes Vorzeichen, so sind die zwei Wurzeln sicher reell; dieselben sind dann getrennt. Ist aber das Vorzeichen des Resultats

dasselbe wie das von $f(a)$ und $f(b)$, so bleibt die Natur der
Wurzeln unbestimmt; denn man weiss nicht, ob man nicht,
wenn man in $f(x)$ einen noch näher bei γ liegenden Werth
einsetzt, ein von dem Vorzeichen von $f(a)$ und $f(b)$ verschiedenes
Zeichen erhält. 120] Diese Schwierigkeit würde sich noth-

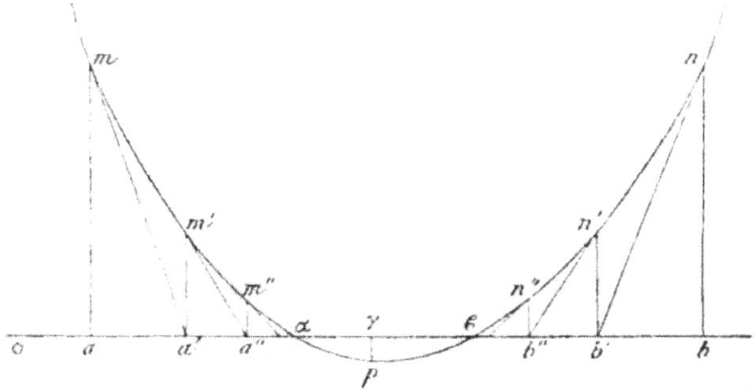

Fig. 4.

wendig jedesmal, wenn die Wurzeln imaginär sind, darbieten;
sie würde immer bestehen bleiben, trotzdem das Intervall der
zwei Grenzen ausserordentlich verkleinert werden könnte.

XXIV. Um diese Zweideutigkeit zu beseitigen, beachten
wir, dass sich die zweite Construction (Figur 5) von der ersten

Fig. 5.

Figur 4) durch einen eigenthümlichen Charakter, den auch
die Rechnung auszudrücken vermag, unterscheidet. Wir wollen
in der durch Figur 5 dargestellten Construction in den Punkten
m und n zwei Tangenten ziehen; diese mögen die Axe in
a' und b' schneiden; in diesen Punkten a' und b' errichte
man die Ordinaten $a'm'$, $b'n'$, und ziehe in den Punkten m'
und n' zwei neue Tangenten bis zum Schnitt mit der Axe.

Nach einer oder mehreren ähnlichen Operationen wird es dann, wie es sofort einleuchtet, nothwendig eintreten, dass man diese aufeinanderfolgenden Tangenten nicht mehr ziehen kann, ohne dass sie schliesslich das Intervall ab verlassen; der Abstand des Punktes a von dem Schnittpunkte der Tangente mit der Axe, d. h. die Subtangente, wird sicherlich grösser als das Intervall ab werden. Hat hingegen der Bogen mn, wie es Figur 4 darstellt, zwischen a und b zwei Schnittpunkte, so wird die soeben ausgesprochene Bedingung nicht eintreten; jede der Subtangenten aa', $a'a''$, . . . wird immer kleiner als das Intervall ab, $a'b$, . . . sein. Ebenso werden sich die aufeinanderfolgenden Subtangenten bb', $b'b''$, . . . bei einem Vergleich mit den Intervallen ba, $b'a$, . . . verhalten. Nimmt man bei Ausführung derselben Construction in Figur 4 die Werthe der zwei Subtangenten aa', bb' und fügt sie, ohne die Vorzeichen zu berücksichtigen, zusammen, d. h. ertheilt man jeder dieser Grössen das Vorzeichen $+$, so wird die Summe immer kleiner als das Intervall ab zwischen den zwei Grenzen. Ebenso verhält es sich mit allen folgenden Subtangenten; die Summe zweier Subtangenten, die sich auf zwei äusserste Enden irgend eines Intervalls $a'b'$, $a''b''$, . . . beziehen, wird immer kleiner als dieses Intervall sein. Dies ist ein unterscheidendes Merkmal für den Fall, bei dem der Bogen mpn zwei Schnittpunkte besitzt.

Wir haben vorausgesetzt, dass der Punkt m' (Fig. 4 und 5) genau dem äussersten Ende der Subtangente aa' entspricht. [121] Entspricht der Punkt m' einem zu a benachbarten Punkt, der zwischen den Punkten a' und a liegt, so würden die Sätze ungeändert bleiben.

XXV. Bedient man sich des bekannten Ausdrucks für die Subtangente bb', so kann man auf die vorstehende Darstellung leicht die Rechnung anwenden. Der Ausdruck $\dfrac{dy}{dx}$ ist gleich dem Verhältniss der zwei Linien nb und bb' zu einander; hieraus schliesst man:

$$bb' = nb : \frac{dy}{dx} = f(b) : \frac{dx f'(b)}{dx} = \frac{f(b)}{f'(b)}.$$

Bildet man also den Quotienten der zwei Resultate $f(b)$ und $f'(b)$, so hat man den numerischen Werth der Subtangente bb'. Ebenso findet man durch Division von $f(a)$ durch $f'(a)$,

abgesehen vom Vorzeichen, den Werth der Subtangente $a\,a'$.
Allgemein ist der Ausdruck für die Abscisse $O\,b'$, welche dem
Schnittpunkte b' der Tangente $n\,b'$ mit der Axe entspricht,

gleich $x - \dfrac{f(x)}{f'(x)}$. Setzt man in diesen Ausdruck für x zuerst

a und dann b, so wird, wenn die Curve derartig, wie es die

Figur 4 darstellt, verläuft, das zweite Resultat $b - \dfrac{f(b)}{f'(b)}$ immer

grösser als das erste $a - \dfrac{f(a)}{f'(a)}$. Diese Bedingung kann nur

dann zu bestehen aufhören, wenn die Lage des Bogens die
der Figur 5 ist; in diesem Fall hört die Bedingung, wenn man
die aufeinanderfolgenden Tangenten zieht, nothwendig einmal
zu bestehen auf. Die den reellen Wurzeln eigenthümliche
Bedingung wird daher durch:

$$a - \frac{f(a)}{f'(a)} < b - \frac{f(b)}{f'(b)} \quad \text{oder} \quad \frac{f(b)}{f'(b)} + \frac{f(a)}{-f'(a)} < b - a$$

ausgedrückt. Hieraus folgt, dass, wenn die zwei Grenzen a
und b gegeben und die Resultate $f'(a)$, $f(a)$, $f'(b)$, $f(b)$ bekannt
sind, man, um die Natur der zwei angekündigten Wurzeln zu
erkennen, $f(a)$ durch $f'(a)$ und $f(b)$ durch $f'(b)$ dividiren muss[51].
Wenn einer dieser zwei Quotienten, abgesehen vom Vorzeichen,
oder die Summe dieser zwei Quotienten die Differenz $b - a$
der zwei Grenzen übersteigt oder derselben gleich wird, so
ist man sicher, dass die zwei Wurzeln nicht reell sind.

[122] Ist aber die Differenz $b - a$ der zwei Grenzen grösser
als die Summe der zwei Quotienten, so kündigt dies an: der
Abstand der zwei Grenzen, zwischen denen man die Wurzeln
sucht, ist nicht genügend klein, um durch eine einzige Operation die Natur der Wurzeln erkennen zu können. Man muss
das Intervall $a\,b$ der zwei Grenzen trennen, in $f(x)$ eine
zwischenliegende Zahl c, die grösser als a und kleiner als b
ist, einsetzen und das Vorzeichen des Resultats beachten. Ist
das Vorzeichen von $f(c)$ nicht dasselbe wie das gemeinsame
Vorzeichen von $f(a)$ und $f(b)$, so erkennt man, dass die zwei
Wurzeln reell sind; die eine liegt zwischen a und c, die andere
zwischen c und b. Das Intervall $b - a$ ist so in zwei Theile
getheilt, von diesen enthält jeder eine reelle Wurzel vollständig getrennt.

Am häufigsten genügt eine erste Prüfung zur Erkennung der Natur der gesuchten Wurzeln. Hierbei findet man, dass die Summe der Quotienten $\dfrac{f(a)}{-f'(a)}$ und $\dfrac{f(b)}{f'(b)}$ die Differenz $b-a$ übertrifft oder dass die Substitution einer zwischenliegenden Zahl c ein Resultat $f(c)$ ergiebt, dessen Vorzeichen verschieden von dem ist, welches $f(a)$ und $f(b)$ gemeinsam haben. Tritt keine dieser zwei Bedingungen ein, so muss man schliessen, die Grenzen a und b seien nicht nahe genug, um durch eine einzige Operation die Natur der Wurzeln bestimmen zu können. In diesem Falle ergiebt die Substitution der zwischenliegenden Zahl c das $f(a)$ und $f(b)$ gemeinsame Zeichen als Vorzeichen von $f(c)$. Mit den Resultaten von $f'(a)$, $f'(b)$ und $f'(c)$ verhält es sich nicht ebenso: die zwei ersten haben nach Voraussetzung entgegengesetztes Vorzeichen. Daher hat einer der zwei Ausdrücke $f'(a)$ und $f'(b)$ dasselbe Vorzeichen wie $f'(c)$; der andere hat entgegengesetztes Zeichen. Bezeichnen wir mit d diejenige der zwei Grenzen a und b, welche in $f'(x)$ gesetzt, ein Resultat von entgegengesetztem Vorzeichen wie $f'(c)$ liefert. Man sieht, dass die Gleichung $f'(x) = 0$ zwischen den neuen Grenzen c und d eine reelle Wurzel haben wird, die zwei Wurzeln, deren Natur noch nicht feststeht, müssen im Intervall von c bis d gesucht werden. Für dieses zweite Intervall von c bis d wird man daher die Regel, welche man auf das Intervall a bis b angewandt hatte, benutzen und die Natur dieser Wurzeln durch einen dem soeben beschriebenen ähnlichen Vorgang bestimmen.

[**123**] XXVI. Es ist nothwendig zu bemerken, dass, wenn die zwei gesuchten Wurzeln reell, aber gleich waren, man nicht nach der voraufgehenden Regel ihre Natur erkennen würde. Diesen singulären Zwischenfall kann man aber leicht unterscheiden; es genügt ja die Functionen $f(x)$ und $f'(x)$ zu vergleichen und zu sehen, ob sie einen gemeinsamen Divisor $\varphi(x)$ haben und ob dieser gemeinsame Theiler eine reelle, zwischen a und b gelegene Wurzel besitzt. Existirt kein derartiger Divisor $\varphi(x)$ oder hat die Gleichung $\varphi(x) = 0$ keine reelle Wurzel zwischen a und b, so gelangt man immer mittelst des beschriebenen Verfahrens und durch Fortsetzung der Prüfung, soweit die Form der Curve sie fordert, dazu, entweder eine Entscheidung zu fällen, ob die gesuchten Wurzeln imaginär sind oder, falls dieselben reell sind, sie zu trennen. Im letzteren Falle wird das Intervall ab der zwei vorgelegten

Grenzen in zwei andere zerlegt; in jedem derselben befindet sich dann eine einzige Wurzel.

XXVII. Die Figuren 4 und 5 beziehen sich auf den Fall, in dem das gemeinsame Vorzeichen von $f(a)$ und $f(b)$ + ist. Schliessen die zwei Vorzeichenreihen (a) und (b), welche man vergleichen muss und die sich nur durch das vorletzte Vorzeichen unterscheiden, mit:

$$- + -$$

und

$$- -,$$

so liefert die Construction die Figuren $(4')$ und $(5')$. Der Bogen mpn hat keine Krümmung, sondern nur einen Punkt p, in welchem die Neigung Null wird. Dieser Bogen ist längs

Fig. 4'.   Fig. 5'.

seiner ganzen Ausdehnung convex, denn das Vorzeichen der Fluxion zweiter Ordnung ist —. Ist die Lage des Bogens die in Figur $(4')$ dargestellte, so existiren zwei Schnittpunkte α und β; wird die Lage des Bogens durch die Figur $(5')$ dargestellt, so fehlen die zwei Schnittpunkte gleichzeitig in diesem Intervall. Die Regel, welche man anwenden muss, um zu entscheiden, ob die zwei gesuchten Wurzeln reell oder imaginär sind, stimmt mit der soeben erläuterten völlig überein.

XXVIII. Wir fassen das Ergebniss dieser Regel, wie folgt, zusammen:

[**124**] Hat man zwei Grenzen a und b in die Functionenreihe: $f^{(m)}(x)$, $f^{(m-1)}(x)$, . . ., $f''(x)$, $f'(x)$, $f(x)$ eingesetzt und die Vorzeichen der Resultate der Reihe (a) mit denen der Reihe (b) verglichen, und bemerkt man, dass die zweite (b) zwei Vorzeichenwechsel weniger als die erste (a) besitzt, und dass beim Fortlassen der zwei letzten Vorzeichen einer jeden Reihe die zweite ebensoviel Vorzeichenwechsel als die erste hat, so muss man man, um zu beurtheilen, ob die zwei angekündigten Wurzeln reell sind, die Resultate $f''(a)$, $f(a)$ und $f'(b)$, $f(b)$ vergleichen und dabei von den Vorzeichen absehen, d. h. allen diesen Grössen das Zeichen + beilegen. Wenn einer

der zwei mit positiven Zeichen genommenen Quotienten $\dfrac{f(a)}{f'(a)}$, $\dfrac{f(b)}{f'(b)}$ oder ihre Summe gleich oder grösser als $b-a$ ist, so ist man sicher, dass die zwei gesuchten Wurzeln imaginär sind.

Wenn die voraufgegangene Bedingung nicht statt hat und die Summe der zwei Quotienten also kleiner als die Differenz $b-a$ ist, so hat man zu prüfen, ob die Functionen $f(x)$ und $f'(x)$ einen gemeinsamen Factor $\varphi(x)$ haben und ob die Gleichung $\varphi(x)=0$ eine reelle Wurzel zwischen a und b besitzt. Existirt dieser gemeinsame Factor $\varphi(x)$ und hat die Gleichung $\varphi(x)=0$ eine reelle Wurzel c zwischen a und b, so hat die vorgelegte Gleichung zwei reelle Wurzeln, die gleich c sind.

Haben aber die zwei Functionen $f(x)$ und $f'(x)$ keinen gemeinsamen Factor oder hat, wenn der Factor $\varphi(x)$ existirt, die Gleichung $\varphi(x)=0$ keine reelle Wurzel zwischen a und b, was man leicht durch die oben auseinandergesetzten Principien erkennt, so muss man sehen, ob die zwei zwischen a und b angekündigten Wurzeln der Gleichung $f(x)=0$ durch Substitution einer zwischenliegenden Zahl c, die grösser als a und kleiner als b ist, getrennt werden können. Man wird daher eine solche Zahl c in $f(x)$ substituiren. Ist das Vorzeichen von $f(c)$ nicht dasselbe wie das von $f(a)$ und $f(b)$, so sind die zwei gesuchten Wurzeln reell; die eine ist zwischen a und c, die andere zwischen c und b gelegen. Hat hingegen $f(c)$ dasselbe Vorzeichen wie $f(a)$ und $f(b)$, so schliesst man: die zwei Grenzen a und b waren nicht nahe genug, um mit Hülfe eines ersten Verfahrens die Natur der Wurzeln erkennen zu können.

[125] Wählt man daher diejenige der zwei Grenzen a und b, deren Substitution in $f'(x)$ ein Resultat von entgegengesetztem Vorzeichen wie $f'(c)$ liefert, und bezeichnet diese Grenze mit d, so wird man innerhalb des zwischen c und d gelegenen Intervalles ebenso operiren, wie man es zwischen a und b gethan hat. Setzt man in gleicher Weise das Verfahren fort, so gelangt man auf sicherem Wege dahin, zu erkennen, ob es in dem vorgelegten Intervall keine Wurzeln giebt, oder aber, wenn sie existiren, sie zu trennen.

XXIX. Wir wenden diese Regel auf verschiedene Beispiele, z u e r s t auf die im Artikel XIV behandelte Gleichung

$$x^3 + 2x^2 - 3x + 2 = 0$$

an. Man hat erkannt, dass diese Gleichung eine reelle, zwischen

— 10 und — 1 gelegene Wurzel, welche völlig getrennt ist, besitzt. Der Vergleich der Reihen, welche den Grenzen 0 und 1 entsprechen, giebt an, dass man die zwei anderen Wurzeln in diesem Intervall suchen muss. Aber man weiss noch nicht, ob diese Wurzeln thatsächlich existiren oder imaginär sind.

Um von der voraufgegangenen Regel Gebrauch zu machen, vergleicht man die zwei Reihen:

$$f''''(x), \quad f'''(x), \quad f'(x), \quad f(x)$$

$$(0) \ldots \quad + \quad + \quad - \quad +$$
$$3 \quad 2$$

$$(1) \ldots \quad + \quad + \quad + \quad +$$
$$4 \quad 2.$$

Unter die zwei letzten Vorzeichen schreibt man die numerischen Werthe der Resultate; denn um die Natur der Wurzeln zu erkennen, muss man diese Werthe betrachten. Die Reihen stellen den Fall dar, welchen wir zuerst geprüft haben; die Gleichung $f''(x) = 0$ hat nämlich zwischen 0 und 1 keine Wurzel, die Gleichung $f'(x) = 0$ hingegen eine einzige reelle Wurzel. Es handelt sich darum, zu erkennen, ob die Gleichung $f(x) = 0$ innerhalb dieser Grenzen zwei reelle Wurzeln hat oder ob die angezeigten Wurzeln imaginär sind. Entsprechend der Regel schreibt man die zwei Quotienten, $\dfrac{f(a)}{f'(a)}$ und $\dfrac{f(b)}{f'(b)}$, abgesehen vom Vorzeichen, nämlich $\frac{2}{3}$ und $\frac{2}{4}$, hin; man prüft, ob einer dieser zwei Quotienten oder ihre Summe grösser oder gleich der Differenz 1 der zwei Grenzen ist. [126] Da diese Bedingung eintritt, so ist man sicher, dass die zwei angekündigten Wurzeln imaginär sind. Daher hat die vorgelegte Gleichung zwischen — 10 und — 1 eine einzige reelle Wurzel. Hingegen fehlen im Intervall 0 bis 1 zwei Wurzeln.

XXX. Als zweites Beispiel für die Anwendung derselben Regel wählen wir die schon in XV behandelte Gleichung:

$$x^5 + x^4 + x^2 - 25x - 36 = 0.$$

Man hat erkannt, dass zwei Wurzeln im Intervall — 10 bis — 1 angezeigt sind; es handelt sich darum, festzustellen, ob die zwei Wurzeln reell sind oder in diesen Grenzen verloren gehen. Man erledigt diese Frage, indem man nach der Regel des Artikels XXVIII die zwei Reihen:

$$f''(x), \quad f'(x), \quad f(x)$$

$$(-10) \ldots \quad + \quad - \quad + \quad - \quad + \quad -$$
$$45955 \quad 89686$$

$$(-1) \ldots \quad + \quad - \quad + \quad - \quad - \quad -$$
$$26 \quad 10$$

vergleicht. Unter die zwei letzten Vorzeichen jeder Reihe
haben wir die numerischen Werthe der Resultate geschrieben.
Die zwei zu vergleichenden Reihen genügen den Bedingungen,
welche der Inhalt der Regel voraussetzt. Man wird daher
untersuchen, ob einer der Quotienten $\dfrac{89686}{45955}, \dfrac{10}{26}$ oder ihre
Summe grösser oder gleich der Differenz 9 der zwei Grenzen
wird: da dies nicht statt hat, so ist das Intervall von — 10 bis
— 1 in Untertheile zu theilen. Bevor man aber zur Substitution einer zwischenliegenden Zahl übergeht, muss man prüfen, ob die Functionen $f(x)$ und $f'(x)$,

$$x^5 + x^4 + x^2 - 25x - 36 \text{ und } 5x^4 + 4x^3 + 2x - 25,$$

einen gemeinsamen Divisor haben und ob dieser eine reelle
Wurzel zwischen — 10 und — 1 besitzt. Da dieser Divisor
nicht existirt, so setzt man an die Stelle von x eine zwischen
— 10 und — 1 gelegene, durch eine einzige Ziffer ausgedrückte
Zahl. Nimmt man — 2 zu dieser zwischenliegenden Zahl und
sucht die Vorzeichen der Resultate, welche die Substitution von
[**127**] — 2 in die Functionen:

$$f^{V}(x), \quad f^{IV}(x), \quad f'''(x), \quad f''(x), \quad f'(x), \quad f(x)$$

ergiebt, so findet man:

$$(-10) \ldots \quad + \quad - \quad + \quad - \quad + \quad -$$
$$(-2) \ldots \quad + \quad - \quad + \quad - \quad + \quad +$$
$$(-1) \ldots \quad + \quad - \quad + \quad - \quad - \quad - \; .$$

In der Reihe (— 10) zählt man 5, in der Reihe (— 2) 4, in
der Reihe (— 1) drei Vorzeichenwechsel. Folglich hat die Substitution der eingeschobenen Zahl die angekündigten Wurzeln
getrennt. Sie sind daher reell; die eine ist zwischen — 10
und — 2, die andere zwischen — 2 und — 1 gelegen.
Auf diese Art ist die Operation, welche Natur und Grenzen
der Wurzeln bestimmen soll, vollendet. Die Gleichung hat
zwei imaginäre und drei reelle Wurzeln; die eine liegt

zwischen — 10 und — 2, die zweite zwischen — 2 und — 1, die dritte zwischen 1 und 10.

XXXI. Wir haben bisher vorausgesetzt, die zwei verglichenen Reihen seien derartig, dass: 1) die zweite nur zwei Vorzeichenwechsel weniger als die erste habe, und 2) dass bei Fortlassung der zwei letzten Vorzeichen die zwei Reihen dieselbe Anzahl von Vorzeichenwechseln besitzen. Die Aufeinanderfolge der Vorzeichen in den zwei Reihen ist einer grossen Anzahl von Combinationen fähig, und die Zahl der angekündigten Wurzeln kann auch grösser als 2 sein. Wir haben noch zu zeigen, dass die Anwendung derselben Regel für alle Fälle zur leichten Unterscheidung der imaginären Wurzeln ausreicht. Diese Unterscheidung kann durch Vergleich der Resultate, welche die Substitution der Grenzen a und b in die Functionen:

$$f^{(m)}(x), \ f^{(m-1)}(x), \ f^{(m-2)}(x), \ \ldots, \ f''(x), \ f'(x), \ f(x)$$

liefert, durchgeführt werden. Diese Resultate lauten:

$$f^{(m)}(a), \ f^{(m-1)}(a), \ f^{(m-2)}(a), \ \ldots, \ f''(a), \ f'(a), \ f(a),$$
$$f^{(m)}(b), \ f^{(m-1)}(b), \ f^{(m-2)}(b), \ \ldots, \ f''(b), \ f'(b), \ f(b).$$

[128] In der ersten Reihe zählt man, wieviel Zeichenwechsel von dem ersten Gliede $f^{(m)}(a)$ bis zum zweiten, bis zum dritten, bis zum vierten u. s. w., indem man von links nach rechts vorgeht, statt haben. Man schreibt über jedes Glied, wie $f^{(m-i)}(a)$, die Anzahl h der Vorzeichenwechsel, die in der Reihe bis zu dem Gliede $f^{(m-i)}(a)$, dieses eingeschlossen, enthalten sind. Ebenso bestimmt man in der zweiten Reihe, wieviel Vorzeichenwechsel von dem ersten Gliede bis zu irgend einem Gliede $f^{(m-i)}(b)$ vorhanden sind. Die Anzahl der in der zweiten Reihe bis zum Gliede $f^{(m-i)}(b)$ gefundenen Vorzeichenwechsel sei k. Dann bilde man die Differenz $h—k$ der zwei entsprechenden Zahlen, die in den zwei Reihen gefunden werden, und schreibe diese Differenz unter die zwei Glieder; diese Differenz, die nie negativ sein kann (Artikel VII), bezeichnen wir mit δ. Man bildet so aus dem Anblick der zwei Reihen eine Folge von Indices, welche unter die Glieder der Reihen zu setzen sind.

XXXII. Sind z. B. die Vorzeichen der Resultate in den zwei Vergleichsreihen durch die folgende Tabelle angegeben:

$$f^{(m)}(x), \quad f^{(m-1)}(x), \quad f^{(m-2)}(x), \quad f^{(m-3)}(x), \quad f^{(m-4)}(x),$$

	$f^{(m)}$	$f^{(m-1)}$	$f^{(m-2)}$	$f^{(m-3)}$	$f^{(m-4)}$
	0	1	2	2	2
(a)	$+$	$-$	$+$	$+$	$+$
	0	1	1	1	1
(b)	$+$	$-$	$-$	$-$	$-$
	0	0	1	1	1

$$f^{(m-5)}(x), \; f^{(m-6)}(x), \quad ., \quad ., \quad ., \quad ., \; f'''(x), \; f''(x), \; f'(x), \; f(x)$$

	$f^{(m-5)}$	$f^{(m-6)}$	.	.	.	.	f'''	f''	f'	f
	3	3	4	4	5	6	6	7	8	9
(a)	$-$	$-$	$+$	$+$	$-$	$+$	$+$	$-$	$+$	$-$
	1	2	2	2	2	2	3	3	4	4
(b)	$-$	$+$	$+$	$+$	$+$	$+$	$-$	$-$	$+$	$+$
	2	1	2	2	3	4	3	4	4	5,

so lautet die nach der voraufgehenden Regel gebildete Indices-reihe:

$$0, \; 0, \; 1, \; 1, \; 1, \; 2, \; 1, \; 2, \; 2, \; 3, \; 4, \; 3, \; 4, \; 4, \; 5.$$

Wir bezeichnen diese Reihe allgemein mit:

$$0, \; \delta, \; \delta', \; \delta'', \; \delta''', \; \ldots, \; \varDelta.$$

Der letzte Index $\varDelta$ zeigt, dass die vorgelegte Gleichung zwischen den Grenzen a und b nicht mehr reelle Wurzeln besitzen kann, als $\varDelta$ Einheiten hat. Allgemein lässt irgend ein Index δ, welcher der Function $f^{(n)}(x)$ entspricht, erkennen, dass die Gleichung $f^{(n)}(x) = 0$ zwischen den Grenzen a und b keine grössere Anzahl Wurzeln als δ besitzen kann. [129] Im behandelten Beispiel kann die vorgelegte Gleichung $f(x) = 0$ zwischen a und b nicht mehr als 5 Wurzeln haben, eine dieser Wurzeln ist sicher reell. Was die Gleichung $f'(x) = 0$ betrifft, so ist die Anzahl der angekündigten Wurzeln gleich 4; diese Gleichung kann daher zwischen denselben Grenzen a und b nicht mehr als 4 Wurzeln besitzen. Ebenso verhält es sich mit der Gleichung $f''(x) = 0$. Für die Gleichung $f'''(x) = 0$ ist die Anzahl der angekündigten Wurzeln gleich 3; eine dieser Wurzeln ist sicherlich reell.

Bezeichnet man den Werth irgend eines Index mit δ, so ist derjenige des folgenden Index δ, $\delta - 1$ oder $\delta + 1$; dies ist eine unmittelbare Folge der Bildung der Reihe. Man muss nothwendig auf diese letztere Bemerkung Gewicht legen, denn wir werden von derselben in diesem Werke bei der Behandlung der transcendenten Functionen noch Gebrauch machen müssen.

XXXIII. Ist der letzte Index $\mathit{\Delta}$ gleich 0, so ist, wie wir schon ausgeführt haben, das Intervall zwischen den Grenzen a und b so beschaffen, dass man in ihm keine Wurzel der vorgelegten Gleichung $f(x) = 0$ suchen kann.

Ist dieser letzte Index $\mathit{\Delta}$ gleich 1, so hat die Gleichung $f(x) = 0$ zwischen a und b eine einzige reelle Wurzel. Die voraufgehenden Indices, welche $f'(x)$ und $f''(x)$ entsprechen, können von 0 oder 1 verschieden sein; aber man sieht leicht, dass, wenn man das Intervall von a bis b durch die Einschiebung von zwischenliegenden Zahlen verkleinert, man den vorletzten Index, welcher $f'(x)$ entspricht, zu Null machen

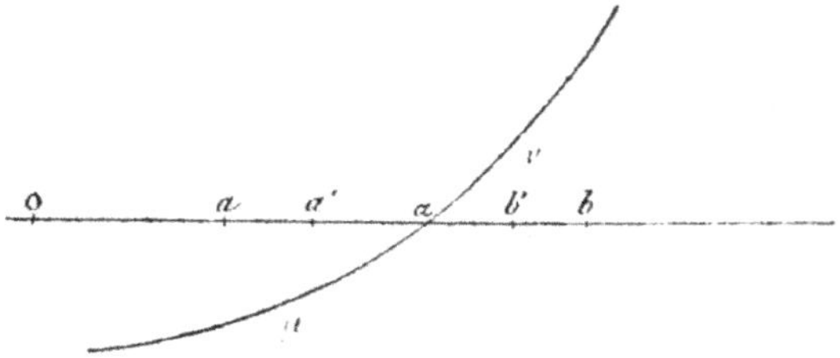

Fig. 6.

kann. Thatsächlich haben $f(x)$ und $f'(x)$ keinen gemeinsamen Theiler $\varphi(x)$, welcher durch Substitution einer zwischen a und b gelegenen Zahl Null werden kann; denn wäre dies der Fall, so hätte die Gleichung $f(x) = 0$ im Intervall a bis b zwei reelle gleiche Wurzeln. Da aber der letzte Index gleich 1 sein soll, so kann die Gleichung $f(x) = 0$ nicht mehr als eine reelle Wurzel α zwischen a und b besitzen. Daher kann man den Werthbereich für die reelle Wurzel vermindern und bis zu den Grenzen a' und b' ausdehnen, so dass die Gleichung $f'(x) = 0$ zwischen diesen Grenzen keine Wurzel haben kann.

Die Constructionen machen die Wahrheit dieser Resultate recht klar. [**130**] In der That schneidet die Curve, deren Gleichung $y = f(x)$ ist, die Abscissenaxe (Fig. 6) sicher in einem gewissen Punkte α zwischen a und b; denn die Gleichung $f(x) = 0$ hat nach Voraussetzung in diesem Intervall eine reelle Wurzel. Nun ist es klar, dass zu beiden Seiten dieses Schnittpunktes α ein Intervall $a'b'$ existirt, so dass der Bogen $\mu\alpha\nu$, der über diesem Intervalle liegt, keinen Punkt, in dem die Neigung der Tangente Null ist, enthält. Nur dann allein würde eine Ausnahme eintreten, wenn im Schnittpunkte selbst die Neigung Null würde. Aber in diesem Fall verschwinden die zwei Functionen $f(x)$ und $f'(x)$ gleichzeitig für diesen Werth α von x. Folglich würde die Gleichung $f(x) = 0$ im Intervall von a bis b wenigstens zwei reelle gleiche Wurzeln besitzen. Daher könnte nicht, wie vorausgesetzt wurde, der letzte Index 1 sein; vielmehr würde er wenigstens 2 sein; denn die Gleichung $f(x) = 0$ kann nicht mehr reelle ungleiche oder gleiche Wurzeln in dem Intervall der zwei Grenzen besitzen, als der letzte Index Einheiten enthält.

Genügt das Intervall der zwei Grenzen dieser Bedingung, die immer erfüllt werden kann, nämlich, dass der letzte Index 1 und der vorletzte 0 ist, so sagen wir, die im Intervalle gelegene reelle Wurzel ist völlig getrennt. Im zweiten Buche dieses Werkes geben wir Regeln, die die Werthe hierfür auf kürzestem Wege zu berechnen geeignet sind.

XXXIV. Ist der letzte Index weder 0 noch 1, so ist das Intervall eines derjenigen, in dem man mehrere Wurzeln suchen muss. Nur in diesem Fall kann es nöthig werden, die Regel, welche zur Unterscheidung der imaginären Wurzeln dient, anzuwenden.

Nehmen wir an, dass der letzte Index 2 oder grösser als 2 sei, so geht man bei der Trennung der Wurzeln auf folgende Art vor:

Hat man, wie wir es weiter oben schon angaben, die Reihe der Indices zwischen entsprechenden Gliedern der zwei Reihen (a) und (b) gebildet, so durchlaufe man diese Reihe der Indices von rechts nach links, bis man zum ersten Male den Index 1 findet. Diejenige der Functionen der Reihe:

$$f^{(m)}(x), \; f^{(m-1)}(x), \; \ldots, \; f^{(n)}(x), \; \ldots, \; f''(x), \; f'(x), \; f(x),$$

welche diesem Index entspricht, sei $f^{(n)}(x)$. [131] Man sieht, dass die Wurzeln bis zu diesem Gliede getrennt sind, d. h., wenn man bei $f^{(n)}(x)$ stehen bleibt, so besitzt die Gleichung $f^{(n)}(x) = 0$ zwischen a und b eine einzige reelle Wurzel. Man muss jetzt diesen Trennungsprocess immer weiter fortsetzen, so dass sich der Index 1 immer mehr nach der rechten Seite der Reihe verschiebt, bis schliesslich der letzte Index $\varDelta$ die Einheit wird; dies ist das Ende der Operation.

Dem Index 1, bei dem man stehen geblieben ist und welcher der Function $f^{(n)}(x)$ entspricht, folgt nothwendig rechts der

Index 2. Wir haben ja oben bemerkt, dass der Index δ', welcher auf den Index δ folgt, nur δ, $\delta - 1$ oder $\delta + 1$ sein kann; dem Index 1, um welchen es sich handelt, kann daher nur der Index 1, 0 oder 2 folgen. Der folgende Index kann nicht gleich 1 sein, denn wir blieben bei dem Gliede, das zum ersten Male gleich 1 war, stehen. Wäre der folgende Index 0, so müsste dieser Index 0 im weiteren Theile der Reihe zunehmen; denn sein letzter Werth ist nach Voraussetzung 2 oder grösser als 2. Der Index 0 würde daher, wenn er zunimmt, auch einmal die 1 passiren; mithin würde in diesen Fällen der Index, bei dem wir stehen blieben, nicht, wie wir voraussetzten, das erste Glied, welches beim Vorwärtsschreiten von rechts nach links den Werth 1 hat, sein. Daher folgt dem Index 1, welcher rechter Hand dem Ende am nächsten steht, der Index 2. Geht diesem Index 1 nicht die Null voraus, so kann man das Intervall der Grenzen a und b derartig verkleinern, dass diese letztere Bedingung erfüllt ist. Setzen wir voraus, dass, während die Indices, welche den Functionen $f^{(n)}(x)$ und $f^{(n-1)}(x)$ entsprechen, 1 und 2 sind, derjenige Index, welcher der voraufgehenden Function $f^{(n+1)}(x)$ entspricht, nicht Null sei. Man hat dann in dem Intervall a bis b ein Theilintervall zu betrachten; dieses möge zwischen den neuen Grenzen a' und b' liegen und so beschaffen sein, dass die den Functionen $f^{(n+1)}(x)$ und $f^{(n)}(x)$ entsprechenden Indices 0 bezüglich 1 seien. Auf diese Art wird das ursprüngliche Intervall von a bis b aus drei anderen, nämlich von a bis a', von a' bis b', von b' bis b, gebildet.

[132] Da die einzige reelle, zwischen den Grenzen a und b gelegene Wurzel zwischen den neuen Grenzen a' und b' liegt, so ist klar, dass die Gleichung $f^{(n)}(x) = 0$ in dem ersten der Intervalle, nämlich dem von a und a' begrenzten, ebenso wie in dem dritten, das zwischen den Grenzen b' und b liegt, keine reelle Wurzel besitzt. Daher wird für jedes dieser extremen Intervalle a bis a' oder b' bis b der der Function $f^{(n)}(x)$ entsprechende Index gleich Null. Es folgt, dass für jedes dieser Intervalle a bis a' oder b' bis b die Trennung der Wurzeln über die Function $f^{(n)}(x)$ hinaus geführt ist; d. h., wenn in einem dieser Theilintervalle nach dem Index 0 ein der Einheit gleicher Index existirt, so entspricht er einer Function, die mehr nach rechts als $f^{(n)}(x)$ steht. Was das Theilintervall von a' bis b' betrifft, so weiss man, dass der $f^{(n)}(x)$ entsprechende Index gleich 1 ist; es kann vorkommen, dass

diese 1 nicht mehr zu dem letzten Index, welcher gleich der
Einheit ist, gehört, d. h. man findet einen anderen Term, der
auch gleich 1 ist und weiter nach rechts steht. In diesem
Falle ist die Trennung der Wurzeln über die Function $f^{(n)}(x)$
hinaus geführt. Aber es kann auch vorkommen, dass der
$f^{(n)}(x)$ entsprechende Index 1 für dieses Intervall a' bis b'
auch noch dasjenige Glied 1, welches dem rechten Ende am
nächsten steht, ist. In diesem zweiten Falle folgt auf den
Index 1, um den es sich handelt, 2; folglich sind die den
Functionen:

$$f^{(n+1)}(x), \ f^{(n)}(x), \ f^{(n-1)}(x)$$

entsprechenden Indices:

$$0, \quad 1, \quad 2.$$

Aus dieser Untersuchung folgt, dass man durch Theilung
des ursprünglichen Intervalls der Grenzen a und b in jedem
Theilintervall den Index 1, welcher dem Ende am nächsten
steht, mehr und mehr nach rechts bringen kann, wofern man
nicht in gewissen Theilintervallen bemerkt, dass dem letzten
Index 1 die Zahl 2 folgt und die Null vorausgeht. Nur wenn
dieser erwähnte Ausnahmefall sich darbietet, hat man zu untersuchen, ob die angekündigten Wurzeln imaginär sind. In allen
anderen Fällen muss man die Trennung der Wurzeln weiter
fortführen, bis der letzte Index der Reihe 1 wird.

[133] XXXV. Es bleibt daher schliesslich nur noch ein
einziger Fall zu betrachten, nämlich der, wo auf den letzten Index 1 die Zahl 2 folgt, während die Null ihm voraufgeht.

Das Intervall möge nun zwischen den Grenzen a und b
liegen und die folgenden Eigenschaften besitzen:

Vergleicht man die Reihe (a) der Vorzeichen, welche durch
die Substitution der Grenze a in die Functionen:

$$f^{(m)}(x), \ f^{(m-1)}(x), \ f^{(m-2)}(x), \ \ldots, \ f''(x), \ f'(x), \ f(x)$$

hervorgeht, mit der Reihe (b), welche die Substitution der
anderen Grenze b ergiebt, und bildet nach dem Vergleich die
Reihe der Indices, so betrachte man in dieser Reihe das Glied 1,
welches rechter Hand dem Ende am nächsten steht; diesem
letzten Index, welcher gleich 1 ist, gehe 0 voraus und es
folge 2. Die aufeinanderfolgenden Indices:

$$0, \quad 1, \quad 2$$

entsprechen den Functionen:

$$f^{(n+1)}(x),\ f^{(n)}(x),\ f^{(n-1)}(x).$$

Die Gleichung $f^{(n+1)}(x) = 0$ kann zwischen a und b keine Wurzel haben. Die Gleichung $f^{(n)}(x) = 0$ hat in diesem Intervall eine reelle Wurzel und kann auch nicht mehr besitzen. Was die Gleichung $f^{(n-1)}(x) = 0$ betrifft, so kann sie zwischen a und b nicht mehr als zwei reelle Wurzeln besitzen. Es handelt sich darum, zu erkennen, ob diese Wurzeln existiren oder innerhalb derselben Grenzen verloren gehen. In dem ersten Falle würde die genaue Wurzel der Gleichung $f^{(n)}(x) = 0$, wenn man sie in $f^{(n-1)}(x)$ und $f^{(n+1)}(x)$ setzt, zwei Resultate von entgegengesetztem Vorzeichen liefern; in dem zweiten Falle würden die Resultate der zwei Ausdrücke dasselbe Vorzeichen haben. Die Frage besteht darin, zu entscheiden, welcher der zwei Fälle statt hat. Diese Frage haben wir bereits durch die im Artikel XXVIII ausgesprochene Regel gelöst; es wird daher genügen, diese Regel auf die drei Functionen $f^{(n+1)}(x)$, $f^{(n)}(x)$, $f^{(n-1)}(x)$ und die Grenzen a und b anzuwenden. Erkennt man, dass die zwei Wurzeln der Gleichung $f^{(n-1)}(x) = 0$ reell sind, so werden sie getrennt sein; das Intervall der Grenzen a und b findet sich in zwei andere zerlegt; für jedes derselben wird man die Reihe der ihm eigenthümlichen Indices gewinnen. [134] In jeder Reihe wird der Index 1, welcher dem rechten Ende am nächsten steht, über die Function $f^{(n)}(x)$ hinaus geführt werden.

Erkennt man aber, dass die Gleichung $f^{(n-1)}(x) = 0$ zwei Wurzeln im Intervall von a bis b verliert, so schliesst man, dass es ebenso mit allen folgenden Gleichungen:

$$f^{(n-2)}(x) = 0,\ f^{(n-3)}(x) = 0,\ \ldots,\ f''(x) = 0,\ f'(x) = 0,\ f(x) = 0$$

sein wird. Thatsächlich fehlen der Gleichung $f^{(n-1)}(x) = 0$ zwei Wurzeln, weil sich zwischen denselben Grenzen eine reelle Wurzel γ der Gleichung $f^{(n)}(x) = 0$ findet und diese, in $f^{(n+1)}(x)$ und $f^{(n-1)}(x)$ gesetzt, zwei Resultate desselben Vorzeichens ergiebt. Daher verliert die Reihe der Vorzeichen der Resultate zwei Vorzeichenwechsel, wenn der Werth von x gleich demjenigen wird, der die Function $f^{(n)}(x)$ zu Null macht, mithin fehlen der vorgelegten Gleichung im Intervall der Grenzen a und b auch zwei Wurzeln. Es folgt, dass in jedem Index, welcher einer der Functionen:

$$f^{(n-1)}(x),\ f^{(n-2)}(x),\ f^{(n-3)}(x),\ \ldots,\ f''(x),\ f'(x),\ f(x)$$

entspricht, sich ein Theil dieses Index, der gleich 2 ist und den zwei Wurzeln, die in diesem Intervall den Gleichungen

$$f^{(n-1)}(x) = 0, \quad f^{(n-2)}(x) = 0, \ldots, f''(x) = 0, \ f'(x) = 0,$$
$$f(x) = 0$$

fehlen, zugeordnet ist, befindet. Dieser Theil jedes Index, welcher gleich 2 ist, muss daher von dem übrig bleibenden Theile abgetrennt werden und kann fortgelassen werden. Nur der übrig bleibende Theil giebt an, wieviele Wurzeln man in dem Intervall der Grenzen suchen muss. Daher wird man von jedem der Indices, welche den Functionen:

$$f^{(n-1)}(x), \quad f^{(n-2)}(x), \quad f^{(n-3)}(x), \ldots f'''(x), \ f''(x), \ f(x)$$

entsprechen, die Zahl 2 abziehen müssen, so dass $f^{(n-1)}(x)$ den Index 0 erhalten wird.

[135] Stellt man die soeben bewiesenen Sätze zusammen, so sieht man, dass in allen Fällen, seien die zwei Wurzeln der Gleichung $f^{(n-1)}(x) = 0$ reell oder mögen dieselben im Intervall der Grenzen a bis b verloren gehen, die voraufgehende Operation neue Reihen von Indices, in welchen das Glied 1 näher gegen das rechte Ende hin als früher steht, ergiebt. Wendet man die voraufgehende Regel auf jede dieser Reihen an, so gelangt man nothwendig zu Reihen von Indices, deren letztes Glied 0 oder 1 ist.

XXXVI. Die zwei folgenden Beispiele erläutern die soeben für die Trennung der Wurzeln gegebene Regel.

Im Artikel XII hat man durch Behandlung der Gleichung:

$$x^5 - 3x^4 - 24x^3 + 95x^2 - 46x - 101 = 0$$

gesehen, dass man drei Wurzeln zwischen den Grenzen 1 und 10 suchen muss, von denen eine sicherlich reell ist. Es handelt sich darum, zu erkennen, ob die zwei anderen Wurzeln existiren oder ob die Gleichung zwei imaginäre Wurzeln hat, welche in diesem Intervall verloren gehen. Bei der Untersuchung wird man auf folgende Art vorgehen:

Die zwei Vergleichreihen lauten:

	$f^{V}(x)$,	$f^{IV}(x)$,	$f'''(x)$,	$f''(x)$,	$f'(x)$,	$f(x)$
(1)	$+$	$+$	$-$	$+$	$+$	$-$
	120	48	156	30	65	78
	0	0	1	2	2	3
(10) ...	$+$	$+$	$+$	$+$	$+$	$+$
	120	1128	5136	15150	32654	54939.

Die nach Artikel XXXI gebildete Indexreihe lautet: 0, 0, 1, 2, 2, 3. Da der letzte Index 3 ist, so ist das Intervall eines derjenigen, auf welche die Regel des Artikels XXXV anzuwenden ist. Unter die Vorzeichen der Resultate sind die numerischen Werthe der entsprechenden Functionen geschrieben.

Durchläuft man die Reihe dieser Indices von rechts nach links, von dem letzten Gliede 3 anfangend, so findet man zum ersten Male den Index 1 als der Function $f'''(x)$ entsprechend; auf dieses Glied 1 folgt 2, voraus geht 0. So lassen die drei aufeinanderfolgenden Indices erkennen, dass man auf die Functionen $f^{IV}(x)$, $f'''(x)$, $f''(x)$ die Regel des Artikels XXVIII, welche zur Unterscheidung der imaginären Wurzeln dient, anwenden muss. [**136**] Man schreibt daher die Quotienten $\dfrac{30}{156}$, $\dfrac{15150}{5136}$ hin und prüft, ob einer dieser Quotienten oder ihre Summe die Differenz 9 der Grenzen übertrifft oder ihr gleich wird. Da dieses nicht stattfindet, so schliesst man, dass die Grenzen 1 und 10 nicht nahe genug bei einander liegen und man nicht die Natur der Wurzeln durch eine einzige Operation bestimmen kann. Man setzt daher eine zwischenliegende Zahl ein; man muss aber vorher entsprechend der angegebenen Regel prüfen, ob die Functionen $f''(x)$ und $f'''(x)$, welche

$$20x^3 - 36x^2 - 144x + 190 \text{ und } 60x^2 - 72x - 144$$

sind, einen gemeinsamen Divisor haben. Da kein solcher gemeinsamer Factor existirt, so wird man in die Functionen eine zwischen 1 und 10 gelegene Zahl, die einzifrig ist, einsetzen.

Die Substitution der Zahlen 2 und 3 ergiebt die folgenden Resultate, welche wir den Reihen (1) und (10) zufügen:

	$f^V(x)$,	$f^{IV}(x)$,	$f'''(x)$,	$f''(x)$,	$f'(x)$,	$f(x)$
(1)	+	+	—	+	+	—
	120	48	156	30	65	78
	0	0	0	1	0	0
(2)	+	+	—	—	+	—
	120	168	48	82	30	21
	0	0	1	0	1	2
(3)	+	+	+	—	—	—
	120	288	180	26	43	32
	0	0	0	1	1	1
(10) . . .	+	+	+	+	+	+
	120	1128	5136	15150	32654	54939.

Der Vergleich der Reihen (1) und (2) zeigt, dass zwischen den Grenzen 1 und 2 keine reelle Wurzel liegen kann; denn die zwei Reihen haben dieselbe Anzahl von Vorzeichenwechseln. Dieses Resultat ergiebt sich auch aus der Reihe der zugehörigen Indices 0, 0, 0, 1, 0, 0, weil der letzte Index 0 ist. Es folgt, dass man die drei Wurzeln zwischen 2 und 10 suchen muss; denn der Vergleich der zwei Grenzen 2 und 10 liefert

[**137**] (2) . . . $+$ $+$ $-$ $-$ $+$ $-$
$\qquad\qquad$ 0   0   1   1   2   3

$\quad$ (10) . . . $+$ $+$ $+$ $+$ $+$ $+$

Der letzte Index ist 3. Geht man aber von diesem Gliede aus und begiebt sich weiter, bis man in der Reihe zum ersten Male den Index 1 findet, so sieht man, dass ihm die 2 folgt; dies muss nothwendig eintreten. Aber da die Null nicht vorausgeht, so muss man das Intervall von 2 bis 10 sofort wieder theilen. Wir haben daher schon eine der zwischenliegenden Zahlen, nämlich 3, eingesetzt. Der Vergleich der zwei Reihen (2) und (3) zeigt, dass man die zwei Wurzeln zwischen diesen Grenzen zu suchen hat. Die Reihe der Indices lautet 0, 0, 1, 0, 1, 2. Dem am äussersten Ende zunächst stehenden Index 1 folgt der Index 2 und geht der Index 0 vorauf; hieraus erkennt man, dass man auf dieses Intervall die zur Unterscheidung der imaginären Wurzeln dienende Regel anwenden muss. Man schreibt daher die Quotienten $\dfrac{21}{30}$ und $\dfrac{32}{43}$ hin; da ihre Summe grösser als die Differenz 1 der Grenzen ist, so sind die zwischen 2 und 3 angezeigten Wurzeln sicher imaginär. Es bleibt noch das Intervall von 3 bis 10; für dieses ist die Indexreihe 0, 0, 0, 1, 1, 1. Daher hat die Gleichung zwischen diesen Grenzen eine einzige reelle Wurzel.

Damit sind die Operationen, welche die Bestimmung der Natur der Wurzeln der vorgelegten Gleichung und die Festlegung für ihre Grenzen zum Gegenstand haben, beendet.

Das Intervall von -10 bis -1 enthält eine einzige reelle Wurzel.

Eine zweite Wurzel ist zwischen den Grenzen -1 und 0.

Zwischen 0 und 1 kann keine Wurzel liegen. Ebenso verhält es sich mit dem Intervall der Grenzen 1 und 2.

Die Gleichung hat zwei imaginäre Wurzeln, die zwischen 2 und 3 verloren gehen.

Sie hat zwischen 3 und 10 eine reelle Wurzel.

Die einzigen Intervalle, in denen sich die reellen Wurzeln, und zwar getrennt vorfinden, sind die von — 10 bis — 1, von — 1 bis 0 und von 3 bis 10.

XXXVII. Als zweites Beispiel sei die im Artikel XIII behandelte Gleichung:

$$x^4 — 4x^3 — 3x + 23 = 0$$

vorgelegt.

[**138**] Der Vergleich der Reihen (1) und (10) hat, wie wir sahen, zwischen diesen Grenzen zwei Wurzeln angezeigt. Es handelt sich darum, zu erkennen, ob diese zwei Wurzeln reell sind oder in diesem Intervalle verloren gehen.

Die Vergleichsreihen lauten:

$$X^{IV}, \quad X''', \quad X'', \quad X', \quad X$$

	X^{IV}	X'''	X''	X'	X
(1)	+	$\overset{-}{0}$	—	—	+
		$\overset{+}{}$			
	24	0	12	11	17
	0	0	1	1	2
(10) . . .	+	+	+	+	+
	24	216	960	2797	5993.

Unter die Vorzeichen der Resultate sind die numerischen Werthe geschrieben, und das Zeichen 0 ist, entsprechend der Bemerkung des Artikels XI, durch das doppelte Vorzeichen ersetzt. Die Reihe der Indices lautet für dieses Intervall 0, 0, 1, 1, 2. Der dem äussersten rechten Ende am nächsten stehende Index 1 ist der vorletzte; ihm folgt die Zahl 2, die Null geht aber nicht voran. Folglich muss man das Intervall der Grenzen 1 und 10 theilen. Setzt man die Zahl 2 ein, so findet man die folgenden Resultate:

(2)	+	+	$\overset{-}{0}$	—	+ .
			$+$		

Das dritte Glied wird 0, infolgedessen erfordert es die Anwendung des doppelten Vorzeichens. Aber die durch das untere Vorzeichen gegebene Reihe hat nicht weniger Vorzeichenwechsel als die durch das obere Vorzeichen gegebene Reihe. Daher geht in dem unendlich kleinen Intervall von < 2 bis > 2 keine Wurzel verloren.

Vergleicht man die Reihe (> 1) mit der Reihe (< 2), so sieht man, dass es zwischen 1 und 2 keine Wurzel geben kann; vergleicht man die Reihen:

	$X^{\mathrm{IV}},$	$X''',$	$X'',$	$X',$	X
$(> 2) \dots$	$+$	$+$	$+$	$-$	$+$
	24	24	0	19	1
	0	0	0	1	2
$(10) \dots$	$+$	$+$	$+$	$+$	$+$
	24	216	960	2797	5993,

so findet man, dass zwischen 2 und 10 zwei Wurzeln angezeigt werden. [**139**] Die Reihe der Indices lautet 0, 0, 0, 1, 2. Dem Index 1, welcher dem rechten Ende am nächsten steht, folgt die Zahl 2 und geht die Zahl 0 voraus; daher hat man die Regel, welche zur Unterscheidung für die imaginären Wurzeln dient, anzuwenden. Schreibt man die Quotienten $\dfrac{1}{19}$ und $\dfrac{5993}{2797}$ hin, so sieht man, dass die Summe dieser Zahlen kleiner als der Abstand 8 der zwei Grenzen ist; daher muss man eine der zwischen 2 und 10 gelegenen, einziffrigen Zahlen einsetzen. Zunächst aber hat man sich zu versichern, dass die Gleichung $X = 0$ in dem Intervall, um das es sich handelt, nicht zwei gleiche Wurzeln besitzt. Dies hat nicht statt; denn die Functionen X und X', welche

$$x^4 - 4x^3 - 3x + 23 \quad \text{und} \quad 4x^3 - 12x^2 - 3$$

lauten, besitzen keinen gemeinsamen Divisor. Setzt man die zwischenliegende Zahl 3 ein, so findet man folgende Resultate, welche wir mit denen der Reihen (> 2) und (10) vergleichen:

$(> 2) \dots$	$+$	$+$	$+$	$-$	$+$
$(3) \dots$	$+$	$+$	$+$	$-$	$-$
$(10) \dots$	$+$	$+$	$+$	$+$	$+$

Daher sind die Wurzeln, welche zwischen 1 und 10 angekündigt waren, reell. Sie sind durch die Substitution der Zahl 3 getrennt; die eine liegt zwischen 2 und 3, die andere zwischen 3 und 10.

Hiermit sind die Operationen, welche die Natur der Wurzeln der Gleichung:

$$x^4 - 4x^3 - 3x + 23 = 0$$

zu bestimmen und die Grenzen für dieselben zu bezeichnen zum Zwecke hatten, vollendet.

Erinnert man sich an die im Artikel XIII gewonnenen Resultate, so erkennt man, dass die Gleichung zwischen den unendlich wenig entfernten, oberhalb und unterhalb Null gelegenen Grenzen zwei imaginäre Wurzeln besitzt;

im Intervall 0 bis 1 und ebenso im Intervall 1 bis 2 hat sie keine Wurzeln;

zwischen 2 und 3 hat die Gleichung eine und zwischen 3 und 10 eine zweite reelle Wurzel.

[140] XXXVIII. Aus dem Voraufgehenden ersieht man, dass sich die Bestimmung der Grenzen für die reellen Wurzeln und die Unterscheidung der imaginären Wurzeln auf die Anwendung der zwei Hauptregeln reduciren. Die eine dieser Regeln folgt aus dem Theorem über die Vorzeichenwechsel, welche die Reihe der Vorzeichen erleidet, wenn sich die eingesetzte Zahl durch unendlich kleine Zuwächse, von $-\dfrac{1}{0}$ anfangend, vermehrt (Artikel VII, VIII, X). Die zweite Regel lässt mittelst einer sehr einfachen numerischen Rechnung erkennen, ob die eingesetzte Zahl, welche eine der zwischenliegenden Functionen annullirt, der voraufgehenden und der folgenden Function zwei gleiche oder zwei verschiedene Vorzeichen giebt (Artikel XXVIII, XXXI, XXXV). Die aus diesen zwei Regeln zusammen resultirende Operation giebt zunächst die Intervalle an, in denen man die Wurzeln suchen muss; dann theilt sie diese Intervalle in mehrere andere; von diesen enthält ein jedes eine einzige reelle Wurzel. Um das Verfahren in seinem Gesammtverlauf zu zeigen, fassen wir die Resultate zusammen und erinnern an die im Voraufgehenden entwickelten Regeln.

Ist die Gleichung $X = 0$ vorgelegt, so bilde man durch aufeinanderfolgende Differentiationen die Functionenreihe X, X', X'', ..., $X^{(m-1)}$, $X^{(m)}$; diese ist in dieser Ordnung:

$$X^{(m)}, \; X^{(m-1)}, \; X^{(m-2)}, \; \ldots, \; X'', \; X', \; X$$

zu schreiben. An die Stelle von x setze man:

$$- 1, \quad - 10, \quad - 100, \quad - 1000, \text{ u. s. w.}$$
$$0,$$
$$1, \quad 10, \quad 100, \quad 1000, \text{ u. s. w.}$$

in diese Functionenreihe, bis man zwei derartige Reihen von Resultaten findet, dass die eine Reihe nur Vorzeichenwechsel, die andere keine enthält. So erkennt man die Decimalgrenzen für die Wurzeln, d. h. die Anzahl der Ziffern, welche dieselben, wenn sie reell sind, ausdrücken, ferner die verschiedenen Intervalle, in denen die Wurzeln gesucht werden müssen.

[**141**] Für jedes der Theilintervalle, dessen Grenzen mit a und b bezeichnet seien, vergleiche man die Reihe (a) der Vorzeichen, welche die Substitution von a ergiebt, mit der Reihe (b), welche die Substitution der grösseren Grenze b ergiebt, auf folgende Art: In jeder Reihe muss man sich notiren, wieviel Vorzeichenwechsel von dem ersten Gliede linker Hand bis zu irgend einem Gliede hin vorhanden sind, und nach der im Artikel XXXI angegebenen Regel die Reihe:

$$0, \quad \delta, \quad \delta', \quad \delta'', \quad \ldots \quad \varDelta$$

der Indices, welche dem Intervall eigenthümlich ist, bilden. Ist der letzte Index $\varDelta$ gleich 0, so kann das Intervall keine Wurzel enthalten. Ist der letzte Index $\varDelta$ gleich 1, so enthält das Intervall eine einzige reelle Wurzel. Die anderen Wurzeln müssen in Intervallen, deren letzter Index 2 oder grösser als 2 ist, gesucht werden.

Sind ein oder mehrere Substitutionsresultate Null, so wendet man nach der im Artikel XI gegebenen Regel das doppelte Vorzeichen an; durch Vergleich dieser so vervielfachten Vorzeichen erkennt man, ob die vorgelegte Gleichung imaginäre Wurzeln besitzt, welche zwischen den unendlich benachbarten Grenzen der eingesetzten Werthe verloren gehen, und findet auch die Anzahl dieser imaginären Wurzeln.

Betrachtet man eines der Intervalle, dessen letzter Index 2 oder grösser als 2 ist, so hat man in der Reihe der Indices vom rechten Ende nach links vorwärts zu gehen, bis man zum ersten Male das Glied 1 findet; ihm folgt immer rechter Hand die Zahl 2. Was den Index, der sich linker Hand von dem Gliede 1, bei dem man stehen geblieben ist, befindet, betrifft, so kann dieser vor 1 stehende Index 0, 1 oder 2 sein. Ist derselbe nicht 0, so ist das Intervall der Grenzen a und b zu gross, um die Natur der Wurzeln sofort unterscheiden zu

können. Entsprechend der Bemerkung des Artikels XXXIV
muss man eine zwischenliegende Zahl c von derselben Decimalordnung wie die Grenzen a und b oder von der sofort folgenden Ordnung wählen und diese in die Functionenreihe einsetzen,
um die zwei Theilintervalle a und c, bezüglich c und b zu
bilden. Durch diese Substitutionen von zwischenliegenden Zahlen wird man den am rechten Ende stehenden Index 1 immer
näher an dieses Ende bringen; dann wird es mit Nothwendig-
keit schliesslich eintreten, dass entweder der letzte Index $\varDelta$
eines Intervalls 0 oder 1 wird, oder aber dass auf den am
Ende zunächst stehenden Index 1 die Zahl 2 folgt und ihm
die Null voraufgeht.

[**142**] Tritt dieser letzte Fall ein, so kündigt dies an, dass
man die zur Kennzeichnung der imaginären Wurzeln dienende
Regel anwenden muss. Bezeichnet man mit

$$f^{(n+1)}(x), \; f^{(n)}(x), \; f^{(n-1)}(x)$$

diejenigen Functionen, denen die aufeinanderfolgenden Indices:

$$0, \quad 1, \quad 2$$

entsprechen, so ist zu prüfen, ob die numerischen Werthe der
Resultate:

$$f^{(n+1)}(a), \; f^{(n)}(a), \; f^{(n-1)}(a)$$
$$\text{und} \; f^{(n+1)}(b), \; f^{(n)}(b), \; f^{(n-1)}(b)$$

so beschaffen sind, dass, abgesehen vom Vorzeichen, einer der
Quotienten:

$$\frac{f^{(n-1)}(a)}{f^{(n)}(a)}, \quad \frac{f^{(n-1)}(b)}{f^{(n)}(b)}$$

oder ihre Summe grösser oder gleich der Differenz $b - a$ der
Grenzen wird; bei dieser Vergleichung wird man nach der
speciellen, im Artikel XXVIII auseinandergesetzten Regel vorgehen. Die Anwendung dieser Regel giebt Aufschluss, ob die
zwei Wurzeln der Gleichung $f^{(n-1)}(x) = 0$, welche in dem
Intervall, um das es sich handelt, angezeigt werden, reell und
ungleich, oder reell und gleich, oder imaginär werden.

Sind diese Wurzeln reell und ungleich, so sind sie durch
die eben ausgeführte Operation getrennt; man wird dann auf
dieselbe Art bei der Trennung der Wurzeln in den Intervallen,
deren letzter Index weder 0 noch 1 ist, weiter vorgehen.

Sind hingegen die zwei Wurzeln von $f^{(n-1)}(x) = 0$ imaginär, so muss man mit dem Index 2, welcher $f^{(n-1)}(x)$ entspricht, beginnend bis zum äussersten Ende der Reihe rechter Hand von jedem Index zwei Einheiten abziehen; dieser Process liefert für dieses Intervall eine andere Indicesreihe, deren letzte Glieder kleiner als in der früheren Reihe sind.

Sind die zwei Wurzeln der Gleichung $f^{(n-1)}(x) = 0$ gleich, so hat man mit Hülfe des bekannten Verfahrens zu prüfen, ob diese gleichen Wurzeln auch alle folgenden Functionen: $f^{(n-2)}(x)$, $f^{(n-3)}(x)$ u. s. w. bis zur letzten $f(x)$ einschliesslich zum Verschwinden bringen. [143] In diesem Falle würde man die gleichen Wurzeln, welche die Gleichung $f(x) = 0$ innerhalb der vorgegebenen Grenzen hat, erkennen. Hat aber die Function $f^{(n-1)}(x)$ nicht mit allen rechts von ihr stehenden Functionen denselben gemeinsamen Factor, so werden die Ergebnisse bezüglich der Natur der Wurzeln genau dieselben sein, als wenn die zwei Wurzeln der Gleichung $f^{(n-1)}(x) = 0$ imaginär sind. Man hat dann von jedem der Indices, welche den Functionen $f^{(n-1)}(x)$, $f^{(n-2)}(x)$, ..., $f'(x)$, $f(x)$ entsprechen, zwei Einheiten abzuziehen; hierauf wird man mit der Anwendung derselben Regeln auf die neuen Indicesreihen fortfahren, bis die Wurzeln schliesslich getrennt sind. Wenn es nur Intervalle, deren letzter Index $\varDelta$ gleich Null oder 1 ist, giebt, so wird der Process zu Ende sein.

XXXIX. Als erstes Beispiel für die Anwendung dieser allgemeinen Regel behandeln wir die Gleichung:

$$x^4 - x^3 + 4x^2 + x - 4 = 0.$$

Die Functionen, in welche man einzusetzen hat, lauten:

$$X \ldots \ldots x^4 - x^3 + 4x^2 + x - 4$$
$$X' \ldots \ldots 4x^3 - 3x^2 + 8x + 1$$
$$X'' \ldots 12x^2 - 6x + 8$$
$$X''' \ldots 24x - 6$$
$$X^{IV} \ldots 24.$$

Setzt man die Zahlen:

$$-1, -10, \text{ u. s. w.},$$
$$0,$$
$$1, 10, \text{ u. s. w.}$$

ein, so findet man:

$$X^{IV},\ X''',\ X'',\ X',\ X\ ^{52})$$

$$
\begin{array}{llccccc}
(-1)\ .\ .\ . & + & - & + & - & + \\
(0)\ .\ .\ .\ .\ . & + & - & + & + & - \\
(1)\ .\ .\ .\ .\ . & + & + & + & + & +\ \cdot
\end{array}
$$

[**144**] Da die Reihe (— 1) nur Vorzeichenwechsel, die Reihe (1) nur Vorzeichenfolgen besitzt, so müssen alle Wurzeln zwischen — 1 und + 1 gesucht werden.

1. Bildet man nach der im Artikel XXXI angegebenen Regel die Reihe der Indices zwischen den Grenzen — 1 und 0, so findet man:

$$
\begin{array}{llccccc}
(-1)\ .\ .\ . & + & - & + & - & + \\
 & 0 & 0 & 0 & 1 & 1 \\
(0)\ .\ .\ .\ .\ . & + & - & + & + & -\ \cdot
\end{array}
$$

Der letzte Index dieser Reihe 0, 0, 0, 1, 1 lautet 1; daher hat die Gleichung zwischen den Grenzen — 1 und 0 eine einzige reelle Wurzel. Diese Wurzel ist von allen anderen getrennt.

2. Die zwei Reihen (0) und (1) ergeben als Indicesreihe:

$$X^{IV}, X''', X'', X', X$$

$$
\begin{array}{lccccc}
(0)\ .\ .\ .\ .\ . & + & - & + & + & - \\
 & 24 & 6 & 8 & 1 & 4 \\
 & 0 & 1 & 2 & 2 & 3 \\
(1)\ .\ .\ .\ .\ . & + & + & + & + & + \\
 & 24 & 18 & 14 & 10 & 1\ .
\end{array}
$$

Es handelt sich, zur Trennung der Wurzeln überzugehen und zu entscheiden, ob alle drei reell oder zwei imaginär sind. Man muss die Reihe der Indices, mit der drei beginnend, von rechts nach links durchlaufen, bis man zum ersten Male den Index 1 vorfindet; derselbe steht unter X'''. Diesem Index folgt, wie es nothwendig sein muss, die Zahl 2; [**145**] da ihm die Null voraufgeht, so ersieht man, dass die Bedingung der drei aufeinanderfolgenden Indices 0, 1, 2 erfüllt ist. Das kündigt an, dass man zur Anwendung der Regel des Artikels XXVIII, welche die Unterscheidung der imaginären Wurzeln liefert, übergehen muss.

Unter die Vorzeichen haben wir die durch die Substitutionen erhaltenen numerischen Werthe gesetzt. Die Functionen, welchen die drei aufeinanderfolgenden Indices 0, 1, 2 entsprechen, lauten $f^{\mathrm{IV}}(x)$, $f'''(x)$, $f''(x)$. Entsprechend der angegebenen Regel hat man die Quotienten $\dfrac{8}{6}$ und $\dfrac{14}{18}$ ohne Rücksicht auf die Vorzeichen der Resultate zu betrachten. Uebertrifft einer dieser Quotienten oder ihre Summe die Differenz der zwei Grenzen, so sind zwei der im Intervall angekündigten Wurzeln sicher imaginär. Da die Differenz der Grenzen nur 1 ist, so hat dieser Fall statt; zwischen den Grenzen 0 und 1 gehen folglich zwei Wurzeln der vorgelegten Gleichung verloren. Man muss daher nach Vorschrift der Regel von jedem Index, bei dem letzten der drei aufeinanderfolgenden Indices 0, 1, 2 anfangend, die Zahl 2 subtrahiren. Man bildet so für das Intervall eine neue Reihe, nämlich:

$$X^{\mathrm{IV}},\ X''',\ X'',\ X',\ X$$

$$(0)\ \ldots\ldots$$
$$\quad 0 \quad 1 \quad 0 \quad 0 \quad 1$$
$$(1)\ \ldots\ldots$$

Da der letzte Index der neuen Reihe 1 ist, so folgt, dass die vorgelegte Gleichung zwischen 0 und 1 eine einzige reelle Wurzel hat; diese ist von den anderen völlig getrennt.

Der Process der Unterscheidung der Wurzeln ist zu Ende; denn es giebt kein Theilintervall, dessen letzter Index nicht 0 oder 1 ist. Man schliesst hieraus, dass eine erste reelle Wurzel zwischen -1 und 0, eine zweite reelle Wurzel zwischen 0 und 1 gelegen ist und die zwei anderen Wurzeln imaginär sind.

XL. Mit Hülfe desselben Verfahrens leiten wir die Auflösung der Gleichung:

$$x^5 + x^4 + x^3 - 2x^2 + 2x - 1 = 0$$

ab. [146] Hat man die Functionen:

$$X\ \ldots\ldots\ x^5 + x^4 + x^3 - 2x^2 + 2x - 1$$
$$X'\ \ldots\ldots\ 5x^4 + 4x^3 + 3x^2 - 4x + 2$$
$$X''\ \ldots\ldots\ 20x^3 + 12x^2 + 6x - 4$$
$$X'''\ \ldots\ 60x^2 + 24x + 6$$
$$X^{\mathrm{IV}}\ \ldots\ 120x + 24$$
$$X^{\mathrm{V}}\ \ldots\ 120$$

gebildet, so findet man:

	X^V,	X^{IV},	X''',	X'',	X',	X
(-1) ..	$+$	$-$	$+$	$-$	$+$	$-$
		96	42	18	10	6
	0	1	2	2	2	2
(0)	$+$	$+$	$+$	$-$	$+$	$-$
		24	6	4	2	1
	0	0	0	1	2	3
(1)	$+$	$+$	$+$	$+$	$+$	$+$
		144	90	34	10	2.

Wir haben die numerischen Werthe sowie die jedem Intervall eigenthümliche Indicesreihe unter die entsprechenden Vorzeichen geschrieben. Die Vergleichung der Reihen liefert folgende Resultate:

1. Alle Wurzeln sind im Intervalle -1 bis $+1$ zu suchen;
denn die eine der Reihen hat 5, die andere keine Vorzeichenwechsel.

2. Zwischen -1 und 0 sind zwei Wurzeln angezeigt. Da
der letzte Index 2 ist, so muss man in dieser Reihe der Indices
von dem rechten Ende nach links vorwärts gehen, bis man
zum ersten Male die Zahl 1 findet. Dieser Index 1 entspricht
der Function X^{IV}; ihm folgt die Zahl 2 und geht die Null
voraus; man hat daher auf die Functionen X^V, X^{IV}, X''',
welche den drei aufeinanderfolgenden Indices 0, 1, 2 entsprechen, die Regel des Artikels XXVIII anzuwenden. Man
muss die Werthe der Quotienten $\dfrac{42}{96}$ und $\dfrac{6}{24}$, indem man dabei
vom Vorzeichen absieht, betrachten und prüfen, ob einer dieser
Quotienten oder ihre Summe grösser oder wenigstens gleich
der Differenz 1 der zwei Grenzen 0 und -1 ist. [**147**] Da
dies nicht statt hat, so schliesst man, dass die Grenzen -1
und 0 nicht nahe genug sind und man nicht durch eine einzige
Operation zu entscheiden vermag, ob die zwei angezeigten
Wurzeln reell oder imaginär sind; man muss dieses Intervall
daher noch weiter theilen. Bevor man aber zur Einsetzung
einer zwischenliegenden Zahl übergeht, muss man sich nach
der Regel des Artikels XXVIII versichern, dass die Gleichung
$X''' = 0$ zwischen den Grenzen -1 und 0 keine zwei gleichen Wurzeln hat. Würde dies eintreten, so hätten die zwei
Functionen:

$$60x^2 + 24x + 6 \quad \text{und} \quad 120x + 24$$

einen gemeinsamen Factor; da ein solcher Factor nicht existirt, so ist der Fall der gleichen Wurzeln ausgeschlossen.

Es bleibt noch übrig, eine zwischen — 1 und 0 gelegene Zahl von der sofort folgenden Decimalordnung, d. h. eine durch eine einzige Decimalziffer ausgedrückte Zahl, einzusetzen. Setzt man — 0,5 ein, so erhält man folgende Tabelle:

$$
\begin{array}{lcccccc}
(-1)\ldots. & + & - & + & - & + & - \\
(-\tfrac{1}{2})\ldots. & + & - & + & - & + & - \\
& 36 & 9 & 5\tfrac{2}{8} & 7\tfrac{3}{16} & 8\tfrac{3}{32} \\
& 0 & 1 & 2 & 2 & 2 & 2 \\
(0)\ldots\ldots & + & + & + & - & + & - \\
& 24 & 6 & 4 & 2 & 1.
\end{array}
$$

Das erste Theilintervall, das von — 1 bis $-\dfrac{1}{2}$ reicht, kann keine Wurzel enthalten; denn die zwei Vorzeichenreihen sind gleich. Für das zweite Theilintervall lautet die Reihe der Indices 0, 1, 2, 2, 2, 2. Da die Zahl 2 auf den Index 1, welcher dem rechten Ende am nächsten steht, folgt, und die Null dem Index 1 voraufgeht, so muss man nach der Regel des Artikels XXVIII die numerischen Werthe der Quotienten $\dfrac{9}{36}$ und $\dfrac{6}{24}$ betrachten und sehen, ob einer dieser Quotienten oder ihre Summe grösser oder wenigstens gleich der Differenz $\dfrac{1}{2}$ der zwei Grenzen wird. Da dies eintritt, so ist man sicher, dass die zwei im Intervalle von $-\dfrac{1}{2}$ bis 0 angezeigten Wurzeln imaginär sind.

[148] Es bleibt nur noch das Intervall von 0 bis 1, in welchem drei Wurzeln angezeigt werden. Es fragt sich, ob diese drei Wurzeln reell oder zwei von ihnen imaginär sind. Hierzu genügt die Anwendung derselben Regel auf das Intervall:

$$
\begin{array}{lcccccc}
 & X^{V}, & X^{IV}, & X''', & X'', & X', & X \\
(0)\ldots\ldots & + & + & + & - & + & - \\
 & 24 & 6 & 4 & 2 & 1 \\
 & 0 & 0 & 0 & 1 & 2 & 3 \\
(1)\ldots\ldots & + & + & + & + & + & + \\
 & 144 & 90 & 34 & 10 & 2.
\end{array}
$$

Man sieht, dass dem Index 1, welcher dem rechten Ende am nächsten steht, in der Reihe der Indices 0, 0, 0, 1, 2, 3 die Null vorausgeht. Da die bezüglich der drei aufeinanderfolgenden Indices 0, 1, 2, verlangte Bedingung eintritt, so hat man die Quotienten $\frac{2}{4}$ und $\frac{10}{34}$ hinzuschreiben und zu sehen, ob einer von ihnen oder ihre Summe die Differenz 1 der Grenzen übersteigt oder ihr gleich wird. Da dies nicht statt hat, so schliesst man, dass die Grenzen nicht nahe genug liegen, um die Natur der Wurzeln durch eine einzige Operation zu erkennen.

Man muss daher eine zwischen Null und 1 gelegene Zahl, welche durch eine einzige Decimalziffer ausgedrückt ist, einsetzen. Bevor man aber diese Operation ausführt, hat man sich zu versichern, dass die Gleichung $X' = 0$ zwischen 0 und 1 keine gleichen Wurzeln besitzt. Dies ist aber sicher nicht der Fall; denn die Polynome X' und X'',

$$5x^4 + 4x^3 + 3x^2 - 4x + 2 \text{ und } 20x^3 + 12x^2 + 6x - 4,$$

haben keinen gemeinsamen Factor.

Setzt man die zwischenliegende Zahl 0,5 ein, so gewinnt man die folgenden Resultate:

	X^V,	X^{IV},	X''',	X'',	X',	X
(0)	$+$	$+$	$+$	$-$	$+$	$-$
	24	6	4	2	1	
	0	0	0	1	2	2
$\left(\frac{1}{2}\right)$	$+$	$+$	$+$	$+$	$+$	$-$
	84	33	$\frac{9}{2}$	$\frac{25}{16}$	$\frac{9}{32}$	
(1)	$+$	$+$	$+$	$+$	$+$	$+$

[149] Das zweite Theilintervall, das von $\frac{1}{2}$ bis 1 reicht, enthält eine einzige reelle Wurzel, die völlig getrennt ist. Im Theilintervall von 0 bis $\frac{1}{2}$ sind zwei andere Wurzeln angekündigt. Da die Reihe der Indices 0, 0, 0, 1, 2, 2 die drei aufeinanderfolgenden Indices 0, 1, 2 aufweist, so hat man die Quotienten $\frac{2}{4}$ und $\frac{25}{16} : \frac{9}{2}$ zu bilden und zu sehen, ob einer dieser Quotienten oder ihre Summe grösser oder gleich

der Differenz $\frac{1}{2}$ der zwei Grenzen wird. Da dies eintritt, so weiss man, dass die zwei im Intervall 0 bis $\frac{1}{2}$ angezeigten Wurzeln sicher imaginär sind. Zieht man von jedem Index, bei der Zahl 2, welche der letzte der drei aufeinanderfolgenden Indices 0, 1, 2 ist, beginnend, die Zahl 2 ab, so gewinnt man die neue Reihe von Indices 0, 0, 0, 1, 0, 0. Daher hat die vorgelegte Gleichung zwischen 0,5 und 1 eine einzige reelle Wurzel; die vier anderen Wurzeln sind imaginär.

XLI. Als drittes Beispiel sei die Gleichung:

$$x^6 - 12x^5 + 60x^4 + 123x^2 + 4567x - 89012 = 0$$

zur Auflösung vorgelegt.

Man hat die folgenden Functionen:

X .... $x^6 - 12x^5 + 60x^4 + 123x^2 + 4567x - 89012$

X' .... $6x^5 - 60x^4 + 240x^3 + 246x + 4567$

X'' ... $30x^4 - 240x^3 + 720x^2 + 246$

X''' ... $120x^3 - 720x^2 + 1440x$

X^{IV} ... $360x^2 - 1440x + 1440$

X^V ... $720x - 1440$

X^{VI} ... 720

hinzuschreiben; setzt man die Zahlen:

$$-1, -10, \text{ u. s. w.}$$
$$0,$$
$$1, 10, \text{ u. s. w.}$$

ein, so findet man die folgenden Resultate:

[150]	X^{VI},	X^V,	X^{IV},	X''',	X'',	X',	X
(-10)...	+	−	+	−	+	−	+
(-1)....	+	−	+	−	+	+	−
(0)......	+	−	+	$\overset{-}{\underset{+}{0}}$	+	+	−

$$X^{VI}, X^{V}, \quad X^{IV}, X''', X'', X', X$$

$(+ 1)\ldots\, +\quad -\quad\quad +\quad +\quad +\quad +\quad -$

$\qquad\qquad 720\quad 360$

$\qquad\qquad 0\quad 1\qquad 2\quad 2\quad 2\quad 2\quad 3$

$(10)\ldots\ldots\, +\quad +\quad\quad +\quad +\quad +\quad +\quad +$

$\qquad\qquad 5760\quad 23040$

Beim Anblick dieser Tabelle ersieht man, dass alle Wurzeln zwischen den Grenzen — 10 und + 10 gesucht werden müssen; denn eine der Reihen hat 6, die andere keine Vorzeichenwechsel.

Der Vergleich der Reihen (< 0) und (> 0) zeigt, dass im Intervall der Grenzen < 0 bis > 0 zwei Wurzeln verloren gehen. Da die Reihe $(- 1)$ fünf, die Reihe $(- 10)$ sechs Vorzeichenwechsel hat, so hat die Gleichung zwischen — 10 und — 1 eine einzige reelle Wurzel.

Die Reihen $(- 1)$ und (< 0) haben dieselbe Anzahl von Vorzeichenwechseln; folglich kann zwischen den Grenzen — 1 und 0 keine Wurzel liegen. Ebenso verhält es sich mit den Reihen (> 0) und (1), welche beide drei Vorzeichenwechsel besitzen. Daher kann man keine Wurzel zwischen den Grenzen 0 und 1 suchen.

Es bleibt noch das Intervall der Grenzen 1 und 10, in welchem drei Wurzeln angezeigt sind. Die Reihe der Indices. welche diesem Intervall eigenthümlich ist, lautet:

$$0, \ 1, \ 2, \ 2, \ 2, \ 2, \ 3.$$

Der erste Index, welcher gleich 1 ist, wenn man die Reihe der Indices von rechts nach links mit dem Index 3 beginnend durchläuft, steht zwischen den Indices 0 und 2. Die drei aufeinanderfolgenden Indices 0, 1, 2 geben an, dass man sofort die Regel des Artikels XXVIII anwenden muss. Man hat daher die Quotienten $\dfrac{360}{720}$ und $\dfrac{23040}{5760}$ hinzuschreiben und zu sehen, ob einer dieser Quotienten oder ihre Summe grösser oder gleich der Differenz 9 der zwei Grenzen wird. [**151**] Da dies nicht eintritt, so schliesst man, dass das Intervall von 1 bis 10 zu gross ist und man nicht mittelst einer einzigen Operation die Natur der Wurzeln erkennen kann. Bevor man dieses Intervall aber zerlegt, muss man sehen, ob die Functionen X^{IV} und X^V, welche den zwei letzten der drei aufeinanderfolgenden Indices 0, 1, 2 entsprechen, nicht einen gemeinsamen Factor haben, und ob dieser Factor nicht durch einen zwischen diesen Grenzen gelegenen Werth von x annullirt wird. Der Vergleich der Functionen:

$$360\,x^2 - 1440\,x + 1440 \text{ und } 720\,x - 1440$$

zeigt, dass dieselben einen gemeinsamen Factor, nämlich $\frac{1}{2}x - 1$, besitzen, und dass dieser Factor durch den Werth 2, der zwischen 1 und 10 liegt, annullirt wird. Derselbe Factor $\frac{1}{2}x - 1$ ist nicht allen Functionen X''', X'', X', X gemeinsam; daher muss man entsprechend der Regel des Artikels XXXV schliessen, dass die vorgelegte Gleichung im Intervall von 1 bis 10 zwei Wurzeln verliert. Mithin hat man von den Indices die Zahl 2 zu subtrahiren, und zwar hat man mit dem letzten der drei aufeinanderfolgenden Indices 0, 1, 2 zu beginnen; als neue Indicesreihe für das zwischen 1 und 10 gelegene Intervall erhält man:

$$0, 1, 0, 0, 0, 0, 1.$$

Hiermit ist die Trennung der Wurzeln beendigt. Die vorgelegte Gleichung besitzt eine reelle Wurzel zwischen -10 und -1, zwei Wurzeln gehen in dem unendlich kleinen Intervall, das zwischen < 0 und > 0 liegt, verloren; ebenso gehen zwei Wurzeln in dem zwischen 1 und 10 gelegenen Intervall verloren; endlich hat die Gleichung in demselben Intervall eine zweite völlig getrennte, reelle Wurzel.

XLII. Um die Mannigfaltigkeit der Fälle und den Gebrauch der Regel besser zu veranschaulichen, vereinigen wir die in den voraufgehenden Artikeln behandelten Beispiele in einer einzigen Tabelle:

Seite. Artikel.

98. XII.
127. XXXVI.

X.. $x^5 - 3x^4 - 24x^3 + 95x^2 - 46x - 101 = 0$
X'. $5x^4 - 12x^3 - 72x^2 + 190x - 46$
X''. $20x^3 - 36x^2 - 144x + 190$
X'''. $60x^2 - 72x - 144$
X^IV $120x - 72$
X^V 120.

	X^V	X^{IV}	X'''	X''	X'	X	
(−10)	+	−	+	−	+	−	
(−1)	+	−	−	+	−	+	eine Wurzel.
(0)	+	−	−	+	−	−	eine Wurzel.
(1)	+	+	−	+	+	−	
(2)	+	+	−	−	30	21	zwei Wurzeln angezeigt,
(3)	+	+	+	−	43	32	$\frac{21}{36} + \frac{32}{33} > 1$; imaginär.
(10)	+	+	+	+	+	+	eine Wurzel.

99. XIII.
130. XXXVII.

X.. $x^4 - 4x^3 - 3x + 23 = 0$
X'. $4x^3 - 12x^2 - 3$
X''. $12x^2 - 24x$
X'''. $24x - 24$
X^IV 24

	X^{IV}	X'''	X''	X'	X	
(0)	+	−	0	−	+	
(1)	+	0	−	−	+	Regel des doppelten Vorzeichens; zwei imaginäre Wurzeln.
(2)	+	+	0	−	+	
(3)	+	+	+	−	−	eine Wurzel.
(10)	+	+	+	+	+	eine Wurzel.

Seite. Artikel.

100. XIV.

$X \;\ldots\; x^4 + 2x^2 - 5x + 2 = 0$
$X' \;\ldots\; 3x^3 + 4x - 3$
$X'' \;\ldots\; 6x + 4$
$X''' \;\ldots\; 6$

117. XXIX.

$X \;\ldots\; x^6 + x^5 + x^3 + x - 1 = 0$
$X' \;\ldots\; 4x^3 - 3x^2 + 8x + 1$
$X'' \;\ldots\; 12x^2 - 6x + 8$
$X''' \;\ldots\; 24x - 6$
$X^{IV} \;\ldots\; 24$

135. XXXIX.

$X \;\ldots\; x^6 - 12x^5 + 60x^4 + 123x^2 + 4567x$
$\qquad\qquad\qquad - 89012 = 0$
$X' \;\ldots\; 6x^5 - 60x^4 + 240x^3 + 246x + 4567$
$X'' \;\ldots\; 30x^4 - 240x^3 + 720x^2 + 246$
$X''' \;\ldots\; 120x^3 - 720x^2 + 1440x$
$X^{IV} \;\ldots\; 360x^2 - 1440x + 1440$
$X^{V} \;\ldots\; 720x - 1440$
$X^{VI} \;\ldots\; 720$

141. XLI.

	X^{IV}	X'''	X''	X'	X	
-10					$+$	eine Wurzel.
-1		$-$	$-$	$-$	$+$	zwei Wurzeln angezeigt. $\tfrac{3}{2} > 1$; imaginär.
0			$+$	$-$	$+$	

	X^{IV}	X'''	X''	X'	X	
-1	$-$	$-$	$-$	$-$	$+$	eine Wurzel.
0		0	6	$-$	$+$	drei Wurzeln angezeigt.
1	$+$	1	2	$+$	$+$	$\tfrac{3}{2} > 1$; zwei imaginär.

	X^{VI}	X^V	X^{IV}	X'''	X''	X'	X	
-10	$+$	$-$	$+$	$-$	$+$	$-$	$-$	eine Wurzel.
-1	$+$	$-$	$+$	$-$	$+$	$-$	$-$	Regel des doppelten Vorzeichens; zwei imagi-näre Wurzeln.
0	$+$	$-$	18	0	$+$	0	$-$	
1	$+$	0	1	2	$+$	2	$+$	drei Wurzeln angezeigt, davon zwei imaginär.
10	$+$	$+$	14	8	$-$	2	$+$	

$X^{IV} = 0$ hat zwei gleiche Wurzeln, die nicht Wurzeln von $X = 0$ sind.

Die Auflösung der bestimmten Gleichungen.   145

101. XV. / 118. XXX.

$$X \;.\;.\; x^5 + x^4 + x^2 - 25x - 36 = 0$$
$$X' \;.\;.\; 5x^4 + 4x^3 + 2x - 25$$
$$X'' \;.\;.\; 20x^3 + 12x^2 + 2$$
$$X''' \;.\;.\; 60x^2 + 24x$$
$$X^{IV} \;.\;.\; 120x + 24$$
$$X^{V} \;.\;.\; 120$$

	X^V	X^{IV}	X'''	X''	X'	X	
(-10)	$+$	$-$	$+$	$-$	$+$	$-$	
(-2)	$+$	$-$	$+$	$-$	$+$	$+$	eine Wurzel.
(-1)	$+$	$-$	$+$	$-$	$-$	$-$	eine Wurzel.
(0)	$+$	$+$	0	$+$	$-$	$-$	
(1)	$+$	$+$	$+$	$+$	$-$	$-$	Regel des doppelten Vorzeichens; zwei imaginäre Wurzeln.
(10)	$+$	$+$	$+$	$+$	$+$	$+$	

104. XVII.

$$X \;.\;.\; x^7 - 2x^5 - 3x^3 + 4x^2 - 5x + 6 = 0$$
$$X' \;.\;.\; 7x^6 - 10x^4 - 9x^2 + 8x - 5$$
$$X'' \;.\;.\; 42x^5 - 40x^3 - 18x + 8$$
$$X''' \;.\;.\; 210x^4 - 120x^2 - 18$$
$$X^{IV} \;.\;.\; 840x^3 - 240x$$
$$X^{V} \;.\;.\; 2520x^2 - 240$$
$$X^{VI} \;.\;.\; 5040x$$
$$X^{VII} \;.\;.\; 5040$$

	X^{VII}	X^{VI}	X^V	X^{IV}	X'''	X''	X'	X	
(-10)	$+$	$-$	$+$	$-$	$+$	$-$	$+$	$-$	Regel des doppelten Vorzeichens; zwei imaginäre Wurzeln.
(-1)	$+$	$-$	$+$	$-$	$+$	$+$	$-$	$+$	eine Wurzel.
(0)	$+$	0	$-$	0	$-$	$+$	$-$	$+$	zwei Wurzeln angezeigt.
(1)	$+$	$+$	$+$	$+$	$+$	$-$	$-$	$+$	zwei Wurzeln angezeigt.
(10)	$+$	$+$	$+$	$+$	$+$	$+$	$+$	$+$	

105. XVIII.

$$X \;.\;.\; x^5 + 3x^4 + 2x^3 - 3x^2 - 2x - 2 = 0$$
$$X' \;.\;.\; 5x^4 + 12x^3 + 6x^2 - 6x - 2$$
$$X'' \;.\;.\; 20x^3 + 36x^2 + 12x - 6$$
$$X''' \;.\;.\; 60x^2 + 72x + 12$$
$$X^{IV} \;.\;.\; 120x + 72$$
$$X^{V} \;.\;.\; 120$$

	X^V	X^{IV}	X'''	X''	X'	X	
(-1)	$+$	$-$	0	$-$	$+$	$-$	eine Wurzel.
(0)	$+$	$+$	$+$	$-$	$-$	$-$	
(1)	$+$	$+$	$+$	$+$	$+$	$-$	zwei Wurzeln angezeigt.
(10)	$+$	$+$	$+$	$+$	$+$	$+$	

106. XIX.

X .. $x^5 - 10x^3 + 6x + 1 = 0$
X' .. $5x^4 - 30x^2 + 6$
X'' .. $20x^3 - 60x$
X''' .. $60x^2 - 60$
X^{IV} .. $120x$
X^V .. 120

	XV	XIV	X'''	X''	X'	X	
(−10)	+	−	+	−	+	−	zwei Wurzeln angezeigt.
(−1)	+	−	0	+	−	+	eine Wurzel.
(0)	+	0	−	0	+	+	eine Wurzel.
(1)	+	+	0	−	−	−	eine Wurzel.
(10)	+	+	+	+	+	+	eine Wurzel.

137. XL.

X .. $x^5 + x^4 + x^3 - 2x^2 + 2x - 1 = 0$
X' .. $5x^4 + 4x^3 + 3x^2 - 4x + 2$
X'' .. $20x^3 + 12x^2 + 6x - 4$
X''' .. $60x^2 + 24x + 6$
X^{IV} .. $120x + 24$
X^V .. 120

	XV	XIV	X'''	X''	X'	X	
(−1)	+	−	+	−	+	−	zwei Wurzeln angezeigt. $\frac{9}{36} + \frac{9}{24} = \frac{1}{2}$; imaginär.
(−½)	+	− 36	+ 9	−	+	−	
(0)	+	+ 24	+ 6	− 4	+ 2	− 1	zwei Wurzeln angezeigt. $\frac{2}{4} = \frac{1}{2}$; imaginär.
(¾)	+	+	+	+	+	+	
(1)	+	+	+	+	+	+ 2	eine Wurzel.

[**154**] XLIII. Bisher haben wir den ersten Theil unserer
Methode der Auflösung auseinandergesetzt; derselbe hatte die
Bestimmung der Grenzen und die Natur der Wurzeln zum
Gegenstand. Man schreibt die Ableitungen der verschiedenen
Ordnungen hin, setzt in die Reihe dieser Functionen die einfachsten Zahlen und notirt die Vorzeichen der Resultate. Aus
dem Anblick dieser Reihen erkennt man diejenigen Intervalle,
in denen allein die Wurzeln gesucht werden dürfen. Man hat
dann noch zu bestimmen, ob die in einem Intervall angezeigten Wurzeln reell sind oder eine Anzahl derselben, die
gleich 2, 4, 6, u. s. w. ist, in dem Intervall verloren geht;
nur eine gerade Anzahl kann verloren gehen. Eine zweite
Regel löst diese Frage vollständig vermöge eines leicht anwendbaren Verfahrens auf. Hiermit sind Natur und Grenzen
der Wurzeln bestimmt; jede der reellen Wurzeln liegt in
einem Intervall mit bekannten Grenzen. Man muss jetzt die
Berechnung jeder Wurzel fortsetzen, um alle ihre Ziffern, wenn
deren Anzahl eine begrenzte ist, kennen zu lernen oder um
wenigstens soviel Decimalstellen, wie man es für nöthig erachtet, genau zu finden. Diese Frage ist Gegenstand des
zweiten Theiles der Methode. Bevor wir zu dieser anderen
Untersuchung übergehen, verweilen wir bei einem der hauptsächlichsten Folgesätze der voraufgehenden Theoreme; dieser
Satz betrifft die allgemeinen Eigenschaften der Wurzeln.

Wenn man in die Functionenreihe eine Zahl a, die durch
unendlich kleine Zuwächse von $-\dfrac{1}{0}$ bis $\dfrac{1}{0}$ wächst, einsetzt,
so verliert, wie wir im Artikel VII sahen, die Reihe der Vorzeichen alle Vorzeichenwechsel, die sie hatte. Diese Verminderung der Vorzeichenwechsel kann ersichtlich nur dann eintreten, wenn die Substitution von a eine oder mehrere der
Functionen zum Verschwinden bringt. Die Werthe von a,
deren Substitution eine der Functionen annullirt, sind von
zweierlei Art: die einen sind so beschaffen, dass die Vorzeichenreihe keine Vorzeichenwechsel verliert; dies tritt deswegen ein, weil dieselbe Substitution die eine der Functionen,
wie $f^{(n)}(x)$, annullirt und bei der voraufgehenden und folgenden Function, nämlich $f^{(n+1)}(x)$ und $f^{(n-1)}(x)$, zwei verschiedene Vorzeichen ergiebt; die anderen Werthe von a sind derartig, dass die Vorzeichenreihe eine gewisse Anzahl von
Vorzeichenwechseln verliert. [**155**] Diese Werthe für die eingesetzte Zahl sind selbst von zweierlei Art; die einen zeigen

reelle, die anderen imaginäre Wurzeln an. Bringt die Substitution die Function $f(x)$, welche die linke Seite der vorgelegten Gleichung ist, zum Verschwinden, so ist der eingesetzte Werth eine der Wurzeln der Gleichung. Bringt die Substitution eines Werthes a $f(a)$ nicht zum Verschwinden, annullirt aber eine zwischenliegende Function $f^{(n)}(x)$ und ergiebt gleichzeitig bei der voraufgehenden und der folgenden Function, $f^{(n+1)}(x)$ und $f^{(n-1)}(x)$, zwei gleiche Vorzeichen, so ist die eingesetzte Zahl keine reelle Wurzel der Gleichung, sondern ein Werth, der zwei imaginäre Wurzeln anzeigt, eine Indicatrix.

Es giebt zwei Arten von Intervallen, nämlich solche, in denen eine einzige reelle Wurzel existirt, und solche, in denen zwei Wurzeln verloren gehen. Auf diese Art gehen die als imaginär bezeichneten Wurzeln in gewissen Intervallen und nicht zwischen anderen Grenzen verloren; d. h. es giebt gewisse derartige Grenzen a und b, dass, wenn man auf irgend welche Art beweist, die Gleichung hat in diesem Intervall keine zwei reellen Wurzeln, dieselbe ganz allein aus diesem Grunde in diesem Intervall sicher zwei imaginäre Wurzeln besitzt[35]. Der Werth, welcher zwei conjugirt imaginäre Wurzeln anzeigt, bringt eine der zwischenliegenden Functionen zum Verschwinden und ertheilt der voraufgehenden und der folgenden Function gleiche Vorzeichen. Hat die vorgelegte Gleichung nur reelle Wurzeln, so existiren keine derartigen Werthe von der soeben definirten Beschaffenheit, die man zweckmässig als Indicatrices bezeichnen kann. In diesem Falle ertheilt jede Substitution, welche eine der zwischenliegenden Functionen annullirt, der voraufgehenden und der folgenden Function zwei verschiedene Vorzeichen. Allgemein hat die Gleichung soviel Paare imaginärer Wurzeln, als es Indicatrices giebt. Uebrigens können mehrere dieser Werthe sowohl untereinander wie auch mit den reellen Wurzeln gleich werden[53].

Der Gegenstand des ersten Theiles unserer Methode war erstens Angabe der Intervalle, von denen jedes eine reelle Wurzel enthält, zweitens Berechnung derjenigen Intervalle, die je eine Indicatrix für imaginäre Wurzeln enthalten. Beide Aufgaben sind in der Tabelle der als Beispiele gewählten Gleichungen behandelt worden.

Zweites Buch.

Methode zur Berechnung der Werthe der Wurzeln, deren Grenzen bekannt sind, und Bemerkungen über die Convergenz der Annäherungen und über die Unterscheidung der Wurzeln.

I. Man kennt zwei Grenzen a und b, zwischen denen eine reelle Wurzel einer algebraischen Gleichung

$$f(x) = 0$$

gelegen ist; ferner weiss man auch, dass sich in demselben Intervall keine andere Wurzel der Gleichung befindet. Wir wollen die Werthe dieser Wurzel in immer grösserer Annäherung kennen lernen, um, falls die Zahl der Ziffern, welche die Wurzel ausdrücken, eine begrenzte ist, alle Ziffern zu bestimmen oder wenigstens soviel Ziffern, als man es für nöthig erachtet, genau zu finden.

Der Annäherungsprocess, der zur Erleichterung der Berechnung der Wurzeln am geeignetsten ist, wird *Newton*[14]) verdankt und ist allgemein bekannt. Er besteht darin, dass man in $f(x)$ statt x $a + x'$ einsetzt; a bedeutet dabei den ersten angenäherten Werth. Im Resultat lässt man diejenigen Glieder, welche höhere Potenzen von x' als die erste enthalten, fort; dann hat man zur Bestimmung von x' eine Gleichung ersten Grades. Fügt man den Werth von x', welchen diese Gleichung liefert, zu dem ersten angenäherten Werthe a hinzu, so findet man einen neuen angenäherten Werth a'; [**158**] diesen zweiten Näherungswerth a' wendet man ebenso an, um auf dieselbe Art einen dritten angenäherten Werth a'' zu finden. Man kann die Anwendung dieser Regel unbegrenzt fortsetzen und erhält so Werthe, welche mehr und mehr und zwar sehr schnell nach der gesuchten Wurzel convergiren. Diese Methode kann in verschiedenen Formen dargestellt werden; wir betrachten sie als ein Fundamentalelement der Analysis, aus welchem alle Vortheile zu ziehen wichtig ist. Die Methode ist aber bei ihrer Anwendung eigenthümlichen Schwierigkeiten, die man mit viel Sorgfalt prüfen und völlig lösen muss, unterworfen. Die erste zur Anwendung dieser Regel erforderliche Bedingung besteht darin, einen ersten Näherungswerth zu finden. Diese Frage ist vermöge unserer Methode bereits gelöst; denn wir kennen für jede reelle Wurzel zwei Grenzen a und b, zwischen denen sie allein gelegen ist. Aber es sind noch mehrere andere Bedingungen, ohne welche die Operation nicht exact ist und immer verworren bleibt, zu erfüllen. Zunächst geben wir die Bedingungen, um die es sich handelt, an; dann beweisen wir die Regeln, welche man zur Erfüllung dieser Bedingungen befolgen muss.

II. Erstens: Trotzdem die gegebenen Grenzen a und b nur eine Wurzel einschliessen, so können sie, wie wir weiter unten sehen werden, doch unter Umständen nicht nahe genug sein, um zu dem Annäherungsprocess überzugehen. In diesem Fall kann man die Grenzen durch Theilung des Intervalls näher aneinander bringen; man muss aber nothwendig ein Mittel besitzen, um auf sichere Art erkennen zu können, ob man zu genügend nahen Grenzen gelangt ist.

Zweitens: Wie klein auch immer der Abstand der zwei Grenzen ist, so kann der Annäherungsprocess doch nur immer sicher auf eine, nicht aber auf die andere dieser Grenzen angewandt werden. In einem der folgenden Artikel zeigen wir die Richtigkeit dieser Bemerkung. Man muss daher die eine Grenze, welche gewählt werden muss, von der anderen unterscheiden.

Drittens: Die aufeinanderfolgenden Resultate, die man erhält, sind Werthe, welche sich fortwährend der gesuchten Wurzel nähern: wir werden bald zeigen, dass diese Werthe nicht etwa abwechselnd bald grösser, bald kleiner als die Wurzel sind. [159] Diese Eigenthümlichkeit, welche bei anderen Annäherungsverfahren eintritt, findet niemals bei der Anwendung der *Newton*'schen Methode statt; die aufeinanderfolgenden Näherungswerthe a, a', a'', a''', ... sind entweder sämmtlich grösser oder sämmtlich kleiner als die Wurzel. Hieraus folgt, dass man nicht weiss, wieviel genaue Ziffern jede Operation ergiebt; diese Unsicherheit ist der Hauptgrund für die Unvollkommenheit des Verfahrens. Man könnte ohne Zweifel den Näherungswerth so lange abändern, bis die Substitution in die Function ein von dem Vorzeichen, welches man zuerst gefunden hatte, verschiedenes ergiebt; aber diese

Einsetzungen würden viel Rechnung erfordern, und durch ein derartiges Verfahren würde man den Hauptvortheil der Methode, welcher auf einer raschen Annäherung beruht, verlieren. Wir lösen diese Schwierigkeit, indem wir andere Grenzen b, b', b'', b''', ... einsetzen; diese sind, falls die früheren Grenzen a, a', a'', a''', ... grösser waren, kleiner, und, wenn die früheren Grenzen kleiner sind, grösser als die Wurzel. Hierdurch ist man sicher, dass die den beiden Grenzen gemeinsamen Ziffern der gesuchten Wurzel angehören, und man behält auch nur genaue Ziffern bei. Wir beweisen, dass die Anzahl der genauen Ziffern, welche eine einzige Operation liefert, beständig wächst und um Grössen, die proportional den Zahlen 2, 4, 8, 16, ... sind, zunimmt. Wir leiten hieraus eine sichere Regel ab, um im voraus und unabhängig von der Berechnung der zweiten Grenzen zu erkennen, bis wohin man die Annäherung der ersten führen kann.

Viertens: Die Rechnung muss man so anordnen, dass keine überflüssige Operation vorkommt, d. h. man darf nur Operationen ausführen, welche zur Bestimmung der Wurzeln dienen und von denen keine fortgelassen werden kann.

Wir betrachten jetzt der Reihe nach die Fragen, welche wir soeben angegeben haben, und wollen ihre Lösung suchen.

III. Die zwei durch unsere Methode bestimmten Grenzen a und b schliessen eine reelle Wurzel α der Gleichung $f(x) = 0$ ein; sicherlich liegt in diesem Intervall keine andere Wurzel derselben Gleichung; denn die Reihe (a) der Resultate der Substitution von a in die Functionen $f^{(m)}(x)$, $f^{(m-1)}(x)$, ..., $f''(x)$, $f'(x)$, $f(x)$ unterscheidet sich von der Reihe (b) der Resultate der Substitution der grösseren Grenze b in dieselben Functionen nur durch einen Vorzeichenwechsel. [160] Lässt man in jeder dieser zwei Reihen (a) und (b) die zwei letzten Resultate, welche für die eine $f'(a)$, $f(a)$ und für die andere $f'(b)$, $f(b)$ lauten, fort, so hat man die zwei übrig bleibenden Reihen zu vergleichen; hieraus erkennt man, ob die Gleichung $f''(x) = 0$ zwischen denselben Grenzen a und b irgend welche Wurzeln besitzen kann. Existiren in diesem Intervalle solche Wurzeln, d. h. Werthe von x, welche die Function $f''(x)$ annulliren, so unterscheidet sich jeder dieser Werthe von der Wurzel α, welche die Gleichung $f(x) = 0$ auflöst. Man muss hierbei nur den singulären Fall, in dem die Functionen $f''(x)$ und $f(x)$ einen gemeinsamen Factor $\psi(x)$ haben, ausnehmen. Vermöge des bekannten Verfahrens kann man leicht beurtheilen.

ob dieser Factor $\psi(x)$ existirt; in diesem singulären Falle müsste man die Gleichung $\psi(x) = 0$ separat auflösen. Man hätte dann auf diese Gleichung $\psi(x) = 0$ und nicht auf die zusammengesetztere Gleichung $f(x) = 0$ die Regeln, welche zur Auffindung der Wurzeln dienen, anzuwenden.

Existirt der Factor $\psi(x)$, um den es sich handelt, nicht, so ist jeder Werth, welcher die Function $f''(x)$ annullirt, von der Wurzel α der Gleichung $f(x) = 0$ verschieden. Dann kann man die zwei Grenzen a und b näher aneinander bringen und sie durch zwei andere genügend nahe a' und b' ersetzen; diese letzteren umschliessen wie die früheren Grenzen die Wurzel α der Gleichung $f(x) = 0$, hingegen keine der Wurzeln der Gleichung $f''(x) = 0$. Um diese neuen Grenzen a' und b' zu erhalten, hat man das Intervall der zwei ersten, a und b, durch Einsetzung einer zwischenliegenden Zahl c zu zerlegen; man erkennt dann, ob die gesuchte Wurzel α zwischen a und c oder zwischen c und b gelegen ist. Es ist klar, dass man die Zerlegung des Intervalls leicht fortsetzen kann, bis man zwei Zahlen a' und b' findet, welche die Wurzel α einschliessen, ohne dass jedoch in diesem Intervall eine Wurzel der Gleichung $f''(x) = 0$ gelegen ist.

Auf gleiche Art kann man die zwei Functionen $f'(x)$ und $f(x)$ vergleichen. Haben dieselben einen gemeinsamen Factor $\varphi(x)$, so hat man den Fall der gleichen Wurzel und löst die Gleichung $\varphi(x) = 0$ separat. [161] Existirt dieser Factor $\varphi(x)$ nicht oder hat die Gleichung $\varphi(x) = 0$ keine zwischen den Grenzen a und b gelegene Wurzel γ, so kann man diese Grenzen durch Theilung des Intervalls verengern und andere nähere Grenzen a' und b' erhalten, so dass die Gleichung $f(x) = 0$ in dem Intervall von a' bis b' eine einzige Wurzel, hingegen die Gleichung $f'(x) = 0$ keine Wurzel in demselben Intervall besitzt. [54]

Hieraus folgt: wir können bei der Untersuchung, welche die Berechnung des Werthes einer Wurzel zum Gegenstand hat, immer die zwei Grenzen a und b derartig gegeben denken, dass die Gleichung $f(x)$ zwischen a und b eine einzige Wurzel enthält, die Gleichungen $f'(x)$ und $f''(x)$ in diesem Intervalle hingegen keine Wurzeln haben.

IV. Auf folgende Art erkennt man leicht, ob diese zwei Bedingungen erfüllt sind. Die Substitutionsresultate von a und von b in die Functionen $f^{(m)}(x)$, $f^{(m-1)}(x)$, . . ., $f''(x)$, $f'(x)$, $f(x)$ sind schon durch die Operationen, welche zur Bestimmung der Grenzen dienten, bekannt; ebenso hat man schon die dem Intervall eigenthümliche Reihe der Indices gebildet. Man prüfe, ob, wenn der letzte Index 1 ist, die zwei voraufgehenden Indices 0, 0 lauten. Tritt dies ein, so ist man sicher, dass die Gleichungen $f'(x) = 0$ und $f''(x) = 0$ zwischen den Grenzen a und b keine Wurzeln besitzen; wir werden beweisen, dass man in diesem Falle das Annäherungsverfahren mit Sicherheit anwenden darf. Sind aber die drei letzten Indices nicht 0, 0, 1, so wird man das Intervall so lange verkleinern, bis diese Bedingung stattfindet; wenn es nöthig wird, so wird man separat die gemeinsamen Factoren, welche wir mit $\psi(x)$ und $\varphi(x)$ bezeichnet haben, betrachten.

Sind die zwei Vergleichsreihen:

$$f^{(m)}(a),\ f^{(m-1)}(a),\ \ldots,\ f''(a),\ f'(a),\ f(a),$$
$$f^{(m)}(b),\ f^{(m-1)}(b),\ \ldots,\ f''(b),\ f'(b),\ f(b)$$

derartig, dass die Vorzeichen, wenn man die letzten Resultate $f(a)$ und $f(b)$ fortlässt, gleich sind, so sind offenbar die früheren Bedingungen erfüllt; denn die mit $f'(a)$ endende Reihe hat ebensoviel Vorzeichenwechsel wie die mit $f'(b)$ endende; ebenso verhält es sich mit den zwei Reihen, von denen die eine mit $f''(a)$, die andere mit $f''(b)$ endet. Unterscheiden sich die Reihen (a) und (b) also nur durch das letzte Vorzeichen, so braucht man nur zur Berechnung der Wurzel überzugehen. [162] Im folgenden Artikel wird man sehen, dass dieser Zustand der zwei Reihen keine Besonderheit darstellt, im Gegentheil tritt er im allgemeinen auf; deswegen muss man diese Anordnung der zwei Reihen mit Aufmerksamkeit betrachten. Ist die Anordnung zunächst nicht eine solche, so kann man sie immer durch Verengung der Grenzen herstellen.

Ist die vorgelegte Gleichung zum Beispiel:

$$x^5 + 3x^4 + 2x^3 - 3x^2 - 2x - 2 = 0,$$

so findet man, wenn die linke Seite dieser Gleichung mit $f(x)$ bezeichnet wird, dass die in die Functionenreihe:

$$f^{V}(x),\ f^{IV}(x),\ f'''(x),\ f''(x),\ f'(x),\ f(x)$$

eingesetzten Zahlen 0 und 10 die folgenden Resultate ergeben:

(0) ...	$+$	$+$	$+$	$-$	$-$	$-$
	0	0	0	1	1	1
(10) ...	$+$	$+$	$+$	$+$	$+$	$+$ ·

Zwischen den Grenzen 0 und 10 liegt eine einzige Wurzel; diese Grenzen sind aber nicht so nahe, dass die Gleichungen $f''(x) = 0$ und $f'(x)$ in diesem Intervall keine Wurzeln haben; denn durch Bildung der Indexreihe, die 0, 0, 0, 1, 1, 1 lautet, sieht man, dass die Gleichung $f''(x) = 0$ zwischen 0 und 10 eine Wurzel hat und dass es sich ebenso mit der Gleichung $f'(x) = 0$ verhält. Man muss daher eine zwischenliegende Zahl einsetzen. Möge diese Zahl 1 sein, so findet man die folgenden Resultate:

$$(1) \ldots \quad + \quad + \quad + \quad + \quad + \quad -$$
$$ \quad 0 \quad\, 0 \quad\, 0 \quad\, 0 \quad\, 0 \quad\, 1$$
$$(10) \ldots \quad + \quad + \quad + \quad + \quad + \quad +\cdot$$

Daher liegt die gesuchte Wurzel zwischen 1 und 10; diese Grenzen sind derartig, dass die Gleichungen $f'(x) = 0$ und $f''(x) = 0$ in diesem Intervalle keine Wurzel besitzen. Dies zeigt auch die Indexreihe 0, 0, 0, 0, 0, 1 an.

[163] V. Wir geben hier den Beweis für zwei Hilfssätze, welche bei Berechnung der Grenzen und der Werthe der Wurzeln sehr häufig gebraucht werden.

Erstens: Sind die zwei Reihen:

$$(a) \ldots \quad f^{(m)}(a), \ f^{(m-1)}(a), \ \ldots, \ f''(a), \ f'(a), \ f(a),$$
$$(b) \ldots \quad f^{(m)}(b), \ f^{(m-1)}(b), \ \ldots, \ f''(b), \ f'(b), \ f(b)$$

derartig, dass jedes Glied der ersten dasselbe Vorzeichen wie das entsprechende Glied der zweiten Reihe hat, so findet dies auch noch statt, wenn man in die Functionen an Stelle von x irgend eine zwischenliegende Zahl c, die grösser als a und kleiner als b ist, einsetzt; jedes Glied der Reihe:

$$(c) \ldots \quad f^{(m)}(c), \ f^{(m-1)}(c), \ \ldots, \ f''(c), \ f'(c), \ f(c)$$

hat dann auch dasselbe Vorzeichen wie das entsprechende Glied der Reihe (a).

Das Vorzeichen von $f'(a)$ ist nach Voraussetzung dasselbe wie das von $f'(b)$. Setzen wir voraus, dass dieses gemeinsame Vorzeichen auch dasjenige sämmtlicher Werthe sei, die man findet, indem man in $f'(x)$ irgend einen zwischen den Grenzen a und b liegenden Zwischenwerth einsetzt; die Function $f'(x)$ soll also so beschaffen sein, dass sie für alle möglichen Werthe von x, welche in das Intervall von a bis b fallen, dasselbe Vorzeichen behält. Hieraus muss man den Schluss ziehen, dass die Function $f(x)$ in diesem Intervall immer wächst oder immer abnimmt; denn die Fluxion erster Ordnung $f'(x)$ bewahrt immer dasselbe Vorzeichen $+$ oder $-$. Da also $f(a)$ dasselbe Vorzeichen wie $f(b)$ hat und $f(x)$ immer wächst oder abnimmt, so kann die Function $f(x)$ nicht in demselben Intervall Null werden. Setzt man also in $f(x)$ alle möglichen zwischen a und b gelegenen Werthe ein, so behält die Function $f(x)$ immer dasselbe Vorzeichen, nämlich dasjenige, welches $f(a)$ und $f(b)$ gemeinsam ist, bei.

Ebenso beweist man, dass, wenn die Function $f''(x)$ in dem ganzen Intervall der Grenzen a bis b ihr Vorzeichen beibehält und die extremen Werthe $f'(a)$ und $f'(b)$ gleiche Vorzeichen besitzen, die Function $f'(x)$ in demselben Intervall dasjenige Vorzeichen hat, welches $f'(a)$ und $f'(b)$ gemeinsam ist.

[164] Wendet man diesen Beweis auf diejenigen Theile an, welche sich in den zwei Reihen entsprechen und welche weiter und weiter nach links gelegen sind, so gelangt man zu zwei Vorzeichen $\dfrac{+}{+}$, welche allen anderen voraufgehen. Nun ist es klar, dass die Function $f^{(m)}(x)$, die ja die Variable x nicht enthält, ihr Vorzeichen beibehält. Daher ist man sicher, dass eine Function $f(x)$ in einem gegebenen Intervall dasselbe Vorzeichen beibehält, wenn ihre zwei extremen Werthe $f(a)$ und $f(b)$ dieselben Vorzeichen besitzen, und es sich ebenso mit den entsprechenden Werthen $f'(a)$ und $f'(b)$, $f''(a)$ und $f''(b)$, $f'''(a)$ und $f'''(b)$, . . . verhält.

Besitzen die extremen Werthe $f(a)$ und $f(b)$ einer Function $f(x)$ gleiche Vorzeichen, so kann es vorkommen, dass die Werthe von $f(x)$, welche zwischenliegenden Werthen von x entsprechen, verschiedene Vorzeichen haben; denn $f(x)$ kann in dem Intervall mehrfach Null werden. Dies kann aber nicht eintreten, wenn die Vorzeichen der zwei extremen Werthe $f''(a)$ und $f''(b)$ gleich sind und diese Bedingung auch für alle anderen Ableitungen statthat.

Zweitens: Hat man allgemein die zwei Reihen:

$(a) \ldots \quad f^{(m)}(a), \ f^{(m-1)}(a), \ \ldots, \ f''(a), \ f'(a), \ f(a),$

$(b) \ldots \quad f^{(m)}(b), \ f^{(m-1)}(b), \ \ldots, \ f''(b), \ f'(b), \ f(b)$

verglichen und bei der Bildung der Reihe der Indices gefunden, dass der letzte Index $\varLambda$, welcher $f(x)$ entspricht, Null ist, so ist man sicher, dass, wenn man eine zwischenliegende

Zahl c einsetzt und die den zwei Intervallen a bis c bezüglich c bis b eigenthümlichen Indicesreihen bildet, das letzte Glied jeder der zwei Indicesreihen auch Null wird.

Angenommen nämlich, der letzte Index Δ' derjenigen Reihe, welche zum Intervall a bis c gehört, ist nicht Null, sondern gleich j, so folgt: die Reihe der Resultate verliert, wenn die eingesetzte Grösse von a zu c übergeht, eine Anzahl j von Vorzeichenwechseln. Mithin muss, wenn man von dem zwischenliegenden Werthe c bis zu dem extremen Werthe b übergeht, die Reihe der Resultate bei allmählichem Wachsen der eingesetzten Grösse eine Anzahl j von Vorzeichenwechseln erwerben können. [165] Nun ist dies aber, wie wir gesehen haben, unmöglich; denn die Anzahl der Vorzeichenwechsel kann, wenn die eingesetzte Grösse zunimmt, nur abnehmen.

Ebenso beweist man, dass das letzte Glied der Indicesreihe, die dem Intervall von c bis b angehört, keine von Null verschiedene Zahl j sein kann. Denn sonst müsste in dem voraufgehenden Intervall die Reihe der Resultate eine Anzahl j von Vorzeichenwechseln gewinnen; dies ist aber unmöglich.

Sind die zwei Vergleichsreihen (a) und (b) so beschaffen, dass das letzte Glied Δ' der Indicesreihe, die zum Intervall gehört, Null ist, so findet man, dass bei einer Theilung des Intervalls durch zwischenliegende Zahlen der letzte Index auch immer Null ist; jedes Theilintervall hat daher die Null zum letzten Index.

Die zwei soeben bewiesenen Hilfssätze sind für den Fall, dass die Function eine einzige Variable enthält, so zu sagen evident; dieser Fall wird hier allein betrachtet; das erste Lemma ist nur ein Specialfall des zweiten. Es hätte in gewisser Beziehung genügt, diese zwei Sätze, welche unmittelbare Folgesätze der vorstehenden Theorie sind, auszusprechen. Aber ich hielt es für besser, diese Theoreme auseinanderzusetzen; denn sie lassen sich auch auf Functionen, die aus einer beliebigen Anzahl von Variablen bestehen, anwenden. Wir betrachten hier nicht diesen allgemeinen Satz, obwohl man ihn leicht mittelst derselben Principien beweisen könnte; er ist ein bemerkenswerthes Element der algebraischen Analysis.

VI. Wir haben jetzt zu beweisen, dass, wenn die zwei Grenzen, zwischen denen man eine Wurzel sucht, nahe genug beieinander liegen und die im Artikel III ausgesprochenen Bedingungen erfüllt sind, man ohne irgend welche Unsicherheit zur Annäherung übergehen kann. Betrachten wir den

Fall, bei dem die letzten Vorzeichen der zwei Vergleichsreihen:

$$f'''(x),\quad f'(x),\quad f(x)$$

	(a)	$+$	$+$	$-$
		0	0	1
	(b)	$+$	$+$	$+$

lauten, als Beispiel und setzen wir voraus, die Bedingungen,
um die es sich handelt, mögen stattfinden, d. h. die drei letzten
Indices seien 0, 0, 1, dann handelt es sich darum, den Werth
der Wurzel, von dem bekannt ist, er ist grösser als a und
kleiner als b, zu berechnen. [166] Wir geben zuerst die analytische Lösung der Frage; dann führen wir die sich hierauf
beziehenden Constructionen aus; diese machen die Resultate,
wie man aus Artikel X beurtheilen kann, besonders klar.
β sei die unbekannte Grösse, die man von b subtrahiren muss,
um die Wurzel x genau zu finden; x sei also gleich $b - \beta$.
Dann hat man:

$$f(b - \beta) = 0.$$

Entwickelt man diesen Ausdruck nur bis zum zweiten
Gliede, so hat man:

$$f(b) - \beta\, f'(b - \beta \cdots b) = 0.$$

Mit $f'(b - \beta \cdots b)$ ist dabei der Werth bezeichnet, den die
Function $f'(x)$ annimmt, wenn man anstatt x eine gewisse
Grösse $b - \beta \cdots b$, die, wie man weiss, zwischen den extre-
men Werthen der Variabeln liegt, einsetzt. Diese extremen
Werthe sind $b - \beta$ und b oder x und b. Daher hat man:

$$\beta = \frac{f(b)}{f'(x \cdots b)}.$$

Hieraus schliesst man:

$$x = b - \frac{f(b)}{f'(x \cdots b)}.$$

Diesen Werth von x kann man auch durch:

$$x = b - \frac{f(b)}{f'(a \cdots b)}$$

ausdrücken; denn jeder zwischen x und b gelegene Werth liegt a fortiori zwischen a und b.

Die Function $f'(x)$, welche nach Voraussetzung für $x = a$ und $x = b$ positiv ist, bleibt, wie man bemerken muss, wenn man dem x einen zwischen a und b gelegenen Werth ertheilt, beständig positiv, denn dieses Vorzeichen könnte sich nur ändern, wenn im Gegensatz zu der von uns gemachten Hypothese einer dieser Zwischenwerthe die Function $f'(x)$ annulliren würde. [167] Daher behält die Function $f'(x)$ in dem ganzen zwischen a und b gelegenen Intervall das Vorzeichen $+$ bei. Ebenso verhält es sich mit der Function $f''(x)$, wie man auf dieselbe Art beweist. Die Function $f'(x)$, welche von $x = a$ bis $x = b$ positiv ist, wächst daher in diesem Intervall beständig; denn ihre Fluxion erster Ordnung, nämlich $f''(x)$, ist in diesem Intervall stets positiv.

Hieraus folgt: unter allen Werthen, welche die Function $f'(x)$, wenn man x von $x = a$ bis $x = b$ laufen lässt, annimmt, sind $f'(a)$ der kleinste und $f'(b)$ der grösste Werth. Der genaue Werth von x ist nun auf die folgende Art ausgedrückt:

$$x = b - \frac{f(b)}{f'(a \cdots b)}.$$

Ersetzt man $f'(a \dots b)$ durch $f'(b)$, so dividirt man $f(b)$ durch eine zu grosse Grösse. Man würde dann von b weniger subtrahiren, als man, um den genauen Werth der Wurzel zu finden, subtrahiren muss; daher ist $b - \dfrac{f(b)}{f'(b)}$ eine Grösse b', die kleiner als b, aber grösser als die gesuchte Wurzel ist. So hat man aus der grössten Grenze b einen Werth b' hergeleitet, der näher an der Wurzel als die Grenze b liegt und den Werth dieser Wurzel sogar noch übersteigt.

VII. Zur Auffindung eines Näherungswerthes der Wurzel könnte man auch die kleinere Grenze verwerthen. Es möge $a + \alpha$ der genaue Werth der Wurzel x sein; α sei dabei eine unbekannte Grösse. Dann hat man die Gleichung:

$$f(a + \alpha) = 0.$$

Entwickelt man nur bis zum zweiten Gliede, so findet man:

$$f(a) + \alpha f'(a \cdots a + \alpha) = 0.$$

Der Werth der Variablen unter dem Zeichen f' ist eine

gewisse Grösse, die, wie man weiss, zwischen a und $a + \alpha$ oder a und x gelegen ist. Daher hat man:

$$a = - \frac{f(a)}{f'(a \cdots x)}.$$

[168] Da jede zwischen a und x gelegene Grösse einen zwischen a und b befindlichen Werth hat, so findet man:

$$a = - \frac{f(a)}{f'(a \cdots b)}.$$

Mithin wird:

$$x = a - \frac{f(a)}{f'(a \cdots b)}.$$

Man muss bemerken, dass der Werth von $f(a)$ negativ, der von $f'(a \ldots b)$ positiv ist; der zweite Theil des Ausdruckes x ist also eine positive Grösse, welche zu der Grenze a hinzugefügt werden muss. Früher haben wir gesehen, dass der grösste Werth, den man finden kann, wenn in $f'(x)$ eine zwischen a und b gelegene Grösse eingesetzt wird, $f'(b)$ ist. Setzt man daher in dem letzten Ausdruck für den Werth von x an Stelle von $f'(a \ldots b)$ die Grösse $f'(b)$, so macht man die der Grenze a zuzufügende Grösse zu klein. Daher wird der exacte Werth von x sicher grösser als:

$$a - \frac{f(a)}{f'(b)}.$$

VIII. Aus einem ersten Näherungswerthe a, der kleiner als die Wurzel ist, haben wir einen zweiten besseren Näherungswerth hergeleitet; dieser ist ebenfalls kleiner als die Wurzel x, aber grösser als a. Sei dieser neue Näherungswerth a', so hat man:

$$a' = a - \frac{f(a)}{f'(b)}.$$

Diese neue Grenze a' ist nur noch mit dem zweiten Näherungswerthe b', der aus dem ersten b hergeleitet wurde, und der

$$b' = b - \frac{f(b)}{f'(b)}$$

lautet, zu combiniren.

Die Grenzen a und b, von denen die eine a kleiner, die andere b grösser als x ist, sind durch nähere Grenzen a' und b' ersetzt; die eine a' ist kleiner, die andere b' grösser als die gesuchte Wurzel x. [169] Die Berechnung dieser Werthe a' und b' reducirt sich auf die Berechnung der Quotienten $\dfrac{f(a)}{f'(b)}$, $\dfrac{f(b)}{f'(b)}$. Die drei Resultate $f(a)$, $f(b)$, $f'(b)$ sind schon beim Verfahren zur Bestimmung der ersten Grenzen a und b bekannt. Man erhält daher die neuen besseren Näherungswerthe a' und b' ebenso leicht wie a und b.

Beschränkt man sich auf die gewöhnliche Anwendung der *Newton*'schen Methode, so erhält man nur eine einzige Grenze und weiss folglich nicht, wieviel Ziffern man, wenn man die angekündigte Division ausführt, zu berechnen hat. Das von uns soeben dargestellte Verfahren ist dieser Unsicherheit nicht unterworfen; man kennt ja jetzt zwei neue Grenzen a' und b', von denen die eine kleiner, die andere grösser als die Wurzel ist. Bei der Berechnung der Werthe für a' und b', die $a - \dfrac{f(a)}{f'(b)}$ und $b - \dfrac{f(b)}{f'(b)}$ lauten, braucht man nicht die exacten Werthe der Quotienten, welche zu complicirt sein können, zu verwenden. Es genügt, die Rechnung so weit fortzusetzen, bis a' und b' nur um eine sehr kleine Grösse differiren, dabei hat man immer die Bedingung im Auge zu behalten, dass a' immer zu klein, b' immer zu gross genommen werden muss. Bezeichnet man die neuen Werthe, welche man so bestimmt hat, mit a' und b', so wird man diese zweiten Grenzen a' und b' anwenden, um aus ihnen nach demselben Vorgange dritte Grenzen a'' und b'' herzuleiten. Setzt man diese Art der Annäherung unbegrenzt fort, so findet man immer genauere Werthe und erkennt stets die Grenzen des Fehlers.

IX. Jetzt wollen wir das Maass der Convergenz, d. h. das Gesetz, nach welchem das Intervall der Grenzen beständig abnimmt, aufsuchen. Der Ausdruck für dieses Gesetz ist eines der Hauptelemente unserer Frage.

Die Differenz der zwei Grenzen a und b, zwischen denen die Wurzel gelegen ist, möge gleich i sein; die zwei Grenzen seien so nahe, dass die zwei Gleichungen $f''(x) = 0$ und $f'(x) = 0$ in diesem Intervalle keine Wurzeln besitzen. Wir sahen, erstens, dass man leicht erkennt, ob diese Bedingungen erfüllt sind, zweitens, dass, wenn diese Bedingungen bestehen, man aus den gegebenen Grenzen a und b andere engere Grenzen a' und b' herleiten kann, nämlich:

[**170**] $$a' = a - \frac{f(a)}{f'(b)}; \quad b' = b - \frac{f(b)}{f'(b)}.$$

Die Differenz $b' - a'$ der neuen Grenzen sei mit i' bezeichnet; zwischen den Differenzen $b - a$ und $b' - a'$ oder i und i' besteht eine Relation, die zu finden ist. Man löst diese Frage sofort, indem man an die Stelle von a im Ausdruck für a' die Grösse $b - i$ setzt; man findet so die Gleichungen:

$$b' = b - \frac{f(b)}{f'(b)}$$

$$a' = b - i - \frac{f(b - i)}{f'(b)}.$$

Entwickelt man $f(b - i)$ bis zum dritten Gliede, so hat man:

$$a' = b - i - \frac{f(b) - i f'(b) + \frac{i^2}{2} f''(b - i \cdots b)}{f'(b)}.$$

Mit $b - i \cdots b$ bezeichnet man einen Werth der Variabeln, welcher zwischen $b - i$ und b, d. h. zwischen a und b, liegt. Zieht man von b' den so entwickelten Ausdruck für a' ab, so findet man:

$$b' - a' = i - \frac{f(b)}{f'(b)} + \frac{f(b)}{f'(b)} - i + \frac{i^2}{2} \frac{f''(a \cdots b)}{f'(b)}$$

oder:

$$i' = i^2 \frac{f''(a \cdots b)}{2 f'(b)}.$$

Dieses Resultat ist sehr merkwürdig; man sieht, dass, wenn die Differenz i der zwei ersten Grenzen bekannt ist, man die Differenz i' der zwei neuen Grenzen findet, indem man das Quadrat von i mit dem Coefficienten $\frac{f''(a \cdots b)}{2 f'(b)}$ multiplicirt. Der Nenner $2 f'(b)$ ist bekannt; der Zähler $f''(a \cdots b)$ wird durch Einsetzung einer zwischen a und b gelegenen Grösse in $f''(x)$ gefunden. Mit C bezeichnen wir einen Näherungswerth des Coefficienten $\dfrac{f''(a \cdots b)}{2f'(b)}$, der aber grösser als dieser Coefficient sein soll. Wie wir in den folgenden Artikeln sehen werden, ist es leicht, diese Grenze C zu bilden und hieraus einen Näherungswerth Ci^2 für die Differenz i' abzuleiten.

[171] Wir werden auch den praktischen Gebrauch zeigen, den man von diesem Näherungswerth Ci^2 zu machen hat, um hieraus die Anzahl der durch jede Operation gegebenen exacten Ziffern zu finden. Hier wollen wir nur auf den Charakter der Annäherung, welche durch Anwendung der zwei Grenzen entsteht, aufmerksam machen.

Ist die Differenz $b - a$ der zwei ersten Grenzen eine sehr kleine Grösse geworden, z. B. eine Decimaleinheit siebenter Ordnung oder $\dfrac{1}{10^7}$, so zeigt der Ausdruck für i' oder Ci^2, dass die Differenz i' der zwei neuen Grenzen von derselben Ordnung wie $\left(\dfrac{1}{10}\right)^{14}$ wird. Die Zahl C besitzt einen einmal bestimmten Werth, welcher sich im Laufe der Untersuchung nicht ändert; die Differenzen i, i', i'', ... werden Decimaleinheiten höherer Ordnung. Die zweiten Grenzen a' und b' könnten noch, wenn die ersten a und b eine beträchtliche Differenz besitzen, zu entfernt voneinander sein; aber die Convergenz der Annäherung wird immer schneller, und jede Operation liefert eine stets wachsende Anzahl exacter Ziffern. Wir werden dies im Folgenden noch deutlicher erläutern, und man wird erkennen, wie sich die Annäherung beschleunigt.

X. Nachdem wir die analytischen Principien, welche dieser Untersuchung als Basis dienen, angegeben haben, wollen wir uns mit den geometrischen Constructionen, welche die Resultate darstellen, bekannt machen. Sie sind sehr einfach und denen analog, die uns zur Unterscheidung der imaginären Wurzeln im Artikel XXIII des ersten Buches dienten.

Als Beispiel betrachten wir den im Artikel VI behandelten Fall, d. h. den, wo die letzten Vorzeichen der Vergleichsreihen:

	$f''(x)$,	$f'(x)$	$f(x)$
(a) ...	$+$	$+$	$-$
	0	0	1
(b) ...	$+$	$+$	$+$

lauten und die drei letzten Indices die Zahlen 0, 0, 1 werden.

Der Bogen mn (Fig. 7) stellt einen Theil der Curve, deren Gleichung

$$y = f(x)$$

ist, dar. [172] Die Abscissen $0a$, $0b$ kennzeichnen die gegebenen Grenzen a und b. Die extremen Ordinaten am, bn sind die Werthe von $f(a)$ und $f(b)$. Der Bogen man, welcher dem Intervall ab der zwei Grenzen entspricht, hat keinen Inflexionspunkt, denn da der vorvorletzte Index Null ist, so hat die Gleichung $f''(x) = 0$ zwischen diesen Grenzen keine Wurzel. Die Curve wendet ihre convexe Seite nach dem unteren Theil der Fläche zu; denn die Function $f''(x)$ behält im ganzen Intervall

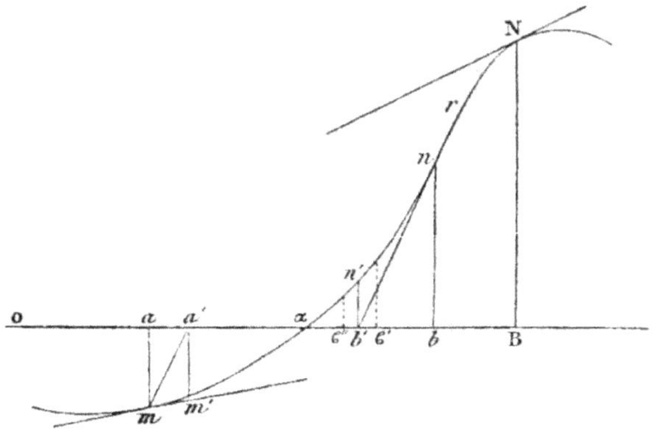

Fig. 7.

ab das Vorzeichen $+$. Da die Function $f'(x)$ auch in diesem Intervall das Vorzeichen $+$ beibehält, so folgt, dass der Bogen man aufsteigend ist. Daher wächst mit wachsender Abscisse die Ordinate $f(x)$ beständig; diese zunächst im Punkte a negative Ordinate nähert sich mehr und mehr der Null und entfernt sich dann, nachdem sie positiv geworden ist, von der Null; es existirt ein einziger Schnittpunkt der Curve und der Axe, nämlich der Punkt α. Setzen wir voraus, dass man im Punkte n eine Tangente an die Curve zieht und diese Tangente bis zum Punkte b', wo sie die Axe schneidet, verlängert, so ist es klar, dass, da der Punkt b' zwischen α und b liegt, die Abscisse $0b'$ einen grösseren Werth als die Wurzel haben wird; dieser Werth wird aber eine bessere Annäherung an diese Wurzel als die Abscisse $0b$ liefern. Führt man jetzt durch den Punkt m eine Parallele zur Tangente nb', so ergiebt die Abscisse $0a'$, da der Punkt a', in dem diese Parallele die Axe schneidet, zwischen a und α liegt, einen kleineren Werth als die Wurzel; dieser Werth wird aber eine bessere Annäherung an die Wurzel als die Abscisse $0a$ liefern. Man hat nur noch die Werthe dieser neuen Abscissen $0b'$ und $0a'$ auszudrücken. Im Punkte n ist das Verhältniss des Zuwachses dy zum Zuwachs dx oder $\dfrac{dx \cdot f'(b)}{dx}$ gleich dem Verhältniss der Ordinate nb zur Subtangente bb'. Daher hat man:

$$\frac{dx \cdot f'(b)}{dx} = \frac{nb}{bb'} = \frac{f(b)}{bb'} ;$$

folglich ist die Linie bb' gleich $\dfrac{f(b)}{f'(b)}$. Der Werth der Abscisse $0b'$ ist:

$$b - \frac{f(b)}{f'(b)}.$$

[**173**] Dies ist der Ausdruck des Näherungswerthes, den wir im Artikel VI mit b' bezeichneten.

Das Verhältniss $\dfrac{dy}{dx}$ im Punkte n oder $\dfrac{dx \cdot f'(b)}{dx}$ ist gleich dem Verhältniss der Ordinate am (mit entgegengesetztem Vorzeichen genommen) zum Theile aa' der Axe, welcher zwischen der Ordinate und der Parallelen liegt; daher hat man:

$$\frac{dx \cdot f'(b)}{dx} = - \frac{f(a)}{aa'} \text{ oder } aa' = - \frac{f(a)}{f'(b)}.$$

Die Abscisse $0a'$ ist also gleich:

$$a - \frac{f(a)}{f'(b)} ;$$

dies ist der Ausdruck für den Näherungswerth, den wir im Artikel VIII mit a' bezeichneten.

Die zwei Resultate der linearen Annäherung werden daher mittelst dieser Construction klar dargestellt. Die Abscissen $0a$, $0b$, welche den ersten Grenzen entsprechen, werden durch zwei andere $0a'$ und $0b'$ ersetzt; diese werden bestimmt, indem man durch den Punkt n eine Tangente an die Curve und durch den Punkt m eine Parallele zur Tangente führt. Heissen endlich a' und b' die Enden der Subtangenten oder allgemeiner zwei Punkte, von denen der eine zwischen a und der Grenze a', der andere zwischen b und der Grenze b' liegt, so bezeichnet man auf der Curve die Enden m' und n' der durch a' und b' gehenden Ordinaten; bezüglich der Punkte m' und n' geht man dann wie für die Punkte m und n vor. Es ist klar, dass man aus dieser Construction die Kenntniss der zwei Näherungswerthe $b - \dfrac{f(b)}{f'(b)}$ und $a - \dfrac{f(a)}{f'(b)}$, welche wir im Artikel VI und VII hergeleitet haben, hätte finden können. Der erste dieser Werthe ist der durch die *Newton*'sche Regel gegebene; allgemein besteht diese Regel immer darin, den ersten Näherungswerth, welchen man als Abscisse betrachtet, dadurch zu verbessern, dass man zu dieser Abscisse den Werth der Subtangente hinzufügt. [**174**] Der andere Näherungswerth $a - \dfrac{f(a)}{f'(b)}$ vervollständigt die lineare Annäherung oder die Annäherung ersten Grades. Wir bezeichnen mit diesem Ausdruck diejenige Annäherung, welche nur von Fluxionen erster Ordnung abhängt.

XI. Die vorstehende Construction macht die Bedingungen klar, welche die Anwendung der linearen Annäherung erfordert. Liegt der Punkt b (Fig. 7) nahe genug bei dem Schnittpunkte α, so trifft die Tangente im Endpunkte n der Ordinate bn die Axe in einem Punkte b' zwischen b und α; der neue Werth b', welcher durch die Abscisse Ob' dargestellt wurde, ist ein besserer Näherungswerth, als der voraufgehende b, den die Abscisse Ob darstellt. Entspräche aber der erste Werth OB, auf welchen man die Rechnung anzuwenden hat, dem Punkte B, so kann offenbar die im Punkte N construirte Tangente die Axe in einem Punkte treffen, der weiter vom Schnittpunkte α entfernt ist. In diesem Falle liefert die *Newton*'sche Regel den Werth der gesuchten Wurzel nicht mit Sicherheit; vielmehr kann sie zu Resultaten führen, die sehr verschieden von denjenigen, welche Gegenstand der Frage sind, werden. Damit diese Unsicherheit nicht eintreten soll, muss der Punkt n, der Endpunkt der Ordinate bn, vom Coordinatenursprung O weniger entfernt sein als der nächste Inflexionspunkt r.

Man sieht auch, dass die *Newton*'sche Annäherung nicht

ohne Unterschied auf die Grenze a und die Grenze b angewandt werden kann; denn die im Endpunkte m der Ordinate
am gezogene Tangente könnte die Axe in einem Punkte
treffen, der vom Schnittpunkte α weiter entfernt ist, als es der
Punkt b war. Die Grenzen $0a$, $0b$ (Fig. 8), zwischen denen
sich ein einziger Schnittpunkt α befindet, könnten auch so
weit entfernt sein, dass in diesem Intervall ab mehrere Punkte
p, p gelegen sind, in denen die Tangente parallel der Axe
ist, und mehrere Inflexionspunkte r, r, r, welche einen convexen Bogen von einem concaven Bogen trennen. In diesem
Falle darf man nicht von der linearen Annäherung Gebrauch
machen; man muss vielmehr das Intervall so lange verkleinern,
bis der Bogen, welcher dem neuen Intervall $a'b'$ entspricht,
keinen Punkt p des Maximums und Minimums und keinen Inflexionspunkt r enthält.

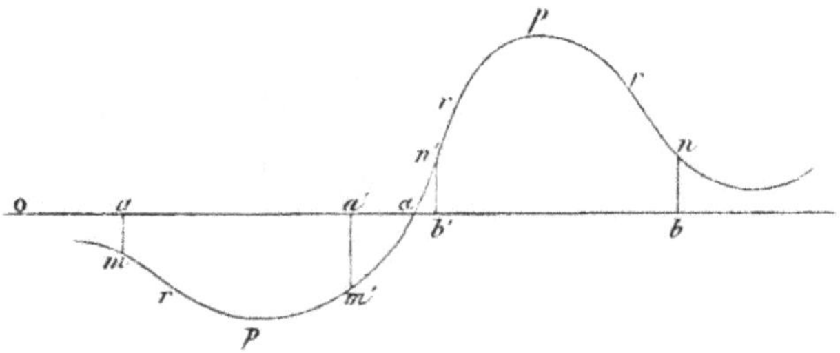

Fig. 8.

Schon in der Abhandlung über die Auflösung der numerischen Gleichungen[55] war gezeigt worden, dass das von
Newton angegebene Verfahren insofern unvollkommen ist, als
es kein charakteristisches Merkmal, welches die Sicherheit der
Annäherung verbürgt, an sich trägt. [**175**] Der berühmte
Autor macht die Bemerkung (Einleitung, Seite X), dass, da
man bei jeder Operation Glieder, deren Werth man nicht
kennt, vernachlässigt, man nicht den Grad der Genauigkeit
jeder Correction beurtheilen kann; er fügt hinzu (Seite 129,
zweite Ausgabe), dass es schwierig, ja sogar vielleicht unmöglich ist, a priori ein unterscheidendes Merkmal zu finden,
um beurtheilen zu können, ob die Bedingung, welche die
Operation convergent macht, erfüllt oder nicht erfüllt ist.
Diese wichtige Frage ist durch die Methode, welche wir im

voraufgehenden Buche zur Bestimmung der Grenzen der Wurzeln angegeben haben, völlig gelöst; durch diese Methode erkennt man, ob die Gleichung $f(x) = 0$ zwischen den Grenzen
a und b eine einzige reelle Wurzel hat, und ob jede der
Gleichungen $f'(x) = 0$ und $f''(x) = 0$ keine Wurzel in diesem
Intervall besitzt. Ferner kann man in allen Fällen für jede
Wurzel zwei Grenzen bestimmen, welche diesen Bedingungen
genügen. Daher kann die lineare Annäherung, von welcher
die *Newton*'sche Methode einen Theil bildet, immer angewandt
werden.

Die Construction macht dieses Resultat für den oben angegebenen Fall klar, denn der Bogen mn (Fig. 7) kann weder
einen Inflexionspunkt, noch eine zur Axe parallele Tangente
besitzen; die Gleichungen $f''(x) = 0$ und $f'(x) = 0$ haben ja

Fig. 9.   Fig. 10.

zwischen a und b keine reellen Wurzeln. Es genügt daher,
in diesem Falle die Regel anzuwenden. Der erste Näherungswerth b' führt zum Ende der Subtangente; oder hält man sich,
um die Rechnung zu erleichtern, bei einem Nachbarpunkte β'
des Punktes b', der zwischen b' und b gelegen ist, auf, so
gelangt man mit demselben Verfahren von diesem Punkte β'
zu einem anderen β'', welcher dem Schnittpunkte α näher
liegt. Diese Annäherung kann unbegrenzt fortgesetzt werden.

XII. Die Lage der Figur ist nicht immer die soeben von
uns angegebene. Man muss im allgemeinen vier Fälle unterscheiden, nämlich die in den Figg. 9, 10, 11, 12 dargestellten;
von diesen wollen wir zunächst den ersten betrachten. In
diesem Falle (Fig. 9) vollzieht sich die Annäherung, wie wir
schon sagten, vermöge aufeinanderfolgender Tangenten, deren
erste durch den Punkt n geht. Im zweiten Falle (Fig. 10)

geht die erste Tangente durch den Punkt m. Im dritten Falle (Fig. 11) geht sie auch durch das Ende m der Ordinate am. [176] Im vierten Falle (Fig. 12) geht die erste Tangente vom Ende n der Ordinate bn aus. Aus dem Anblick der Figuren allein geht schon die Convergenz der Annäherungen hervor; die Figuren lassen auch erkennen, dass die Bedingung dieser Convergenz für alle Fälle darin besteht, dass der Bogen mn frei von Krümmungen und Wendepunkten ist. Dies tritt immer dann ein, wenn die Gleichungen $f'(x) = 0$ und $f''(x) = 0$ zwischen a und b keine reellen Wurzeln besitzen. Wie wir schon angaben, versichert man sich hiervon, indem man die Grenzen a und b in die Functionenreihe:

$$f^{(m)}(x), \ f^{(m-1)}(x), \ \ldots, \ f'''(x), \ f''(x), \ f'(x), \ f(x)$$

setzt; dies ergiebt zwei Reihen von Resultaten, nämlich:

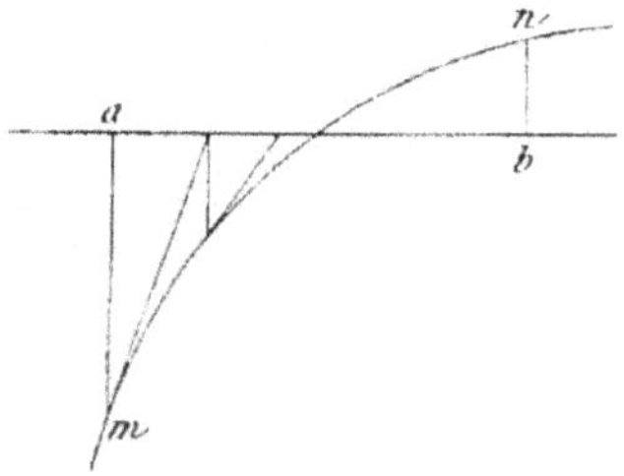

Fig. 11. 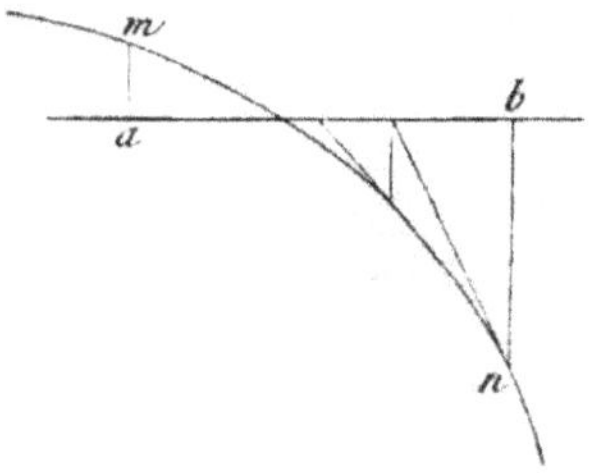   Fig. 12.

$(a) \ldots \ f^{(m)}(a), \ f^{(m-1)}(a), \ \ldots, \ f'''(a), \ f''(a), \ f'(a), \ f(a),$

$(b) \ldots \ f^{(m)}(b), \ f^{(m-1)}(b), \ \ldots, \ f'''(b), \ f''(b), \ f'(b), \ f(b).$

Man hat die zwei Vergleichsreihen (a) und (b) zu vergleichen. Unterscheiden sich diese nur durch das letzte Vorzeichen, welches für eine der Grenzen positiv, für die andere negativ sei, so haben die zwei Gleichungen $f''(x) = 0$ und $f'(x) = 0$ in dem Intervalle keine Wurzeln. Daher hat der Bogen mn keine zur Axe parallele Tangente und keinen Wendepunkt. Folglich sind die Grenzen so nahe, dass man ohne irgend welche Unsicherheit von der Näherungsregel Gebrauch machen kann.

Man sieht auch: es ist nicht nöthig, dass die zwei Vorzeichenreihen (a) und (b) nur im letzten Vorzeichen verschieden sind; es genügt, die Anzahl der Vorzeichenwechsel dieser zwei Reihen zu vergleichen. Bei diesem Vergleich geht man von links nach rechts vor und macht zunächst bei der Function $f'''(x)$ halt. Findet man, dass die zwei Grenzen bis zu diesem Gliede (incl.) dieselbe Anzahl von Vorzeichen ergeben, so folgert man, dass die Gleichung $f''(x) = 0$ zwischen den Grenzen a und b keine Wurzel hat. Man vergleicht auch die zwei Reihen (a) und (b), indem man bei der Function $f'(x)$ (incl.) halt macht; haben die zwei Reihen noch dieselbe Anzahl von Vorzeichenwechseln, so schliesst man, dass die Gleichung $f'(x) = 0$ zwischen den Grenzen a und b keine Wurzel hat. [177] Man kann dann sofort zur Anwendung der Regel übergehen; sie wird sicher bessere Grenzen a' und b', als es die voraufgehenden a und b waren, ergeben.

Der Vergleich der zwei Reihen (a) und (b) reducirt sich, wie man sieht, darauf, die Reihe der Indices zu bilden, welche dem Intervall der Grenzen a und b eigenthümlich ist, und zu prüfen, ob die drei letzten Indices 0, 0, 1 lauten; diese Bedingung ist nothwendig und hinreichend. Wäre sie nicht erfüllt, so wäre die Annäherung irrig oder wenigstens unsicher; man darf in diesem Falle nur dann zu derselben übergehen, wenn man die Grenzen näher aneinander gebracht hat. Sind die drei letzten Indices 0, 0, 1 geworden, so weist dies darauf hin, dass die zwei Grenzen a und b nahe genug sind, um von der linearen Annäherung Gebrauch zu machen. Man geht dann von den Grenzen a und b zu zwei anderen a' und b', welche dieselbe Eigenschaft wie a und b haben, über; die eine dieser neuen Grenzen wurde durch *Newton* gegeben; sie ist im ersten Falle (Fig. 9) durch:

$$b - \frac{f(b)}{f'(b)}$$

dargestellt.

XIII. Die Constructionen lassen sehr klar erkennen, dass *Newton*'s Regel nicht unterschiedslos auf die eine oder auf die andere Grenze angewandt werden darf. Im ersten Falle ist der Bogen ansteigend und concav (Fig. 9); er wendet seine convexe Seite nach dem unteren Theil des Blattes. Im zweiten Falle (Fig. 10) ist der Bogen absteigend und concav. Im dritten Falle (Fig. 11) ist der Bogen ansteigend und convex; er wendet seine convexe Seite nach dem oberen Theil des Blattes. Im vierten Falle (Fig. 12) ist der Bogen absteigend und convex.

Im ersten Falle sind die drei letzten Vorzeichen der Reihe
(a), welche man bildet, indem man a in die Functionen:

$$f'''(x), \quad f''(x), \quad f(x)$$

setzt,

$$+ \quad + \quad -,$$

und diejenigen der Reihe (b):

$$+ \quad + \quad +\cdot$$

[178] Für den zweiten Fall lauten die drei letzten Glieder
der zwei Reihen:

$$(a) \ldots \ + \quad - \quad +$$
$$(b) \ldots \ + \quad - \quad -\cdot$$

Für den dritten Fall lauten die drei letzten Glieder der zwei
Reihen:

$$(a) \ldots \ - \quad + \quad -$$
$$(b) \ldots \ - \quad + \quad +\cdot$$

Endlich lauten für den vierten Fall die letzten Glieder der
Reihen:

$$(a) \ldots \ - \quad - \quad +$$
$$(b) \ldots \ - \quad - \quad -\cdot$$

Im ersten und vierten Falle muss das Näherungsver-
fahren auf die grössere Grenze b angewandt werden; denn die
durch den Punkt n gezogene Tangente ergiebt sicherlich einen
zweiten besseren Näherungswerth b' als b. Im zweiten und
dritten Falle muss die Regel auf die kleinere Grenze a angewandt werden; denn die durch den Punkt m gezogene Tangente ergiebt sicherlich einen besseren Näherungswerth a'
als a.

Um diejenige der zwei Abscissen, welche die zu wählende
Grenze darstellt, zu unterscheiden, genügt es zu bemerken,
dass man aus dem Ende dieser Abscisse die Convexität des
Bogens mn, nicht aber seine Concavität ersieht. Diese Grenze
kann die äussere genannt werden, weil der sie begrenzende
Punkt ausserhalb des Raumes, welchen die Curve einschliesst,
liegt. Die andere Grenze ist die innere.

Nicht weniger leicht erkennt man die Grenzen durch die
Vorzeichen der zwei Reihen (a) und (b). Die äussere Grenze
ist immer diejenige, welche für $f(x)$ und $f'''(x)$ dieselben Vorzeichen ergiebt.

XIV. Für die gewöhnliche Anwendung der Regel ist es,
wie man gesehen hat, nothwendig, zwei Grenzen a und b zu
kennen, zwischen denen die Wurzel, deren Werth man berechnet, allein gelegen ist; ferner muss man sich versichern,
dass, wenn man die zwei Zahlen a und b in die Functionenreihe $f^{(m)}(x), \ldots, f''(x), f'(x), f(x)$ einsetzt, die Gleichung
$f(x) = 0$ zwischen a und b eine einzige Wurzel besitzt, die
Gleichung $f'(x) = 0$ und ebenso die Gleichung $f''(x) = 0$ hingegen in diesem Intervall keine Wurzeln haben. [179] Diese
Grenzen bestimmt man durch die Methode, welche wir im
ersten Buche auseinandergesetzt haben; sind diese Grenzen
nicht nahe genug, dass die Reihe der dem Intervall eigenthümlichen Indices als letzte Glieder 0, 0, 1 aufweist, so muss
man das Intervall so lange verkleinern, bis diese Bedingung
erfüllt ist. Solches Ergebniss zu erreichen ist immer leicht,
und die Constructionen machen dieses Resultat klar. Der
Bogen der Curve mn, dessen Schnittpunkt mit der Axe die
gesuchte Wurzel darstellt, kann, trotzdem er nur einen Schnittpunkt besitzt, doch ausgedehnt genug sein, um Biegungen und
Wendungen zu haben; dies würde z. B. eintreten, wenn dieser
Bogen so wie in Fig. 8 verläuft. Man kann die Grenzen a
und b so entfernt voraussetzen, dass der Bogen mn zwei
Punkte p und p des Maximums und Minimums, drei Inflexionspunkte r, r, r und doch nur einen einzigen Schnittpunkt α
besitzt. Wenn man aber die Grenzen näher bringt, so gelangt
man offenbar zu besseren Werthen a' und b' und kann den
Bogen mn frei von Krümmungen machen. Nur müssen dabei
die singulären Fälle, in denen man die Inflexionspunkte, die
Schnittpunkte und die Punkte des Maximums und Minimums
nicht trennen kann, beachtet werden. Dies tritt ein: erstens,
wenn die zwei Wurzeln gleich sind, zweitens, wenn der Inflexionspunkt r mit dem Schnittpunkt α zusammenfällt. Der
erste Fall ist hier nicht zu betrachten; denn die zwei Wurzeln
sind dann nicht getrennt und die Reihe der dem Intervall zugehörigen Indices schliesst nicht, wie vorausgesetzt, mit der
Zahl 1, vielmehr ist der letzte Index 2. Der zweite Fall ist
dem der gleichen Wurzeln analog und beide sind leicht zu
unterscheiden. Im ersten Falle haben die zwei Functionen
$f(x)$ und $f'(x)$ einen Factor gemein, im zweiten Falle haben
die zwei Functionen $f(x)$ und $f''(x)$ einen gemeinsamen Factor.
Es genügt daher, diese Functionen zu vergleichen und dadurch
zu erkennen, ob sie einen gemeinsamen Factor besitzen; wie

wir vorher gesehen haben, bildet dieser Vergleich einen Theil der Regel, welche zur Bestimmung der Grenzen der Wurzeln dient.

[180] XV. Wir fassen jetzt den allgemeinen Inhalt der soeben bewiesenen Sätze zusammen:

Wendet man auf eine vorgelegte Gleichung $f(x) = 0$ die zur Bestimmung der Grenzen angegebene Methode an, so gelangt man dazu, ein durch zwei Zahlen a und b begrenztes Intervall zu bestimmen; in diesem befindet sich eine einzige Wurzel; zur Berechnung dieser geht man, wie folgt, vor. Die Reihe der zu diesem Intervall gehörenden Indices hat nach Voraussetzung als letztes Glied die Zahl 1. Man sieht, ob die zwei Vorzeichenreihen, welche durch Substitution der Grenzen a und b gegeben werden, sich nur durch das letzte Vorzeichen unterscheiden; dies tritt am häufigsten ein. Findet diese Bedingung statt, so kann man sofort die Näherungsmethode anwenden. Zu dieser Anwendung kann man auch dann übergehen, wenn die zwei Vorzeichenreihen verschieden sind und die letzten Glieder der Reihe der Indices 0, 0, 1 lauten. Ist diese letzte Bedingung nicht erfüllt, so kündigt dies an, dass die Grenzen nicht nahe genug liegen, um mit Sicherheit von der Näherungsregel Gebrauch zu machen; in diesem Falle muss man das Intervall durch Substitution einer zwischenliegenden Zahl verkleinern. Bevor man aber zu dieser Theilung des Intervalls übergeht, prüfe man, ob die Functionen $f''(x)$ und $f(x)$ einen gemeinsamen Theiler $\psi(x)$ haben. Tritt dieser singuläre Fall ein und hat ferner die Gleichung $\psi(x) = 0$ eine reelle Wurzel α zwischen a und b, — dies erkennt man leicht nach den von uns dargelegten Principien —, so bleibt nur die Bestimmung dieser Wurzel α übrig. Man wendet daher dann diese Regel auf die Gleichung $\psi(x) = 0$ an.

Existirt der gemeinsame Factor nicht, so kommt man durch Theilung des Intervalls sicher zu zwei Grenzen a und b, für welche die drei letzten Indices 0, 0, 1 lauten. Man wählt dann diejenige der zwei Grenzen, die beim Einsetzen in $f''(x)$ und $f(x)$ dieselben Vorzeichen liefert, aus; bezeichnet man diese äussere Grenze mit c, so setzt man in die Gleichung $f(x)$ an die Stelle von x $c + \gamma$ ein; in dem Resultat lässt man diejenigen Potenzen von γ, die höher als die erste sind, fort; dann bestimmt man allein durch numerische Division einen Näherungswerth für γ, indem man den zu kleinen Quotienten, abgesehen vom Vorzeichen, nimmt. [181] So findet man einen zweiten Näherungswerth c'; verfährt man mit der neuen Grenze c' ebenso wie man es mit der Grenze c that, so kann man dasselbe Rechnungsverfahren fortsetzen.

XVI. Durch das Voraufgehende ersieht man: diese Anwendung der Regel ergiebt Näherungswerthe, die immer besser angenähert sind, die aber, wie wir schon im Artikel II sagten, entweder alle grösser oder alle kleiner als die gesuchte Wurzel sind. Hieraus geht Folgendes hervor: führt man die numerische Division, um einen neuen Theil der Wurzel zu kennen, aus, so weiss man nicht, bis zu welchem Gliede diese Operation geführt werden muss. Beschränkt man sich auf eine einzige Ziffer des Quotienten, so verliert man einen der grössten Vortheile des Verfahrens; denn eine einzige Operation kann mehrere exacte Ziffern ergeben, und sie ergiebt um so mehr, wenn man schon eine grössere Anzahl derselben kennt. Führt man hingegen den Quotienten über das Glied, bei dem die Ziffern der Wurzel anzugehören aufhören, hinaus, so macht man die weiteren Operationen complicirt und verwirrt. Die reguläre Anwendung eines solchen Processes erfordert ersichtlich, dass man mit Hilfe einer sicheren Regel erkennt, wieviel Ziffern, die der Wurzel wirklich angehören, durch jede Operation gegeben werden. Wir haben oben die Principien, welche diese Frage völlig lösen, dargelegt. Hat man zwei Grenzen a und b gefunden, welche beim Einsetzen in die Functionen $f^{(m)}(x), \ldots, f''(x), f'(x), f(x)$ bis auf die letzten Resultate zwei Reihen von Resultaten mit denselben Vorzeichen liefern, so leitet man für die Berechnung der Näherungswerthe die im Folgenden anzugebende Regel ab; diese ist auch noch gültig, wenn man zwei Grenzen a und b gefunden hat, die, in diese Functionen eingesetzt, derartige Resultate ergeben, dass die Reihe der Indices als letzte drei Glieder 0, 0, 1 aufweist. Bezeichnet man diejenige der zwei Grenzen, welche, in die Functionen $f''(x)$ und $f(x)$ gesetzt, zwei Resultate mit denselben Vorzeichen liefert, mit β, so muss man den Ausdruck:

$$\beta' = \beta - \frac{f(\beta)}{f'(\beta)}$$

bilden; [182] bezeichnet man mit α die andere Grenze, welche für $f'(\alpha)$ und $f(\alpha)$ verschiedene Vorzeichen liefert, so bilde man den Ausdruck:

$$\alpha' = \alpha - \frac{f(\alpha)}{f'(\beta)}\,.$$

Die zwei Grössen α' und β' sind neue Werthe, zwischen denen die Wurzel x liegt; dieselben sind bessere Näherungswerthe als α und β.

XVII. Die aus den ersten β und α hergeleiteten neuen Grenzen $\beta - \dfrac{f(\beta)}{f'(\beta)}$ und $\alpha - \dfrac{f(\alpha)}{f'(\beta)}$ sind nicht die einzigen, welche man zur Berechnung der Wurzeln verwenden kann; die lineare Annäherung umfasst im allgemeinen fünf, aus den zwei ersten α und β resultirende Grenzen. Die Construction (Fig. 13) genügt, um diese fünf Grenzen und ihre Eigenthümlichkeiten anzugeben. Man muss in dem Endpunkte der Ordinate, welche einer der Grenzen entspricht, eine Tangente an

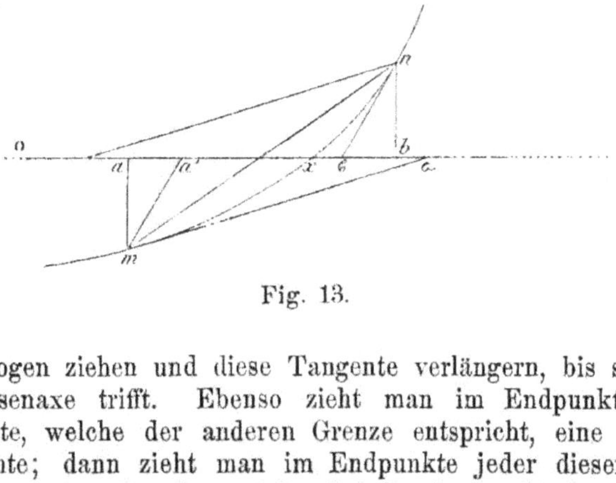

Fig. 13.

den Bogen ziehen und diese Tangente verlängern, bis sie die Abscissenaxe trifft. Ebenso zieht man im Endpunkte der Ordinate, welche der anderen Grenze entspricht, eine zweite Tangente; dann zieht man im Endpunkte jeder dieser zwei Ordinaten eine Gerade, welche der durch den Endpunkt der anderen Ordinate gehenden Tangente parallel ist. Endlich zieht man durch die Enden der zwei Ordinaten eine Secante und bezeichnet ihren Schnittpunkt mit der Abscissenaxe. Das System dieser fünf geraden Linien stellt alle Bedingungen der linearen Annäherung oder der Annäherung ersten Grades dar; d. h. auf diese Art kennt man die neuen Näherungswerthe, welche aus den zwei ursprünglichen Grenzen α und β allein durch Auflösung von Gleichungen ersten Grades hergeleitet werden können. Nach der Natur der besonderen Fälle kann man diejenige der fünf Grenzen, welche am leichtesten zu berechnen ist, auswählen; aber nicht immer kann man begründet schliessen, dass die zwei neuen Grenzen nothwendig bessere Näherungswerthe als die zwei voraufgehenden darstellen.   Diese Eigenthümlichkeit findet nur bei den zwei im voraufgehenden Artikel mit

$$\beta - \frac{f(\beta)}{f'(\beta)} \quad \text{und} \quad \alpha - \frac{f(\alpha)}{f'(\beta)}$$

bezeichneten Grössen und derjenigen der fünf Grenzen, welche durch die Secante angegeben wird, statt.   [**183**] Diese letztere wird durch:

$$\beta - f(\beta) \frac{\beta - \alpha}{f(\beta) - f(\alpha)} \quad {}^{56})$$

ausgedrückt.   Der Factor, welcher $- f(\beta)$ multiplicirt, ist der Quotient der Differenz $\beta - \alpha$ der zwei Abscissen durch die Differenz $f(\beta) - f(\alpha)$ der zwei Ordinaten; in dem voraufgehenden Ausdruck $\beta - \dfrac{f(\beta)}{f'(\beta)}$ ist der Factor, welcher $- f(\beta)$ multiplicirt, der Quotient des Differentials $d\beta$ der Abscisse durch $d\beta \cdot f'(\beta)$ oder $df(\beta)$, dies ist aber das Differential der Ordinate; die zwei Ausdrücke differiren also darin, dass die Differentiale durch die endlichen Differenzen ersetzt sind.

Ist die Differenz der Grenzen noch gross genug, so differiren die fünf neuen Grenzen, welche aus den alten folgen, sehr merklich voneinander; man muss dann diejenigen, welche die besten Näherungswerthe ergeben, auswählen.   Aber in dem Maasse, wie das Intervall der ersten Grenzen abnimmt, nähern sich die neuen Grenzen, welche man ableiten kann, fortwährend, und die Ordnung der Convergenz wird für alle dieselbe. Im Folgenden werden wir das Maass der Convergenz kennen lernen.

XVIII.   Der einfachste Fall der linearen Annäherung ist derjenige, den die zweigliedrigen Gleichungen der Form:

$$x^m - A = 0$$

darbieten.   Der Exponent m ist bekannt; A ist eine positive Zahl.   Die Berechnung reducirt sich daher darauf, aus der Zahl A die $m$te Wurzel auszuziehen.   Die arithmetische Operation, welche diese Wurzel ergiebt, lässt sich sofort aus den von uns auseinandergesetzten Principien herleiten.   Wendet man auf die Function $f(x)$ oder $x^m - A$ die im ersten Buche auseinandergesetzten Principien an, so erkennt man sofort den ganzzahligen Bestandtheil, aus dem die Wurzel gebildet ist, und zwar die ersten Ziffern; man kennt daher zwei erste Grenzen a und b, zwischen denen die Wurzel liegt; diese unterscheiden sich um eine einzige Decimaleinheit einer gewissen Ordnung. Die drei letzten Functionen sind:

[184] $$f''(x), \qquad f'(x), \qquad f(x)$$
$$m(m-1)x^{m-2}, \quad mx^{m-1}, \quad x^m - A.$$

Die Zeichenreihe, welche der Grenze a entspricht, lautet:

$(a) \cdots + \cdots + \qquad + \qquad -,$

und die Zeichenreihe für b wird:

$(b) \cdots + \cdots + \qquad + \qquad +\cdot$

Die Reihe der Indices weist daher:

$$0, \quad 0, \quad 1$$

als die drei letzten Glieder auf; der Bogen der Curve verläuft so, wie es die Fig. 13 darstellt. Zieht man durch den Punkt m, welcher der kleineren Grenze a entspricht, die Tangente $m\alpha$, so findet man eine Subtangente, welche, zu der Abscisse $0a$ hinzugefügt, eine neue Abscisse 0α ergiebt; diese ist nothwendig grösser als die Abscisse $0x$ des Schnittpunktes. Hat man im Endpunkte n der Ordinate, welche der grösseren Grenze b entspricht, die Tangente $n\beta$ gezogen, so ziehe man zu dieser Tangente durch den Punkt m eine parallele Gerade ma'; fügt man aa' zu der Abscisse $0a$, so ergiebt dies eine neue Abscisse $0a'$, die nothwendig kleiner als die Abscisse $0x$ des Schnittpunktes ist. Die Wurzel liegt folglich zwischen $0a'$ und 0α; man muss daher zu dem schon bekannten Theile a den Werth von $a\alpha$, der $-\dfrac{f(a)}{f'(a)}$ oder $\dfrac{A-a^m}{ma^{m-1}}$ ist, hinzufügen, die Summe überschreitet dann sicher die Wurzel x. Fügt man aber zu dem bekannten Theile a den Werth von aa' hinzu, so wird die erhaltene Summe sicher kleiner als die Wurzel. Die Linie aa' hat den Werth $-\dfrac{f(a)}{f'(b)}$ oder $\dfrac{A-a^m}{mb^{m-1}}$; der Zähler $A-a^m$ ist der Rest R, der sich bei der arithmetischen Operation, welche einen ersten Theil der

Wurzel erkennen lässt, ergiebt. Mithin erhält man folgendes
Resultat: dividirt man den Rest R durch das $m$fache der
$m - 1$ten Potenz des schon bei der Wurzel hingeschriebenen
Theiles a, so übersteigt der Quotient die Grösse, die man zu
a, um die Wurzel zu finden, hinzuaddiren muss; [185] er-
höht man aber die letzte bei der Wurzel hingeschriebene
Ziffer um 1, — dies ergiebt nach Annahme einen Werth b,
der grösser als die Wurzel ist, — und dividirt denselben
Rest R durch das $m$fache der $m - 1$ten Potenz von b, so
wird der Quotient kleiner als die Grösse, die man zu a hiu-
zufügen muss, um die Wurzel zu vervollständigen. Die zwei
Quotienten $\dfrac{R}{m a^{m-1}}$ und $\dfrac{R}{m b^{m-1}}$ differiren im Anfang der
Operation derartig, dass der Vergleich dieser Quotienten zu-
nächst nicht sehr zur Erleichterung der Berechnung der Wurzel
dient; ist es aber gelungen, eine grössere Anzahl exacter Ziffern zu kennen, so unterscheiden sich die Quotienten ausserordentlich wenig; wie man sicher weiss, gehören die den zwei
Grenzen gemeinsamen Ziffern der Wurzel an; hieraus folgt,
dass jede Operation eine gewisse Anzahl exacter Ziffern kennen
lehrt und dass bezüglich des Gliedes, bei dem man bei der
numerischen Division halt machen muss, keine Unsicherheit
herrscht. Die Bestimmung des Gesetzes, nach dem die Anzahl der exacten Ziffern zunimmt, die jede numerische Division liefert, ist leicht aufzufinden. Ueber Operationen, welche
zur Ausziehung der Quadrat- und Cubikwurzeln dienen, hat
man schon lange Bemerkungen gemacht. Aber diese Sätze
sind nicht auf so einfache Operationen beschränkt; sie passen,
wie wir bald beweisen werden, auch auf die Wurzeln aller
algebraischen Gleichungen, wie gross auch immer die Anzahl
ihrer Glieder sei. Diese eigenthümlichen Resultate sind sogar
noch viel allgemeiner; sie hängen nicht von der Natur der
bestimmten Gleichung, deren Wurzel man sucht, ab; sie folgen
vielmehr aus dem Charakter der linearen Annäherung.

  XIX. Der voraufgehende Artikel zeigt: die elementaren
Regeln, welche zur Ausziehung der numerischen Wurzeln
dienen, sind nichts anderes als sehr specielle Anwendungen
einer allgemeinen Methode, welche die Gleichungen aller Grade
umfasst. *Vieta* [9], *Harriot* [10], *Oughtred* [11], *Newton* [14] und *Wallis* [12] haben die Frage der Auflösung der Gleichungen zuerst
unter diesem Gesichtspunkte betrachtet. Sie dachten, es muss
eine allgemeine **exegetische** Operation existiren; diese ist

geeignet, der Reihe nach alle Theile irgend einer Wurzel einer
aequatio affecta zu ergeben. [186] Mit dem letzteren Ausdruck bezeichneten sie die algebraische Gleichung, welche
ausser der Potenz x^m der Unbekannten sowie dem letzten bekannten Gliede A noch verschiedene andere Glieder, die aus
Producten von gegebenen Coefficienten und niedrigeren Potenzen der Unbekannten gebildet sind, enthält. Den Theil
dieser allgemeinen Methode, der sich auf die Buchstabengleichungen mit einer einzigen Unbekannten bezieht, entdeckte
Newton; er machte davon einen sehr ausgiebigen Gebrauch
in der Theorie der Reihen. Franz Vieta hatte dieselben Anschauungen lange vorher in Vorschlag gebracht; damals waren
aber die mathematischen Theorien zu unvollkommen, um eine
genügend weitgehende Methode bilden zu können. Der einfachste Fall der Gleichungen mit zwei Gliedern war allerdings
leicht aufgelöst worden; denn bei demselben ist die Natur der
Wurzeln klar, und man hat auch keine Regel zur Bestimmung
der Grenzen nöthig. Setzt man aber eine beliebige Zahl von
Gliedern und Coefficienten voraus, so erfordern die Unterscheidung der reellen von den imaginären Wurzeln und die Aufsuchung zweier Grenzen für jede reelle Wurzel eine sehr tiefgehende Prüfung; diese Fragen haben wir in unserem ersten
Buche behandelt.

Die Berechnung der numerischen Wurzeln beruht, wie wir
in den Artikeln XVI und XVII sahen, auf der Vergleichung
von zwei Grenzen; diese rücken immer näher und näher,
zwischen ihnen ist die Wurzel nothwendig gelegen. Streng
genommen, genügen die bewiesenen Sätze für die Exactheit der
Rechnung; aber es ist sehr wichtig, dieser Methode einen
neuen Grad von Vollendung zu geben, um hierdurch ihre Ver-
wendbarkeit für den Gebrauch einfacher zu gestalten. Allgemein darf man diese Untersuchung nicht eher als abgeschlossen
betrachten, als bis es gelungen ist, die Operation einzig und
allein auf Rechnungen, deren Ausführung unumgänglich nothwendig ist, zurückzuführen. Es handelt sich nicht allein mit
Sicherheit zur Kenntniss der Wurzeln zu gelangen, sondern
man muss auch der Methode die ganze Einfachheit geben, die
sie zulässt, ohne dabei ihre Allgemeinheit zu verlieren. Zur
Erreichung dieses Zieles müssen wir drei verschiedene Fragen,
deren Gegenstand wir jetzt kennen lernen wollen, beantworten.

Die erste ist rein algebraisch; [187] sie besteht darin, die
Operation, welche eine Zahl durch eine andere zu dividiren

zum Zweck hat, so anzuordnen, dass man bei der Bestimmung
des Quotienten nur jede Ziffer des Divisors dann mitwirken
lässt, wenn die Heranziehung dieser Ziffer des Divisors nöthig
geworden ist, damit bezüglich der Ziffer, welche man beim
Quotienten hinschreibt, keine Unsicherheit eintritt. Die zweite
Frage bezweckt, die aufeinanderfolgenden Substitutionen, welche
bei der Berechnung der Wurzeln nöthig werden, derartig auszuführen, dass dabei kein Theil der Operation wiederholt wird
und man zu den voraufgehenden Operationen nur das dem neuen
neuen Theil der Wurzel entsprechende Resultat hinzufügt.

Die dritte Frage hat die Bestimmung des exacten Maasses
der Convergenz der Annäherung zum Gegenstande; hierdurch
findet man ohne irgend welche Unsicherheit, wieviel Ziffern,
welche als Theile der Wurzel beibehalten werden sollen, durch
jede numerische Division gegeben werden.

XX. Bei der Prüfung der ersten Frage erkennt man zunächst, dass die gewöhnliche Regel für die Division der Zahlen
zu überflüssigen Rechnungen führt. Zur Bestimmung der Grenzen muss man Werthe von Quotienten wie $\dfrac{f(a)}{f'(a)}$ berechnen;
der Nenner $f'(a)$, welcher durch die Substitution des schon
bekannten Theiles a in die Function $f'(x)$ erhalten wird, kann
mehrere Decimalziffern enthalten; ist die Operation schon sehr
weit vorgeschritten, so enthält er thatsächlich eine grosse Anzahl von Ziffern. Die letzten dieser Ziffern des Divisors,
welchs rechts stehen, tragen nicht zur Bildung der ersten
Ziffern des Quotienten $\dfrac{f(a)}{f'(a)}$ bei; es handelt sich um die Kenntniss dieser ersten Ziffern. Man muss daher nur diejenigen
Ziffern des Divisors, von deren Verwendung man bei der Berechnung nicht absehen kann, in die Rechnung einführen.

Der Verfasser des Werkes »Artis analyticae praxis«,
Oughtred[57]), hat für die Multiplication der Zahlen eine Regel
dieser Art hinterlassen: man kennt auch einen analogen Process zur Vereinfachung der numerischen Division, wenn man
eine gewisse Anzahl von Ziffern des Quotienten kennen lernen
will. Hier müssen wir aber einer anderen Bedingung genügen;
dieselbe besteht darin, die Ziffern des Divisors nur der Reihe
nach heranzuziehen, damit wir die Operation auch nach Willl-
kür fortsetzen können; [188] besonders muss man mit Sicherheit entscheiden, ob die im Quotienten hingeschriebene Ziffer

exact ist. Es soll jetzt die Regel, welche man in allen Fällen
bei der Ausführung dieser geordneten Division verwenden
muss, folgen.

Zuerst bezeichne man im Divisor nur einige der ersten
Ziffern, z. B. die zwei oder die drei oder die vier ersten;
denjenigen Divisor, welcher so aus den bezeichneten Ziffern
gebildet ist, bezeichnen wir als designirten Divisor. Man
dividire dann den vorgelegten Dividendus durch den designirten Divisor, und zwar führe man diese Operation nach
einer Regel, die nur in einem Punkte von der gewöhnlichen
Regel differirt, aus. Diese Differenz besteht in Folgendem:
jedesmal, wenn man eine Ziffer des Dividendus zu dem durch
eine voraufgehende Operation gegebenen Rest hinunternimmt
und auf diese Art einen Partialdividendus bildet, muss man
diesen letzten Dividendus dadurch corrigiren, dass man eine
gewisse Grösse subtrahirt; so erhält man einen corrigirten
Partialdividendus. Dann sucht man, wieviel mal dieser
letzte Dividendus den designirten Divisor enthält und schreibt
die Ziffer, welche diese Anzahl ausdrückt, beim Quotienten
hin. Hierauf multiplicirt man den designirten Divisor mit der
beim Quotienten hingeschriebenen Ziffer und zieht das Product
von dem corrigirten Partialdividendus ab. Zu dem Reste
nimmt man eine neue Ziffer des Dividendus herunter und setzt
die Operation nach derselben Regel weiter fort.

Um die an einem Partialdividendus auszuführende Correctur zu finden, d. h. die abzuziehende Grösse zu bestimmen,
muss man alle beim Quotienten hingeschriebenen Ziffern mit
einer gleichen Zahl m von Ziffern, die hinter dem designirten
Divisor genommen werden, vergleichen. Die m Ziffern des
Quotienten denke man in umgekehrter Reihenfolge geschrieben und unter die m Ziffern, welche hinter dem designirten Divisor genommen werden, gesetzt. Man multiplicire
dann jede dieser Ziffern mit der unter ihr stehenden und addire diese m Producte; hierdurch erkennt man die vom Partialdividendus zu subtrahirende Grösse und führt die Correctur aus.

Jedesmal, wenn man bei Befolgung dieser Regel eine Ziffer
des Dividendus zu einem durch die voraufgehende Operation
gegebenen Rest herunternehmen muss, prüft man, ob dieser
Rest die Summe der schon beim Quotienten hingeschriebenen
Ziffern übersteigt oder wenigstens ihr gleich wird; [189] diese
Ziffern sind dabei so zusammenzuaddiren, als wenn sie Einer

ausdrücken. Tritt diese Bedingung ein, so ist man sicher, dass
die im Quotienten vorher hingeschriebene Ziffer exact ist[58].

XXI. Hat man zur Bildung des designirten Divisors nur
eine oder zwei oder allgemein eine recht kleine Anzahl von
Ziffern bezeichnet, so wird die oben angegebene Bedingung
nicht stets eintreten müssen; d. h. der Rest einer voraufgehenden
Operation wird unter Umständen kleiner als die
Summe der schon beim Quotienten hingeschriebenen Ziffern
sein können; dann wird die letzte dieser Ziffern noch unsicher
sein, und dies zeigt an, dass man zur Bildung des designirten
Divisors keine genügend grosse Anzahl von Ziffern genommen
hat. In diesem Falle wird man zunächst mit der Anwendung
der voraufgehenden Regel fortfahren; man wird nämlich eine
Ziffer des Dividendus herunternehmen und die vorgeschriebene
Correctur ausführen. Kann dieselbe nicht mehr ausgeführt
werden, so schliesst man, dass die im Quotienten hingeschriebene
Ziffer zu gross ist; man muss sie daher um eine Einheit
vermindern[59]. Kann aber die Correctur ausgeführt werden[60],
so nimmt man zu dem Resultat, das bei dieser letzten Subtraction
erhalten wird, eine neue Ziffer des Dividendus herunter;
dies ergiebt einen neuen Partialdividendus. Gleichzeitig
bezeichne man eine Ziffer weiter bei dem schon designirten
Divisor; dies ergiebt einen neuen designirten Divisor. Nach
der angegebenen Regel geht man dann zur Correctur des
neuen Partialdividendus über, d. h. man vergleicht die m
schon beim Quotienten hingeschriebenen Ziffern mit einer
gleichen Anzahl von m Ziffern, welche hinter dem neuen designirten
Divisor genommen werden. Hat man mittelst dieser
Correctur den neuen Partialdividendus gebildet, so setzt man
die Anwendung der gegenwärtigen Regel fort, indem man dabei
von dem neuen designirten Divisor Gebrauch macht. Man
könnte dann auch auf den ersten designirten Divisor zurückgehen;
allgemein kann man im Verlauf der Operation die Anzahl
der Ziffern, die beim Divisor designirt sind, willkürlich
vermehren oder vermindern; es genügt dann gleichzeitig die
Anzahl der Correcturen zu vermehren oder zu vermindern;
diese Einzelheiten bieten sich von selbst dar.

In der Praxis wird man erkennen, wie ungemein leicht
die von uns beschriebene Operation, wenn sie ordnungsgemäss
ausgeführt wird, ist. Das Resultat jeder Correctur kann man
bloss aus dem Anblick der Zahlen bilden. [190] Schreibt
man nämlich die m Ziffern des Quotienten in umgekehrter

Reihenfolge auf ein separates Blatt und bringt sie mit den rechter Hand von dem designirten Divisor stehenden m Ziffern derartig in Verbindung, dass jeder Ziffer eine entspricht, so ist es leicht, die Summe der Producte der entsprechenden Ziffern zu addiren, ohne dass man diese Partialproducte hinzuschreiben braucht. Es genügt allein, die Ziffern der Einer dieser Producte zusammenzuzählen, indem man von rechts nach links rechnet; dann addirt man, nach rechts zurückgehend, nur diejenigen Ziffern dieser Producte, welche die Zehner ausdrücken.

Diese Bemerkung führt zu einem bemerkenswerthen Schluss, nämlich, aus welcher Anzahl von Ziffern auch immer die Factoren gebildet sind, so kann man doch stets die Multiplication der zwei vorgelegten Factoren nur nach dem Anschauen ausführen. Lauten z. B. die vorgelegten Factoren 234567 und 8909876 und schreibt man dieselben auf zwei separate Blätter, so kann man aus dem blossen Anblick dieser zwei Zahlen die Ziffern ihres Productes 2089962883692 der Reihe nach diktiren; dabei braucht man keines dieser Partialproducte, wie es die gewöhnliche Regel erfordert, hinzuschreiben. [61]

Das Artikel XX beschriebene Verfahren der geordneten Division lässt die exacten Ziffern des Quotienten mit Sicherheit erkennen; man wendet nur dann neue Ziffern des Divisors an, wenn ihre Einführung nöthig wird, um neue Theile des Quotienten zu finden. Diese Regel hat den Vortheil, allen überflüssigen Rechnungen vorzubeugen und besonders so weit fortgesetzt werden zu können, als es nöthig ist, bis man die Anzahl der exacten Ziffern, welche man erhalten will, gefunden hat. Von diesem Verfahren soll man jedesmal Gebrauch machen, wenn der Divisor eine grosse Anzahl von Ziffern enthält und es sich nur um die Bestimmung einiger der ersten Ziffern des Quotienten handelt.

Wir könnten für die Regel der geordneten Division sehr nützliche Anwendungen vorführen; aber unser Hauptzweck ist hier, die Berechnung der Wurzeln der numerischen Gleichungen zu vervollständigen. Ich werde mich hier auch nicht mit dem Beweise dieser Regel befassen; es ist leicht, denselben zu ergänzen. Er besteht darin, die Ordnung der verschiedenen Producte mit Sorgfalt zu betrachten. Der Zweck jeder Correctur ist dabei, vom Dividendus die Summe der Producte, deren Ordnung dieselbe ist wie diejenige der Ziffer des Dividendus, welche soeben heruntergenommen wurde, abzuziehen.

[191]   Erstes Beispiel.

Erster Partialdividendus 1234; designirter Divisor 234.

$$\overline{1234}\,5'6'7'8'9'8'7'3647 \qquad \overline{234}\,5'6'7'8'9'8'7'65$$
$$1170 \qquad\qquad\qquad\qquad \overline{526\,3\,1\,5\,(8\,9\ldots\ldots}$$

$$645'\,(64 > 5;\ \text{die Ziffer 5 ist gut}\quad 7$$
$$25 = 5\cdot 5$$

2. corrig. Partialdiv. $\overline{620}$
                       468

$$1526'\,(152 > 5 + 2;\ \text{die Ziffer 2 ist gut})$$
$$40 = 5\cdot 6 + 2\cdot 5$$

3. corrig. Partialdiv. $\overline{1486}$
                       1404

$$827'\,(82 > 5 + 2 + 6;\ \text{die Ziffer 6 ist gut})$$
$$77 = 5\cdot 7 + 2\cdot 6 + 6\cdot 5$$

4. corrig. Partialdiv. $\overline{750}$
                       702

$$488'\,(48 > 5 + 2 + 6 + 3;\ \text{die Ziffer 3 ist gut})$$
$$105 = 5\cdot 8 + 2\cdot 7 + 6\cdot 6 + 3\cdot 5$$

5. corrig. Partialdiv. $\overline{383}$
                       234

$$1499'\,(149 > 5 + 2 + 6 + 3 + 1;\ \text{die Ziffer 1}$$
$$\text{ist gut})$$
$$126 = 5\cdot 9 + 2\cdot 8 + 6\cdot 7 + 3\cdot 6 + 1\cdot 5$$

6. corrig. Partialdivid. $\overline{1373}$
                       1170

$$2038'\,(203 > 5 + 2 + 6 + 3 + 1 + 5;\ \text{die}$$
$$\text{Ziffer 5 ist gut})$$
$$158 = 5\cdot 8 + 2\cdot 9 + 6\cdot 8 + 3\cdot 7 + 1\cdot 6 + 5\cdot 5$$

7. corrig. Partialdivid. $\overline{1880}$
                       1872

$$87'\,(8 < 5 + 2 + 6 + 3 + 1 + 5 + 8;\ \text{die}$$
$$\text{Ziffer 8 ist unsicher})$$

206 (die Correctur kann nicht ausgeführt werden; 8 ist zu gross) $= 5\cdot 7 + 2\cdot 8 + 6\cdot 9 + 3\cdot 8 + 1\cdot 7 + 5\cdot 6 + 8\cdot 5.$

1638 (an die Stelle von 8 ist im Quotienten 7 geschrieben)

$$2427'\,(242 > 5 + 2 + 6 + 3 + 1 + 5 + 7;$$
$$\text{die Ziffer 7 ist gut})$$
$$201 = 5\cdot 7 + 2\cdot 8 + 6\cdot 9 + 3\cdot 8 + 1\cdot 7$$
$$+ 5\cdot 6 + 7\cdot 5$$

8. corrig. Partialdivid. $\overline{2226}$
                       2106

$$120\,(120 > 5 + 2 + 6 + 3 + 1 + 5 + 7$$
$$+ 9;\ \text{die Ziffer 9 ist gut}.$$

[192]   Zweites Beispiel.

Erster Partialdividendus 24; designirter Divisor 9.

$$\overline{24}\,6'8'3'5'7'9'24 \qquad\qquad \overline{9}\,7'5'3\,8'6'4'579$$
$$18 \qquad\qquad\qquad\qquad 2\,5\,3\,0\,6\,4\ldots$$
$$\overline{66}'\ (6>2;\ \text{die Ziffer 2 ist gut})$$
$$14 = 2\cdot 7$$

2. corr. Partialdivid. 52
                        45
$$\overline{78}'\ (7 = 2+5;\ \text{die Ziffer 5 ist gut})$$
$$45 = 2\cdot 5 + 5\cdot 7$$

3. corr. Partialdivid. 33
                        27
$$\overline{63}'\ (6 < 2+5+3;\ \text{die Ziffer 3 ist unsicher})$$
$$52 = 2\cdot 3 + 5\cdot 5 + 3\cdot 7$$

Neuer Partialdivid. 115' (da die Correctur ausgeführt werden kann, ist die Ziffer 3 gut; man nimmt sofort die folgende Ziffer 5 des Dividendus hinab und verwendet 97 als neuen designirten Divisor)

$$46 = 2\cdot 8 + 5\cdot 3 + 3\bullet 5$$

Neuer corr. Partialdiv. 69
                          0
$$\overline{697}'$$
$$61 = 2\cdot 6 + 5\cdot 8 + 3\cdot 3 + 0\cdot 5$$

2. neuer corr. Partialdiv. 636
                           582
$$\overline{549}'\ (54 > 2+5+3+0+6;\ \text{die Ziffer 6 ist gut})$$
$$92 = 2\cdot 4 + 5\cdot 6 + 3\cdot 8 + 0\cdot 3 + 6\cdot 5$$

3. neuer corr. Partialdiv. 457
                            388
$$\overline{69}\ (69 > 2+5+3+0+6+4;\ \text{die Ziffer 4 ist gut}).$$

[193] XXII. Die soeben für die Division der Zahlen vorgelegte Regel löst auch die Gleichung zweiten Grades[62]); sie lässt sich auch allgemein auf die Entwicklung der Wurzel irgend einer Gleichung anwenden. Wir werden nur diesen Process der Rechnung angeben.

Legt man die Gleichung zweiten Grades:

$$x^2 + 765432\,x = 123456$$

vor, so kann man sie in der Form:

$$x = \frac{123456}{765432 + x}$$

schreiben. Man dividire dann 123456 durch 765432 nach der Regel des Artikels XX; dabei kann man 765 als designirten Divisor nehmen. Die erste Ziffer 1 des Quotienten drückt die Zehntel aus; dann findet man 6, so dass der Werth dieses Quotienten x gleich 0,16.. ist. Um den Nenner zu bilden, muss man aber zur Zahl 765432 den Quotienten x oder 0,16.. hinzufügen. Man schreibt daher die Ziffern 16 hinter den Divisor 765432 und setzt die Division fort. Jede der beim Divisor gefundenen neuen Ziffern wird an die Stelle, welche sie einnehmen muss, geschrieben und wird im Verlaufe der Operation, wie die Regel es erfordert, angewandt. Die Wurzel der Gleichung zweiten Grades ist, wie man sieht, der Quotient einer Division, deren Divisor variabel ist. Da die Regel des Artikels XX die Ziffern des Divisors nur der Reihe nach verwendet, so ist es nicht nöthig, sie alle beim Anfang der Operation zu kennen; es genügt, dieselben der Reihe nach aufzufinden und jedesmal hinter dem Divisor die Ziffer, welche man beim Quotienten soeben gefunden hat, hinzuschreiben. Von der gewöhnlichen Regel kann man diesen Gebrauch nicht machen, denn sie setzt schon beim Beginn der Operation alle Ziffern des Divisors als bekannt voraus.

Wir geben hier das Detail der Rechnung als drittes Beispiel für die geordnete Division.

[194]

```
1234 5′6′,0′0′0′0′0′ ....        765 4′3′2′,1′6′1′2′. ....
 765                            0,16128927 .........
4695′
   4
4691
4590
 1016′
   27
  989
  765
 2240′
   24
 2216
 1530
  6860′
    24
  6836
  6120
   716
```

$$
\begin{array}{r}
\overline{7160}'\ 0'0' \\
52 \\
\overline{7108} \\
6885 \\
\overline{2230}' \\
102 \\
\overline{2128} \\
1530 \\
\overline{5980}' \\
67 \\
\overline{5913} \\
5355 \\
\overline{558}
\end{array}
$$

XXIII. Im voraufgehenden Beispiel ist der variable Divisor aus einer constanten Zahl, zu der man den Quotienten zuaddirt, gebildet. Dieser variable Theil könnte auch das Quadrat des Quotienten oder dieses Quadrat, dividirt durch eine gewisse Zahl, oder eine kleine Grösse, die gleich einer gewissen Function des Quotienten ist, sein. Es genügt zunächst, die ersten exacten Ziffern des Quotienten zu kennen; [195] dann bildet man successiv den variabeln Theil, welcher hinter den Divisor geschrieben werden muss. Hieraus folgt: die neuen Ziffern des Divisors sind bekannt, wenn ihre Einführung in die Rechnung, um die durch die Regel angegebenen Correctionen auszuführen, nöthig wird. So gelangt man zu dem Ausdruck der Wurzeln von Gleichungen irgend welchen Grades oder sogar auch derjenigen Gleichungen, die man transcendent genannt hat. Wie allgemein diese exegetische Methode auch ist, so verweilen wir doch nicht bei ihr; denn die Regeln, deren wir uns zur Berechnung der Wurzeln bedienen, sind rascher und leichter anwendbar. Diese Anwendung der geordneten Division setzt voraus, dass die Gleichung passend präparirt sei. In Wahrheit reduciren sich diese und die im Verlaufe der Operation nöthig werdenden Transformationen immer darauf, den Werth der Wurzel um eine sehr angenäherte Grösse zu vermindern; hierzu gelangt man leicht vermöge der in diesem Werke gegebenen Regeln. Denn kennt man zwei sehr nahe Grenzen, so ist es sehr einfach, die ersten Operationen fortzusetzen, indem man eine gleichmässige Methode befolgt, um successiv alle Theile der Wurzeln zu finden. Wir haben uns in den voraufgehenden Artikeln nur vorgenommen, besondere Anwendungen der neuen Regel, welche wir für die numerische Division gegeben haben, vorzuführen.

In dieser Absicht fügen wir das folgende Beispiel bei.
Die vorgelegte Gleichung sei:

$$x^3 + 345\,x = 12;$$

man schreibt sie in der Form:

$$x = \frac{12}{345 + x^2}.$$

Man dividirt daher 12 durch 345 nach der Regel der geordneten Division und schreibt dann hinter dem Divisor successiv
die Ziffern, welche ihn vervollständigen müssen. Man muss
bemerken, dass diese Ziffern im Anfang der Operation nicht
bekannt sind; aber man findet sie successiv, indem man den
Werth des Quotienten ins Quadrat erhebt; man geht hierbei,
wie folgt, vor.

[196] Kennt man einige der ersten Ziffern des Quotienten,
so bestimme man die ersten Ziffern des Quadrates des Quotienten, indem man bei diesem Werthe des Quadrates nur die
Ziffern, welche mit Sicherheit bekannt sind, beibehält; dies
sind die exacten Ziffern, welche successiv bei dem Divisor
zugeschrieben werden müssen. So erhält man die Wurzel der
Gleichung:

$$x^3 + 345\,x = 12, \text{ nämlich } x = 0{,}034782486 \ldots.$$

Diese Rechnungen sind in den folgenden Tabellen dargestellt.

$\overline{12,0\,0'0\,0\,0'0\,0\,0'0'}$	$\overline{345,0'0'1'2'0'9'8'}\ldots.$
10 3 5	$\overline{0{,}034782486}\ldots\ldots$
$\overline{1650'}$	
0	
$\overline{1650}$	
1380	
$\overline{2700'}$	
0	
$\overline{2700}$	
2415	
$\overline{2850'}$	
3	
$\overline{2847}$	
2760	
$\overline{870'}$	
10	
$\overline{860}$	
690	
$\overline{170}$	

$$\overline{1700}\text{'0'0'}$$
$$15$$
$$\overline{1685}$$
$$1380$$
$$\overline{3050}\text{'}$$
$$49$$
$$\overline{3001}$$
$$2760$$
$$\overline{2410}\text{'}$$
$$78$$
$$\overline{2332}$$
$$2070$$
$$\overline{262}$$

[197]

$$34$$
$$34$$
$$\overline{136}$$
$$102$$
$$\overline{0.001156} = (0,034)^2.$$
$$68$$
$$1$$
$$\overline{0,001225} = (0,035)^2; \text{ also } x^2 = 0,001 \ldots \text{ gut.}$$

$$1156$$
$$238$$
$$238$$
$$49$$
$$\overline{0,00120409} = (0,0347)^2.$$
$$694$$
$$1$$
$$\overline{0,00121104} = (0,0348)^2; \text{ also } x^2 = 0,0012 \ldots \text{ gut.}$$

$$120409$$
$$2776$$
$$2776$$
$$64$$
$$\overline{0,0012096484} = (0,3478)^2.$$
$$6956$$
$$1$$
$$\overline{0,0012103441} = (0,03479)^2.$$

$$12096484$$
$$6956$$
$$6956$$
$$4$$
$$\overline{0.001209787524} = (0,034782)^2.$$
$$69564$$
$$1$$
$$\overline{0,001209857089} = (0,034783)^2; \text{ also } x^2 = 0,001209 \ldots \text{ gut.}$$

$$\begin{array}{r} 1209787524 \\ 139128 \\ 139128 \\ 16 \\ \hline \end{array}$$

$0,00120981534976 = (0,0347824)^2.$

$$\begin{array}{r} 695648 \\ 1 \\ \hline \end{array}$$

$0,00120982230625 = (0,0347825)^2;$ also $x^2 = 0,0012098 \ldots$ gut.

[**198**] XXIV. Im Artikel XIX haben wir diejenigen Fragen
angegeben, welche man lösen muss, um die Berechnung der
Wurzeln auf die einfachsten Processe zu reduciren, so dass
man auf keinem kürzeren Wege zur wirklichen Berechnung
der Werthe dieser Wurzeln gelangen kann. Die erste dieser
Fragen ist rein arithmetisch; sie ist bereits durch die Regel
der geordneten Division gelöst. Die zweite Frage, deren Lösung sehr leicht ist, besteht darin, die Berechnung der successiven Substitutionen derartig anzuordnen, dass keine überflüssige Operation auftritt. Die dritte Frage verlangt, mit
Sicherheit die Anzahl der exacten Ziffern, welche eine jede
neue Operation ergiebt, zu bestimmen. Wir werden jetzt
zeigen, wie die Rechnung geordnet werden muss, um diesen
Bedingungen Genüge zu leisten.

Zuerst setzen wir voraus, dass man in die linke Seite $f(x)$
der vorgelegten Gleichung einen Näherungswerth b der Wurzel
x eingesetzt und die numerischen Werthe der Functionen $f(b)$,
$f'(b)$, $f''(b)$, ..., $f^{(m-1)}(b)$ bestimmt hat. Dividirt man $f(b)$
durch $f'(b)$, so findet man einen neuen Theil β der Wurzel;
um die Annäherung fortzusetzen, muss man $b + \beta$ in die
Functionen $f(x)$, $f'(x)$, $f''(x)$, ..., $f^{(m-1)}(x)$ einsetzen. Die
Rechnung wäre offenbar schlecht angeordnet, wenn man die
ganze Grösse $b + \beta$ einsetzte, denn es würde dann nutzlos
ein grosser Theil der voraufgehenden Operationen wiederholt
werden; man muss sich daher allein auf diejenigen Rechnungen beschränken, die unvermeidlich sind, um zu den bereits gefundenen Resultaten die Theile hinzuzufügen, welche
aus der Addition des Gliedes β herrühren. Hat man nur eine
sehr beschränkte Annäherung im Auge, so kann man diese
Reduction vernachlässigen; will man aber eine sehr grosse
Anzahl von Ziffern der Wurzel bestimmen, so erkennt man,
wie sehr eine andere Form der Rechnung vorzuziehen ist.
Aus den Elementen der algebraischen Rechnung ist es leicht
zu schliessen, dass, um $b + \beta$ in die Functionen $f(x)$, $f'(x)$,

$f''(x)$, $f'''(x)$, ... einzusetzen, folgende Regel zu beobachten ist: Man schreibe die schon bekannten Werthe $f(b)$, $f'(b)$, $f''(b)$, ..., $f^{(m-1)}(b)$, $f^{(m)}(b)$ in eine erste Reihe, setze den Bruch β unter jede der Functionen, welche der ersten $f(b)$ folgen, und multiplicire diese Functionen mit diesem gemeinsamen Factor β; dies ergiebt die Glieder einer zweiten Reihe.

[199] Man schreibe ferner den Factor β unter jedes der Glieder dieser zweiten Reihe, welche rechts vom ersten Gliede diesem folgen; multiplicire mit dem gemeinsamen Factor β und dividire jedes Product durch 2; dies ergiebt die Glieder einer dritten Reihe.

Man schreibe alsdann β unter alle Glieder, welche in der dritten Reihe rechts vom ersten Gliede diesem folgen, multiplicire mit dem Factor β und dividire durch 3.

Auf diese Art fahre man fort, alle Glieder jeder Reihe — ausgenommen das erste links — mit β zu multipliciren, und dividire alle Producte durch den Index, welcher den Rang dieser Reihe angiebt.

Nach diesen Operationen addire man alle ersten Glieder der verschiedenen Reihen für sich zusammen, man findet so $f(b + \beta)$. Hierauf addire man alle zweiten Glieder der verschiedenen Reihen zusammen; die Summe ist $f'(b + \beta)$. Dann fährt man fort, die Summe aller dritten, aller vierten Glieder der verschiedenen Reihen zu bilden, dies ergiebt $f''(b + \beta)$, $f'''(b + \beta)$; auf diese Art geht man weiter, bis man die numerischen Werthe aller Functionen $f(b + \beta)$, $f'(b + \beta)$, $f''(b + \beta)$, ... kennt. Hat man diese numerischen Werthe gebildet, so findet man einen neuen Theil γ der Wurzel, indem man $f(b + \beta)$ durch $f'(b + \beta)$ dividirt. Es bleibt noch zu bestimmen, wieviel exacte Ziffern diese Division ergeben muss, d. h. wieviel Decimalstellen sicher der Wurzel angehören, weil sie zwei der Grenzen, deren Eigenthümlichkeiten in den Artikeln XVI und XVII dargelegt wurden, gemeinsam sind.

XXV. Nachdem man eine der Grenzen, z. B. die aus *Newton's* Annäherung resultirende, berechnet hat, könnte man die zweite Grenze, welche wir dieser ersten beizufügen vorgeschlagen haben und welche thatsächlich zur Definition der Annäherung nöthig ist, berechnen. Ist diese zweite Berechnung ausgeführt, so würde man nur die den zwei Grenzen gemeinsamen Ziffern als exact beibehalten und den Bruch γ finden, welcher zu β hinzugefügt werden soll. Auf diese Art

aber würde man einen grossen Theil der voraufgehenden
numerischen Rechnung wiederholen; es gelingt, diese Operation
auf ihre einfachste Form zurückzuführen, indem man nur die
Differenz zwischen der zweiten und ersten Grenze betrachtet.
[**200**] Thatsächlich wurde ja im Artikel IX bewiesen, dass,
wenn die erste Grenze bekannt ist, die zweite Grenze sofort
gefunden werden kann.

Mit a und b bezeichnen wir zwei erste Näherungswerthe;
a sei kleiner, b grösser als die Wurzel. Diese Werthe sollen
nach Voraussetzung derartig sein, dass die vorgelegte Gleichung $f(x) = 0$ zwischen den Grenzen a und b eine einzige
Wurzel, die drei abgeleiteten Gleichungen $f'(x) = 0$, $f''(x) = 0$
und $f'''(x) = 0$ zwischen denselben Grenzen keine Wurzel
besitzen [63]). Man erkennt, dass die zwei Zahlen a und b diese
Bedingung erfüllen, falls man beim Vergleich der zwei Vorzeichenreihen (a) und (b) findet, dass die den Functionen $f'(x)$,
$f''(x)$ und $f'''(x)$ entsprechenden Indices Null sind; d. h. falls
die Reihe der Indices mit 0, 0, 0, 1 schliesst. Wären die
jeder der Functionen $f'(x)$, $f''(x)$, $f'''(x)$ entsprechenden Indices nicht gleich Null, so müsste das Intervall der zwei
Zahlen durch Einsetzung von Zwischenzahlen verengert werden; man gelangt bald dazu, zwei Grenzen a und b zu finden,
durch welche die fragliche Bedingung erfüllt wird. Wir betrachten hier nicht die in Artikel XIV besprochenen besonderen Fälle, in denen eine der Functionen $f'(x)$, $f''(x)$, $f'''(x)$
mit der vorgelegten Function einen gemeinsamen Factor haben
würde.

Dies vorausgesetzt, wähle man von den zwei Grenzen a
und b diejenige aus, welche, in die Functionen $f(x)$ und $f''(x)$
gesetzt, zwei Resultate von gleichem Vorzeichen ergiebt. Wie
im Artikel XVI bezeichnen wir mit β die Grenze, um die es
sich handelt; wir nannten diese Grenze äussere Grenze, sie
entspricht dem Punkte der Curve, durch welchen die Tangente gezogen werden muss; α stellt die andere, die innere
Grenze dar. Wie in Artikel XVI gezeigt ist, leitet man aus
diesen ersten Werthen β und α neue bessere Näherungswerthe β'
und α' ab, zwischen denen auch die Wurzel liegt; sie lauten:

$$\beta' = \beta - \frac{f(\beta)}{f'(\beta)}, \quad \alpha' = \alpha - \frac{f(\alpha)}{f'(\beta)}.$$

201] Bezeichnet man ferner mit i die Differenz $\beta - \alpha$ der
zwei ersten Grenzen und mit i' die Differenz $\beta' - \alpha'$ der

neuen, besser angenäherten Grenzen, so wird die Differenz i' viel kleiner als i und zwischen diesen zwei Grössen besteht (Artikel IX) die Relation:

$$i' = i^2 \frac{f''(\alpha \cdots \beta)}{2 f'(\beta)}.$$

$f''(\alpha \cdots \beta)$ stellt den Werth dar, welchen $f''(x)$ annimmt, wenn man x einen gewissen Werth zwischen den bekannten Zahlen α und β beilegt. Wäre die Differenz i unendlich klein, so würde die Differenz i' unendlich klein zweiter Ordnung; das Verhältniss der Grösse i' zum Quadrat von i ist eine endliche Grösse, die man bestimmen kann. Da in der That die Grenzen α und β schliesslich alle beide gleich der Abscisse des Schnittpunktes, d. h. gleich der Wurzel x, werden, so wird der Ausdruck des Verhältnisses, um das es sich handelt:

$$\frac{f''(x)}{2 f'(x)}.$$

Je näher man die Grenzen α und β gebracht hat, desto mehr nähert sich das Verhältniss der Differenz i' der zwei neuen Grenzen α' und β' zu dem Quadrat der Differenz i der zwei ersten Grenzen α und β dem Werthe $\dfrac{f''(x)}{2 f'(x)}$, so dass das angegebene Verhältniss so wenig, wie man will, von dieser Grösse verschieden gemacht werden kann.

Der Werth der Grösse $\dfrac{f''(x)}{2 f'(x)}$, d. h. des äussersten Verhältnisses der zwei neuen Grenzen zu dem Quadrat der Differenz der voraufgehenden Grenzen, kann nicht exact bestimmt werden; denn er hängt von der unbekannten Wurzel x ab; aber der Ausdruck $\dfrac{f''(\alpha \cdots \beta)}{2 f'(\beta)}$ giebt ein leichtes Mittel, die Grenzen zu erkennen, zwischen welchen dieses äusserste Verhältniss gelegen ist. Da man vorausgesetzt hat, dass die Gleichung $f'''(x) = 0$ zwischen den Grenzen α und β keine Wurzel habe, so wird die Function $f''(x)$ im Intervall dieser Grenzen entweder beständig wachsen oder beständig abnehmen. Ebenso verhält es sich mit der Function $f'(x)$; denn die Gleichung $f''(x) = 0$ hat zwischen α und β auch keine Wurzel. [**202**] Bezeichnet man daher mit $f''(B)$ die grösste der zwei Grössen $f'(\alpha)$ und $f''(\beta)$, abgesehen vom Vorzeichen, und mit

$f''(a)$ die kleinste der Grössen $f''(\alpha)$ und $f''(\beta)$, abgesehen vom Vorzeichen, so wird der Quotient:

$$\frac{f''(B)}{2 f'(a)}$$

nothwendig grösser als $\dfrac{f''(x)}{2 f'(x)}$ sein; allgemein wird dieser Quotient immer grösser als $\dfrac{f''(\alpha \cdots \beta)}{2 f'(\beta)}$ sein, ganz gleichgültig, wie die mit $\alpha \cdots \beta$ bezeichnete Grösse, die immer zwischen α und β liegt, beschaffen sein mag.

Aus dem Vorstehenden erhellt, dass, wenn man vermöge der Näherungswerthe α und β, deren Differenz i ist, einen besseren Näherungswerth

$$\beta' = \beta - \frac{f(\beta)}{f'(\beta)}$$

gebildet hat und zu diesem letzten Werth das Glied:

$$- i^2 \frac{f''(B)}{2 f'(a)}$$

hinzufügt, man eine Grösse hinzugefügt hat, die, wenn man vom Vorzeichen absieht, grösser als die Differenz der neuen Grenzen α' und β' ist. Folglich ist man sicher, dass die gesuchte Wurzel zwischen den Grössen:

$$\beta - \frac{f(\beta)}{f'(\beta)}$$

und

$$\beta - \frac{f(\beta)}{f'(\beta)} - i^2 \frac{f''(B)}{2 f'(a)}$$

liegt; i bezeichnet die Differenz $\beta - \alpha$. Mit B wurde diejenige der Grössen α und β bezeichnet, welche bei der Einsetzung an Stelle von x der Function $f''(x)$, abgesehen vom Vorzeichen, den grössten Werth giebt; mit a bezeichnen wir den Werth von α und β, welcher der Function $f'(x)$, abgesehen vom Vorzeichen, den kleinsten Werth ertheilt.

[203] XXVI. Um aus dem ersten Näherungswerthe β', welcher der Abscisse $O\beta'$ (Fig. 14) entspricht, einen zweiten Näherungswerth abzuleiten, so dass die Wurzel nothwendig

zwischen diesen zwei Werthen liegt, könnte man an Stelle der zweiten Grenze α', welche der Abscisse $0\alpha'$ entspricht, die Grenze $0s$, welche durch den Schnittpunkt der Secante mn mit der Axe gegeben wird, betrachten. Die Abscisse $0x$ des Schnittpunktes der Curve liegt sicher zwischen den Abscissen $0s$ und $0\beta'$; da diese neuen Grenzen weniger entfernt sind als die Grenzen $0\alpha'$ und $0\beta'$, so würde dieses Verfahren den

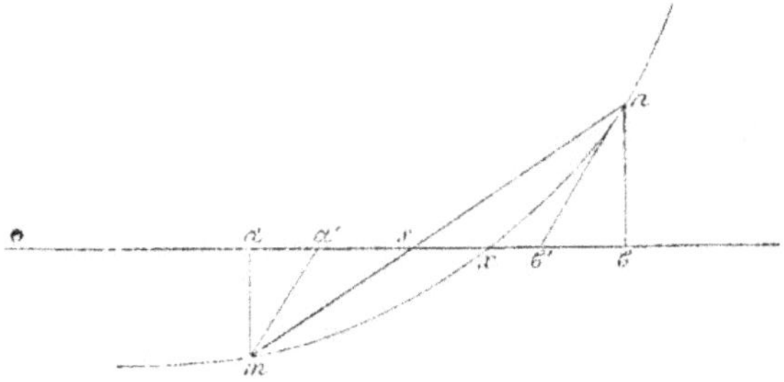

Fig. 14.

Vortheil haben, den Werth der Wurzel rascher angenähert berechnen zu lassen.

Die Differenz $\beta's$ zwischen dem ersten Näherungswerth und der Abscisse des Schnittpunktes der Secante findet man durch Theilung des Intervalles $\alpha'\beta'$ (welches oben mit i' bezeichnet wurde) in zwei den Ordinaten $n\beta$ und $m\alpha$ proportionale Theile. Diese Ordinaten sind ihrer Grösse nach durch $f(\beta)$ und $-f(\alpha)$ bestimmt; der erste Theil $\beta's$ ist daher gleich:

$$i^2 \frac{f''(\alpha \cdots \beta)}{2 f'(\beta)} \cdot \frac{f(\beta)}{f(\beta) - f(\alpha)}.$$

Da dieser Ausdruck, wenn man vom Vorzeichen absieht, kleiner als

$$i^2 \frac{f''(B)}{2 f'(\alpha)} \cdot \frac{f(\beta)}{f(\beta) - f(\alpha)}$$

ist, so schliesst man, dass die Wurzel sicherlich zwischen den zwei Grössen:

$$\beta - \frac{f(\beta)}{f'(\beta)}$$

und

$$\beta - \frac{f(\beta)}{f'(\beta)} - i^2 \frac{f''(B)}{2 f'(\alpha)} \cdot \frac{f(\beta)}{f(\beta) - f(\alpha)}$$

liegt. Obgleich aber diese neuen Grenzen den Vortheil einer rascheren Annäherung bieten, ist der Gebrauch der voraufgehenden Grenzen leichter, und es ist vortheilhaft, sich ihrer bei der Berechnung der Wurzeln zu bedienen. Es bleibt noch zu zeigen übrig, wie man mittelst der Kenntniss der zweiten Grenze $\beta - \dfrac{f(\beta)}{f'(\beta)} - i^2 \dfrac{f''(B)}{2f'(a)}$ die Rechnung so anordnen kann, dass man nur exacte Ziffern, d. h. Ziffern, welche dem wahren Werthe der Wurzel angehören, verwendet.

[**204**] XXVII. Ist die Differenz i der zwei ersten Näherungswerthe α und β eine Decimaleinheit einer genügend hohen Ordnung, so ist die Differenz i' der neuen Näherungswerthe α' und β' im allgemeinen eine Decimaleinheit einer viel höheren Ordnung. Uebertrifft z. B. der Werth des Coefficienten $\dfrac{f''(B)}{2f'(a)}$ nicht die Einheit, so ist die Differenz i' kleiner als das Quadrat der voraufgehenden Differenz i. Hieraus schliesst man, dass, wenn die letzte Decimalziffer des Näherungswerthes β von der Ordnung n ist und man einen besseren Näherungswerth β' bildet, indem man zu β den Quotienten $-\dfrac{f(\beta)}{f'(\beta)}$ hinzuaddirt, man die Exactheit aller Decimalziffern des Resultates, welche der Decimalziffer der Ordnung $2n$ vorausgehen, sicher verbürgen kann. In der That, der Werth $\beta - \dfrac{f(\beta)}{f'(\beta)}$, welcher grösser als die Wurzel ist, würde kleiner als diese, wenn man i^2 oder eine Decimaleinheit der Ordnung $2n$ subtrahirt. Berechnet man den Quotienten $-\dfrac{f(\beta)}{f'(\beta)}$, so kann man alle Decimalziffern bis zur Ordnung $2n$ beibehalten; die folgenden Ziffern hat man nicht als für die Wurzel wichtig zu betrachten; daher ist ihre Bestimmung unnöthig, und man hat die Division nur bis zu der Ziffer fortzuführen, welche mit $\left(\dfrac{1}{10}\right)^{2n}$ multiplicirt ist. Jede Operation liefert, wie man sieht, für die gegebene Wurzel eine Anzahl von Decimalziffern, bei denen eine Exactheit bis zu der doppelten Zahl der schon bekannten Decimalziffern herrscht.

Ist der Werth des Coefficienten $\dfrac{f''(B)}{2f'(a)}$ grösser oder kleiner als die Einheit, so ist die Anzahl der neuen exacten Decimalstellen, welche man mit Hülfe der Division von $f(\beta)$ durch $f'(\beta)$ erhält, kleiner oder grösser als die Anzahl der schon bekannten Decimalstellen. Um mit Sicherheit die Ziffer des Quotienten zu bestimmen, bis zu welcher diese Division fortgeführt werden soll, kann folgende Regel angewandt werden:

[205] Man sieht nach, welches der Rang der ersten Ziffer des Quotienten $\dfrac{f''(B)}{2f'(a)}$ ist und bestimmt die auf diesen Werth des Quotienten sofort folgende höhere Decimaleinheit. Hat der Quotient $\dfrac{f''(B)}{2f'(a)}$ als erste Ziffern z. B. 0,003, so würde man 0,01 als diese Decimaleinheit nehmen; hätte derselbe Quotient als erste Ziffer 3 im Range der Tausender, so würde man 10000 zur Bestimmung der Decimaleinheit nehmen. Dies vorausgesetzt, sei $\left(\dfrac{1}{10}\right)^k$ die Decimaleinheit, welche grösser als der Werth des fraglichen Quotienten ist; der Exponent k kann dabei positiv oder negativ sein. $\left(\dfrac{1}{10}\right)^n$ sei die Decimaleinheit, welche gleich der Differenz i der zwei ersten mit α und β bezeichneten Grenzen ist. Da der Coefficient $\dfrac{f''(B)}{2f'(a)}$ kleiner als $\left(\dfrac{1}{10}\right)^k$ ist, so wird das Glied $i^2\dfrac{f''(B)}{2f'(a)}$ kleiner als $\left(\dfrac{1}{10}\right)^{2n+k}$ sein. Führt man dann die Divison von $f(\beta)$ durch $f'(\beta)$ aus, so muss man bei der Ziffer der Decimalordnung $2n+k$ einhalten. Fügt man nämlich den Quotienten $-\dfrac{f(\beta)}{f'(\beta)}$ zu dem schon bekannten Theil β des Wurzelwerthes hinzu, so erhält man ein Resultat, welches von dem wahren Werth der Wurzel um eine Grösse differirt, die kleiner als die Differenz der zwei Grössen $\beta - \dfrac{f(\beta)}{f'(\beta)}$ und $\alpha - \dfrac{f(\alpha)}{f'(\beta)}$ ist. Diese Differenz, welche durch $i^2\dfrac{f''(\alpha \cdots \beta)}{2f'(\beta)}$ gegeben wird, ist selbst, abgesehen vom Vorzeichen, kleiner als $\left(\dfrac{1}{10}\right)^{2n} \cdot \left(\dfrac{1}{10}\right)^k$; setzt man daher die durch $-\dfrac{f(\beta)}{f'(\beta)}$ angegebene Division bis zur Decimalziffer der Ordnung $2n+k$ fort, so ist man sicher, dass der Fehler des erhaltenen Resul-

tates kleiner als eine Decimaleinheit dieser Ordnung ist. Man hat nur noch auf den Theil des Quotienten, welchen man vernachlässigt hat, Rücksicht zu nehmen.

XXVIII. Es darf jetzt nicht übersehen werden, dass die mit β bezeichnete Grenze, die zur Bildung eines besseren Näherungswerthes β' verwendet wurde, indem man zu β den Quotienten $-\dfrac{f(\beta)}{f'(\beta)}$ hinzufügte, immer die sogenannte äussere Grenze ist, d. h. diejenige Grenze, welche bei ihrer Einsetzung in die Functionen $f(x)$ und $f''(x)$ zwei Resultate desselben Vorzeichens ergiebt. In den durch die Figg. 9 und 12 dargestellten Fällen entspricht diese Grenze β dem Punkte b; in den durch die Figg. 10 und 11 dargestellten Fällen entspricht sie dem Punkte a. [206] Allein schon der Anblick der Figuren zeigt, dass man sich in allen Fällen vom Werthe der Wurzel entfernt, wenn man den Werth der Subtangente, abgesehen vom Vorzeichen, ein wenig zu klein nimmt, und dass man sich ihm im Gegentheil nähert, wenn man diesen Werth ein wenig zu stark nimmt. Anders verhielte es sich, wenn die Tangente in den Figg. 9 und 12 im Punkte m, und in den Figg. 10 und 11 im Punkte n construirt wäre; man sollte dann im Gegentheil eher eine kleinere als eine grössere Zahl als den wahren Werth der Subtangente nehmen. Wendet man aber die äussere Grenze β, welche man nach der oben ausgesprochenen Bedingung immer leicht auswählen kann, an, so muss man offenbar zur Bildung des neuen Näherungswerthes β' zu β eine Grösse, welche eher über dem Werth des Quotienten $-\dfrac{f(\beta)}{f'(\beta)}$, welcher die Subtangente darstellt, als unter dem wahren Werthe dieses Quotienten liegt, hinzufügen.

Hieraus folgt, dass, wenn man die durch $-\dfrac{f(\beta)}{f'(\beta)}$ angegebene Division bis zur Ziffer der Decimalordnung $2n + k$ (incl.) fortgesetzt hat, man die Ziffer der Ordnung $2n + k$, bei der man stehen geblieben ist, dafür, dass man alle folgenden Ziffern vernachlässigt, um eine Einheit erhöhen soll. Man fügt dann das auf diese Art erhaltene Resultat zur Grenze β, indem man auf das Vorzeichen dieses Resultates Rücksicht nimmt; dann kennt man die neue bessere Grenze β', welche der Gegenstand der Untersuchung ist.

Wir bemerken überdies, dass, wenn man so diesen neuen besseren Näherungswerth β' bildet, d. h. im Verlaufe der durch $-\dfrac{f(\beta)}{f'(\beta)}$ angekündigten Division bei der Decimalziffer der Ordnung $2n + k$ halt macht und diese Ziffer um die Einheit vermehrt, man zu dem wahren Werth der Grösse $\beta - \dfrac{f(\beta)}{f'(\beta)}$ eine Grösse, welche nicht $\left(\dfrac{1}{10}\right)^{2n+k}$ und folglich auch nicht die Differenz $i^2\,\dfrac{f''(a\cdots\beta)}{2\,f'(\beta)}$ der zwei neuen Grenzen überschreitet, hinzufügt. Daher differirt die neue Grenze β' gewiss von der Wurzel nur um eine Grösse, welche kleiner ist als eine Decimaleinheit der Ordnung $2n + k$. [207] Aber diese Grenze β' kann sich grösser oder kleiner als die Wurzel ergeben, was durch Einsetzen in die Function $f(x)$ erkannt wird. Ist die Grenze β' grösser als die Wurzel, so ziehe man von der letzten Decimalziffer eine Einheit ab; dies ergiebt die zweite Grenze a'. Ist hingegen die Grenze β' kleiner als die Wurzel, so bilde man die zweite Grenze, indem man zur letzten Decimalziffer die Einheit hinzufügt. Auf diese Art gelingt es, zwei Zahlen zu finden, zwischen denen die Wurzel nothwendig liegt, und die nicht mehr voneinander als um eine Decimaleinheit der Ordnung $2n + k$ differiren.

Will man die Annäherung weiter treiben, so operire man mit den zwei neuen, soeben erhaltenen Grenzen, wie man es mit den beiden vorigen Grenzen gethan hat. Man wähle diejenige von ihnen aus, welche in die Functionen $f(x)$ und $f''(x)$ gesetzt, zwei Resultate desselben Vorzeichens ergiebt; β_1 möge die Grenze, um die es sich handelt, n_1 die Decimalordnung der letzten Ziffer dieser Grenze sein. Man berechne den Quotienten $-\dfrac{f(\beta_1)}{f'(\beta_1)}$, welcher zu β_1 zugefügt werden muss, um eine neue besser angenäherte Grenze bis zu der Decimalstelle der Ordnung $2n_1 + k_1$ (incl.) zu bilden; dann vermehre man diese Ziffer um eine Einheit. So nimmt die Anzahl der exacten Decimalziffern, welche man bei einer jeden neuen Operation erhält, immer mehr zu. Bezeichnet n die Zahl der ursprünglich bekannten Decimalziffern, d. h. differiren die gegebenen Grenzen a und β nur um eine Decimaleinheit, die gleich $\left(\dfrac{1}{10}\right)^n$ ist, voneinander, so ist die Zahl der exacten Decimalziffern,

welche durch eine erste Operation bekannt wird, $2n + k$;
diese Zahl wird nach einer zweiten Operation $4n + 3k$, nach
einer dritten $8n + 7k$, u. s. w.

Der Annäherungsprocess beginnt nur dann einen regel-
mässigen und schnellen Verlauf zu haben, wenn $2n + k$
grösser als n oder wenn $n > - k$ ist. [208] Nachdem die
Zahl k, welche der Exponent der Decimaleinheit derjenigen
Ordnung, welche unmittelbar auf die erste Ziffer des Quotienten
$\dfrac{f''(B)}{2f'(a)}$ folgt, bestimmt worden, muss man sich versichern, ob
die Bedingung $n > - k$ erfüllt ist. Ist dies nicht der Fall,
so sollen die gegebenen Grenzen a und b durch Substitution
von zwischenliegenden Zahlen näher aneinander gebracht wer-
den, bis die Differenz dieser zwei Grenzen gleich $\left(\dfrac{1}{10}\right)^n$ wird,
wobei n wenigstens gleich $1 - k$ ist.

XXIX. Diese Betrachtungen führen zu der folgenden Regel:

Sind zwei Grenzen a und b gegeben, zwischen denen eine
einzige Wurzel der vorgelegten Gleichung $f(x) = 0$ liegt, während die abgeleiteten Gleichungen $f'(x) = 0$, $f''(x) = 0$, $f'''(x) = 0$
zwischen diesen Grenzen keine Wurzeln haben, so handelt es
sich darum, zwei möglichst nahe neue Grenzen, zwischen denen
die Wurzel der vorgelegten Gleichung in gleicher Weise gelegen
ist, zu erhalten.

Man wählt die ihrem Zahlenwerthe nach grösste der zwei
Grössen $f''(a)$ und $f''(b)$ und beginnt sie durch die ihrem
Zahlenwerthe nach kleinste der zwei Grössen $2f'(a)$ und $2f'(b)$
zu dividiren; es genügt, den Rang der ersten Ziffer des Quotienten zu kennen und sich die Einheit derjenigen Decimalordnung, welche sofort grösser als dieser Quotient ist, zu
merken. Sei $\left(\dfrac{1}{10}\right)^k$ diese Einheit, so kennt man die Zahl k,
welche positiv oder negativ sein kann.

$\left(\dfrac{1}{10}\right)^n$ sei die Decimaleinheit, welche wenigstens der Differenz der zwei gegebenen Grenzen a und b gleich sei. Man
prüfe, ob die Zahl n wenigstens gleich $1 - k$ ist. Ist diese
Bedingung nicht erfüllt, so muss man die Grenzen a und b
durch Substitution von zwischenliegenden Zahlen näher bringen.

Hat man erkannt, dass die Bedingung $n = 1 - k$ oder

$n > 1 - k$ erfüllt ist, so wähle man von den Grenzen a und b diejenige aus, welche bei der Substitution in die Functionen $f(x)$ und $f''(x)$ zwei Resultate desselben Vorzeichens ergiebt; es sei β diese Grenze. Man dividire dann nach der Regel der geordneten Division $f(\beta)$ durch $f'(\beta)$, indem man diese Operation soweit fortführt, bis die letzte beim Quotienten gefundene Ziffer von der Decimalordnung $2n + k$ ist. [**209**] Diese letzte Ziffer vermehre man um eine Einheit und addire den so erhaltenen Quotienten zur Grenze β oder subtrahire ihn von dieser Grenze, je nachdem die Grössen $f(\beta)$ und $f'(\beta)$ von entgegengesetzten oder gleichen Vorzeichen sind. Die neue Grenze β', welche auf diese Art gebildet ist, kann grösser oder kleiner als der wahre Werth der Wurzel sein, dies erkennt man leicht durch Einsetzung von β' in $f(x)$; aber dieser Werth differirt immer von der Wurzel um eine Grösse, die kleiner als $\left(\dfrac{1}{10}\right)^{2n+k}$ ist. Vermindert oder vermehrt man folglich die letzte Ziffer von β' um eine Einheit, so bildet man eine zweite Grenze; diese ist kleiner als die Wurzel, wenn die soeben erhaltene Grenze β' grösser war, und grösser als die Wurzel, wenn die soeben erhaltene Grenze β' kleiner war.

Dann verfahre man mit den neuen Grenzen ebenso, wie soeben mit den ersten gegebenen Grenzen a und b. Jede neue Operation ergiebt eine immer grössere Anzahl von Ziffern, welche dem Werth der Wurzel angehören. Die Zahl exacter Decimalziffern, welche auf das Komma nach der ersten, zweiten, dritten Operation folgen, steigt bis zu $2n + k$, $4n + 3k$, $8n + 7k$, ... Der Weg der Rechnung ist ein gesicherter und regelmässiger; er giebt zu keiner überflüssigen Rechnung Anlass, und man ist auch nie dem Umstande ausgesetzt, eine Ziffer zu bestimmen, die sich nicht auf den wahren Werth der Wurzel bezieht.

Wir haben übrigens den Exponenten k als eine constante Zahl betrachtet. Es kann bisweilen vorkommen, dass, wenn man seinen Werth von neuem mittelst besser angenäherter Grenzen, welche der Verlauf der Operation liefert, berechnet, man für diese Zahl k einen grösseren Werth als zuerst findet; dies beschleunigt die Annäherung.

XXX. Die vorstehenden Regeln wenden wir auf die Gleichung:

$$x^3 - 2x - 5 = 0 \quad {}^{64)}$$

an. Die Functionenreihe lautet:

$$f(x) \quad = x^3 - 2x - 5$$
$$f'(x) \quad = 3x^2 - 2$$
$$f''(x) \quad = 6x$$
$$f'''(x) = 6.$$

210] Setzt man zunächst die Zahlen, welche um 10 fort-
schreiten, ein, so findet man:

	$f'''(x),$	$f''(x),$	$f'(x),$	$f(x)$
$(-1)\ldots$	$+$	$-$	$+$	$-$
			1	4
$(<0)\ldots$	$+$	$-$	$-$	$-$
			2	5
$(0)\ldots$	$+$	0	$-$	$-$
$(>0)\ldots$	$+$	$+$	$-$	$-$
$(1)\ldots$	$+$	$+$	$+$	$-$
$(10)\ldots$	$+$	$+$	$+$	$+$ ·

Zwischen -1 und 0 werden zwei, zwischen 1 und 10
eine Wurzeln angezeigt. Man erkennt sofort, dass die zwei
ersten Wurzeln imaginär sind; denn die Summe der Quotienten
$\frac{4}{1} + \frac{5}{2}$ übersteigt die Differenz 1 der beiden Grenzen. Folglich hat diese Gleichung eine einzige reelle, zwischen 1 und
10 gelegene Wurzel.

Um zwei Grenzen, welche nur um eine Einheit in der
Ordnung der letzten Ziffer voneinander verschieden sind, zu
finden, substituire man zwischenliegende Zahlen; man findet:

$(2)\ldots$	$+$	$+$	$+$	$-$
		12	10	1
	0	0	0	1
$(3)\ldots$	$+$	$+$	$+$	$+$
		18	25	16.

Die Wurzel liegt also zwischen 2 und 3; da die Reihe
der Indices 0, 0, 0, 1 lautet, so könnte man zur Annäherung
übergehen. Dividirt man aber den grössten der Werthe von
$f''(x)$, welcher 18 ist, durch den kleinsten der Werthe von

$2 f'(x)$, welcher 20 ist, so erhält man $\dfrac{18}{20} = 0{,}9$ als Quotienten; die Decimaleinheit der Ordnung, welche der ersten Ziffer
dieses Quotienten unmittelbar vorausgeht, ist 1; mithin hat
man $k = 0$. Da die Differenz der zwei Grenzen, zwischen
denen die Wurzel liegt, auch gleich 1 ist, so hat man $n = 0$.
[211] Folglich ist die Bedingung $n =$ oder $> 1 - k$ nicht
erfüllt; das zeigt an, dass die Grenzen 2 und 3 nicht nahe
genug sind, um die Annäherung sofort beginnen zu können.
Setzt man daher zwischenliegende Zahlen von der sofort folgenden niedrigeren Decimalordnung ein, so kommt:

$$
\begin{array}{ccccc}
 & f''''(x), & f'''(x), & f'(x), & f(x) \\
(2,0) \ldots & + & + & + & - \\
 & & 12 & 10 & 1 \\
(2,1) \ldots & + & + & + & + \\
 & & 12{,}6 & 11{,}23 & 0{,}061.
\end{array}
$$

Die Wurzel liegt also zwischen den Grenzen 2,0 und 2,1.
Die Differenz dieser Grenzen ist $\dfrac{1}{10}$; daher ist $n = 1$. Der
grösste der Werthe von $f''(x)$, dividirt durch den kleinsten der
Werthe von $2 f'(x)$, ist $\dfrac{12{,}6}{20} = 0{,}6 \ldots$ Da die Decimaleinheit, welche sofort auf die erste Ziffer des Quotienten folgt,
gleich 1 ist, so haben wir, wie oben, $k = 0$. Die Bedingung
$n = 1 - k$ ist erfüllt; man kann daher zur Annäherung übergehen, ohne die Grenzen noch mehr durch Substitutionen von
neuen zwischenliegenden Zahlen verengern zu müssen.
Die grösste Grenze 2,1 ist hier die äussere Grenze, welche
mit β bezeichnet wurde; denn dieser Werth ergiebt für die
zwei Functionen $f(x)$ und $f''(x)$ dieselben Vorzeichen $+$. Der
erste Näherungswerth wird folglich gebildet, indem man von
$\beta = 2{,}1$ den Quotienten $\dfrac{f(\beta)}{f'(\beta)} = \dfrac{0{,}061}{11{,}23}$ abzieht; die Division
ist dabei bis zu der Decimalziffer der Ordnung $2\,n + k$, d. h.
bis zu den Hunderttsteln fortzuführen; vor Ausführung der Subtraction muss man die letzte Ziffer um eine Einheit vermehren.
Da man $\dfrac{0{,}061}{11{,}23} = 0{,}00 \ldots$ findet, so ist die von 2,1 abzuziehende Zahl 0,01; als erster Näherungswerth kommt

daher 2,09. Dieser Werth ist bis auf wenigstens $\dfrac{1}{100}$ exact; bis jetzt aber weiss man nicht, ob er kleiner oder grösser als die Wurzel ist.

[**212**] Um dieses zu erkennen und die Annäherung fortzuführen, setze man, entsprechend der Regel des Artikels XXIV, 2,09 in die Functionenreihe ein. Die folgende Tabelle bringt diese Rechnung:

$f(2)$	$f'(2)$	$f''(2)$	$f'''(2)$
— 1	10	12	6
	0,09	0,09	0,09
0,90	1,08	0,54
		9	9
		972	486
		0,0486	0,0243
			9
			2187
			0,000729.

Hieraus folgt:

$$f(2,09) = 0,90 \qquad f'(2,09) = 10 \qquad f''(2,09) = 12 \qquad f'''(2,09) = 6.$$

$$
\begin{aligned}
&486 && 1,08 && 0,54 \\
&729 && 243 && = 12,54 \\
\hline
&0,949329 && = 11,1043 \\
&-1 \\
\hline
&= -0,050671.
\end{aligned}
$$

Da das Resultat der Substitution von 2,09 in $f(x)$ negativ ist, so ist diese Grösse kleiner als der Wurzelwerth, welcher zwischen den Grenzen 2,09 und 2,10 liegt. Da die Differenz dieser Grenzen $\dfrac{1}{100}$ oder $\left(\dfrac{1}{10}\right)^2$ ist, so ist jetzt die Zahl n gleich 2; die folgende Annäherung kann also bis zur Decimalziffer der vierten Ordnung geführt werden. Man wird daher die Division $\dfrac{0,061}{11,23}$ bis zur vierten Ziffer incl. nach dem Komma fortführen; dies ergiebt 0,0054 und durch Vermehrung der letzten Ziffer um eine Einheit 0,0055. Subtrahirt man dieses Resultat von 2,10, so ergiebt dies als z w e i t e n Näherungswerth 2,0945. Dieser Werth ist wenigstens bis auf $\dfrac{1}{10000}$ exact.

[**213**] Man weiss noch nicht, ob die Zahl 2,0945 kleiner oder grösser als die Wurzel ist. Die Substitution dieser Zahl in die Function $f(x)$ und die abgeleiteten Functionen vollzieht sich auf folgende Art:

$f(2,09)$	$f'(2,09)$	$f''(2,09)$	$f''''(2,09)$
— 0,050671	11,1043	12,54	6
	0,0045	0,0045	0,0045
	555215	6270	30
	444172	5016	24
	0,04996935	0,056430	0,0270
		45	45
		282150	1350
		225720	1080
		2539350	12150
		0,0001269675	0,00006075
			45
			30375
			24300
			273375
			0,000000091125.

Hieraus schliesst man:

$$f(2,0945) = \begin{array}{l} 0,04996935 \\ 0,0001269675 \\ 0,000000091125 \\ \hline 0,050096408625 \\ -\ 0,050671 \\ \hline = -\ 0,000574591375. \end{array}$$

$$f'(2,0945) = \begin{array}{l} 11,1043 \\ 0,056430 \\ 0,00006075 \\ \hline = 11,16079075. \end{array}$$

$$f''(2,0945) = \begin{array}{l} 12,54 \\ 0,0270 \\ \hline = 12,5670. \end{array}$$

$$f'''(2,0945) = 6.$$

[**214**] Da das Resultat dieser Substitution in $f(x)$ einen negativen Werth ergiebt, schliesst man, dass die Zahl 2,0945 kleiner als die Wurzel ist; diese liegt daher zwischen den Grenzen 2,0945 und 2,0946. Die letztere dieser Zahlen ist

die sogenannte äussere Grenze, und folglich muss zur Fortsetzung dieser Operation die fragliche Zahl in die vorgelegten
Functionen eingesetzt werden. Man kann sich aber von der
Wiederholung der soeben ausgeführten Rechnung durch Anwendung der Formel:

$$f(\beta + i) = f(\beta) + i f'(\beta) + \frac{i^2}{2} f''(\beta) + \frac{3\,i}{2\cdot 3} f'''(\beta) + \cdots$$

befreien.

Man leitet sofort aus den voraufgehenden Resultaten ab:

$$f(2{,}0946) = \quad 0{,}001116079075$$
$$62835$$
$$1$$
$$\overline{0{,}001116141911}$$
$$-\,0{,}000574591375$$
$$= \quad \overline{0{,}000541550536}.$$

$$f'(2{,}0946) = \quad 11{,}16079075$$
$$125670$$
$$3$$
$$= \quad \overline{11{,}16204748}.$$

$$f''(2{,}0946) = \quad 12{,}5670$$
$$6$$
$$= \quad \overline{12{,}5676}.$$

$$f'''(2{,}0946) = \quad 6.$$

Da wir jetzt $n = 4$ haben, so sollen wir bei der Berech-
nung des Quotienten $\dfrac{f(\beta)}{f'(\beta)} = \dfrac{0{,}000541550536}{11{,}16204748}$ die Division
bis zur achten Ziffer incl. nach dem Komma fortsetzen. Da
der Werth dieses Quotienten $0{,}00004851$ ist, so wird man die
Zahl $0{,}00004852$ von der Grenze $2{,}0946$ abziehen. Dies ergiebt als dritten Näherungswerth $2{,}09455148$.

[215] Die folgende Tabelle bietet die Berechnung der Substitution dieses Werthes in die vorgegebenen Functionen:

$f(2,0945)$	$f'(2,0945)$	$f''\,2,0945$	$f'''\,2,0945$
$-\,0.000574591375$	$11,16079075$	$12,5670$	6
	$0,00005148$	$0,00005148$	$0,00005148$
	8928632600	1005360	48
	4464316300	502680	24
	1116079075	125670	6
	5580395375	628350	30
$0,0005745575078100$		$0,000646949160$	$0,00030888$
		5148	5148
		5175593280	247104
		2587796640	123552
		646949160	30888
		3234745800	154440
		3330494275680	159011424
	$0,00000001665247137840$		$0,000000079505712$
			5148
			636045696
			318022848
			79505712
			397528560
			409295405376
			$0,00000000000136431801792.$

Hieraus schliesst man:

$$f(2,09455148) = \quad 0,0005745575078100$$
$$1665247137840$$
$$136431801792$$
$$\overline{\qquad\qquad}$$
$$0,0005745741604178102017 92$$
$$-\,0,000574591375$$
$$= -\,0,00000001721458218979 8208,$$

$$f'(2,09455148) = \quad 11,16079075$$
$$646949160$$
$$79505712$$
$$\overline{\qquad\qquad}$$
$$= \quad 11,1614377071105712,$$

$$f''(2,09455148) = \quad 12,5670$$
$$30888$$
$$\overline{\qquad\qquad}$$
$$= \quad 12,56730888.$$

$$f'''(2,09455148) = \quad 6.$$

[216] Da das Substitutionsresultat $f(x)$ einen negativen Werth ergiebt, so folgt, dass die eingesetzte Zahl kleiner als die Wurzel

ist; die Wurzel liegt also zwischen den Zahlen 2,09455148 und 2,09455149.

Die Resultate der Substitution der letzteren dieser zwei Zahlen, welche man, um die Annäherung weiter fortzuführen, kennen muss, leiten sich fast ohne Rechnung aus denjenigen her, welche aus dem bereits angewandten Verfahren soeben erhalten wurden. Man hat:

$$f(2,09455149) = 0,000000111614377071105712$$
$$628365444$$
$$1$$
$$\overline{}$$
$$0,000000111614377699471157$$
$$- 0,0000000017214582189798208$$
$$= 0,000000009439979550096672949,$$

$$f'(2,09455149) = 11,1614377071105712$$
$$1256730888$$
$$3$$
$$\overline{}$$
$$= 11,1614378327836603,$$

$$f''(2,09455149) = 12,56730888$$
$$6$$
$$\overline{}$$
$$= 12,56730894,$$

$$f'''(2,09455149) = 6.$$

Die Zahl n ist jetzt gleich 8, daher muss die durch $\dfrac{f(\beta)}{f'(\beta)}$ angekündigte Division bis zur 16. Stelle incl. nach dem Komma fortgeführt werden. Da der Quotient dieser Division, den man leicht vermöge der Regel der geordneten Division erhält, 0,0000000084576734 ist, so wird man diese Zahl, nachdem man die letzte Ziffer um eine Einheit vermehrt hat, von dem voraufgehenden Werthe abziehen; dies ergiebt als vierten Näherungswerth 2,0945514815423265; diese Zahl differirt um nicht mehr oder weniger von der Wurzel, als in einer Decimaleinheit der 16. Ordnung.

Bei dem gewählten Beispiel verdoppelt eine jede Operation die Anzahl der exacten Ziffern, welche auf das Komma folgen; [217] folglich lehrt eine weitere Operation den Werth der Wurzel bis zur 32. Decimalstelle kennen. Fährt man auf dieselbe Art zu operiren fort, so ist die Substitution des voraufgehenden Werthes leicht und ergiebt folgende Resultate:

$f(x) = -0,0000000000000010210749604436798454324951858865375$
$f'(x) = 11,16143772649346472644563309780675$
$f'''(x) = 12,5673088892539590.$

Da der für $f(x)$ gefundene Werth negativ ist, so kündigt dies an, dass die eingesetzte Zahl kleiner als die Wurzel ist; diese Zahl bildet daher die untere Grenze, die obere Grenze ist $2,0945514815423266$. Die Resultate der Substitution dieser letzteren Zahl ergeben sich sofort aus den voraufgehenden; sie sind:

$f(x) = 0,00000000000000009506881220566666900048612570185096$
$f'(x) = 11,16143772649346598317652202320268$
$f''(x) = 12,5673088892539596.$

Man wird daher $f(x)$ durch $f'(x)$ dividiren und die Division bis zur 32. Ziffer (incl.) nach dem Komma fortsetzen; dies ergiebt als Quotienten

$0,00000000000000000851761345942069.$

Fügt man zu der letzten Ziffer dieser Zahl die Einheit hinzu und subtrahirt sie darauf vom voraufgehenden Werth, so kommt als fünfter Näherungswerth

$2,09455148154232659148238654057930.$

Die letzte Ziffer dieses Werthes ist exact, d. h. man würde sich vom wahren Werthe der Wurzel entfernen, wenn man diese Ziffer um 1 vermehren oder vermindern würde; wollte man aber die Division fortsetzen, so würden die auf die 32. Stelle folgenden Ziffern nicht mehr der Wurzel angehören.

XXXI. Im Artikel VI und den folgenden haben wir die Eigenthümlichkeiten der Annäherung erster Ordnung kennen gelernt, d. h. derjenigen, welche aus der Fortlassung der Terme resultirt, die höhere Potenzen der Unbekannten als die erste enthalten. [218] Mehrere Analysten haben die Annäherung zweiter Ordnung, welche viel convergenter ist, betrachtet und haben vorgeschlagen, sie bei Berechnung der Wurzeln anzuwenden. Das Verfahren kann in einer grossen Anzahl von Fällen mit Vortheil verwandt werden, aber es blieben noch wesentliche Schwierigkeiten, welche auch die *Newton*'sche Annäherung darbot, zu beseitigen. Sie bestehen darin, mit Sicherheit die imaginären Wurzeln zu unterscheiden, die Rechnung durch Bestimmung einer zweiten Grenze exact anzuordnen und die Convergenz der Annäherung zu messen. In den folgenden

Artikeln werde ich die Principien, welche zur Lösung dieser
Frage dienen, auseinandersetzen.

Um die Unsicherheit, welche aus der Fortlassung der
Glieder höherer Ordnung hervorgeht, zu vermeiden, haben wir
in die Rechnung den Ausdruck zweier Grenzen, zwischen
denen die Wurzel immer liegt, eingeführt. Ohne die Einzelheiten, welche wir bei der Behandlung der linearen Annäherung angaben, zu wiederholen, werden wir von demselben Princip Gebrauch machen; denn, nachdem man die
strenge Exactheit der Sätze dieser Art gezeigt hat, ist es von
grosser Wichtigkeit, die ganze Einfachheit der Differentialrechnung beizubehalten.

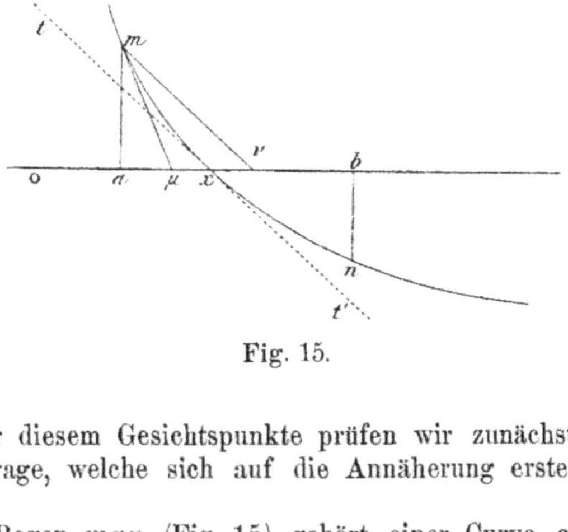

Fig. 15.

Unter diesem Gesichtspunkte prüfen wir zunächst die folgende Frage, welche sich auf die Annäherung ersten Grades
bezieht.

Der Bogen mxn (Fig. 15) gehört einer Curve an, deren
Ordinate $f(x)$ ist; die Abscisse Ox des Schnittpunktes ist der
Werth einer Wurzel der Gleichung $f(x) = 0$. Denken wir
uns von dem Schnittpunkte x auf der Abscissenaxe nach links
hin eine sehr kleine Grösse xa, die wir mit ω bezeichnen,
abgetragen. Im Punkte a errichte man die Ordinate am;
durch den Punkt m ziehe man zwei Linien $m\mu$, mv. Die
erste $m\mu$ ist die Tangente des Bogens im Punkte m, die
zweite mv ist der Geraden txt', welche den Bogen im Punkte
x berührt, parallel. So bildet man auf der Axe ein Intervall
μv, welches viel kleiner wäre, wenn das erste Intervall xa
selbst einen viel kleineren Werth erhalten hätte. Es handelt
sich darum, die Relation kennen zu lernen, welche zwischen

diesem ersten Intervall xa, das man als willkürlich betrachten kann, und dem Intervall $\mu\nu$, welches nach der beschriebenen Construction daraus hergeleitet wurde, besteht. [219] Man sucht hier die äusserste Relation, welche zwischen den Intervallen ax und $\mu\nu$ besteht, d. h. man setzt voraus, dass das mit ω bezeichnete Anfangsintervall ax beständig kleiner wird und die Null zur Grenze hat, es wird z. B. der Reihe nach ω, $\frac{1}{2}\omega$, $\frac{1}{4}\omega$, ... Es handelt sich darum, die entsprechenden Werthe von $\mu\nu$ zu bestimmen und zu erschliessen, was aus dem Verhältniss von $\mu\nu$ zu ax wird, wenn $\mu\nu$ seine Grenze Null erreicht.

Die so deutlich gestellte Frage ist leicht zu lösen. Bezeichnet man mit x den Werth der Abscisse $0x$ und mit ω das Intervall xa, so sieht man, dass die Ordinate am gleich $f(x-\omega)$ ist. Die Subtangente $a\mu$ ist $= -\dfrac{f(x-\omega)}{f'(x-\omega)}$; der Werth der Geraden $a\nu$ ist $-\dfrac{f(x-\omega)}{f'(x)}$; folglich ist die Länge des Intervalls

$$\mu\nu = -\frac{f(x-\omega)}{f'(x)} + \frac{f(x-\omega)}{f'(x-\omega)}$$

oder

$$f(x-\omega) \cdot \left(\frac{1}{f'(x-\omega)} - \frac{1}{f'(x)} \right).$$

Man muss nur noch ω als eine unendlich kleine Grösse voraussetzen. $f(x-\omega)$ ist der Werth von $f(x)$ vermindert um sein Differential $dx f'(x)$; $f(x)$ ist nach Voraussetzung Null, denn x ist die Abscisse eines Schnittpunktes; daher ist im Ausdrucke von $\mu\nu$ der erste Factor $f(x-\omega)$ gleich $-dx f'(x)$. Der zweite Factor ist das Differential von $\dfrac{1}{f'(x)}$, wobei man dx als negativ voraussetzt. Dieser zweite Factor ist daher $dx \cdot \dfrac{f''(x)}{(f'(x))^2}$. Mithin ist der Werth von $\mu\nu$:

$$- \omega^2 \, \frac{f''(x)}{f'(x)} \, .$$

Es ist klar, dass man dieses Resultat auch findet, wenn

man den Ausdruck nach Potenzen von ω entwickelt und dabei höhere Potenzen fortlässt.

Aus diesem Werth der unendlich kleinen Geraden $\mu\nu$ erkennt man, dass dieses Intervall unvergleichlich kleiner als das Intervall ω wird; es ist gleich dem Quadrat von ω multiplicirt mit dem Quotienten $-\dfrac{f''(x)}{f'(x)}$, also einer endlichen Grösse, welche das Verhältniss der zwei Fluxionen $f''(x)$ und $-f'(x)$ im Schnittpunkte x ausdrückt und von der Form der Curve in diesem Punkte abhängt.

[220] XXXII. Betrachten wir das Intervall ω, welches die Differenz zwischen dem Näherungswerthe $0a$ und dem exacten Werthe $0x$ ist, als einen ersten Fehler. Zieht man die Tangente $m\mu$, so bestimmt man einen besseren Näherungswerth μ für den Punkt x; fügt man zu der Abscisse $0a$ die Subtangente $a\mu$ hinzu, um einen neuen Werth 0μ der Abscisse zu bilden, so sieht man, dass der übrig bleibende Fehler μx kleiner als der vorige ax geworden ist. Sei ω' dieser neue Fehler, so schliesst man aus dem Werth $-\dfrac{f(x-\omega)}{f'(x-\omega)}$ für die Subtangente, dass

$$\omega' = \omega + \frac{f(x-\omega)}{f'(x-\omega)}$$

wird.

Entwickelt man nach Potenzen von ω und lässt die höheren Glieder fort oder wendet man, was dasselbe ist, die Differentialausdrücke an, so hat man:

$$\omega' = \omega + \frac{f(x) - \omega f'(x) + \frac{1}{2}\omega^2 f''(x) + \cdots}{f'(x) - \omega f''(x) + \cdots}.$$

Lässt man das Glied $f(x)$, welches nach Voraussetzung Null ist, fort, so findet man:

$$\omega' = \omega + \frac{-\omega f'(x) + \frac{1}{2}\omega^2 f''(x) + \cdots}{f'(x) - \omega f''(x) + \cdots},$$

oder, da ω eine unendlich kleine Grösse ist:

$$\omega' = \frac{-\omega^2}{2}\frac{f''(x)}{f'(x)}.$$

So verringert sich der Fehler ω, der als sehr klein vorausgesetzt wurde, sehr schnell; er wird gleich dem Quadrat des vorhergehenden Fehlers multiplicirt mit einer bestimmten und constanten Grösse, nämlich $-\dfrac{1}{2}\dfrac{f''(x)}{f'(x)}$, also einem endlichen Werthe, der sich auf den Punkt x des Bogens mxn bezieht.

Die Relation $\omega' = -\dfrac{\omega^2}{2}\dfrac{f''(x)}{f'(x)}$ drückt, wie wir gesagt haben, die Endrelation zwischen einem Fehler und dem folgenden aus. Diese Bedingung besteht im Schnittpunkte x streng; d. h. sie lehrt die Endconvergenz der linearen Annäherung kennen. [221] Diese Resultate haben wir schon [65]) bewiesen; jetzt wollen wir diese Betrachtungen auf die parabolische Berührung der Curven ausdehnen.

XXXIII. Sei $0a$ (Fig. 16) ein erster Näherungswerth der Abscisse $0x$ eines Schnittpunktes. Der Bogen mxn gehört

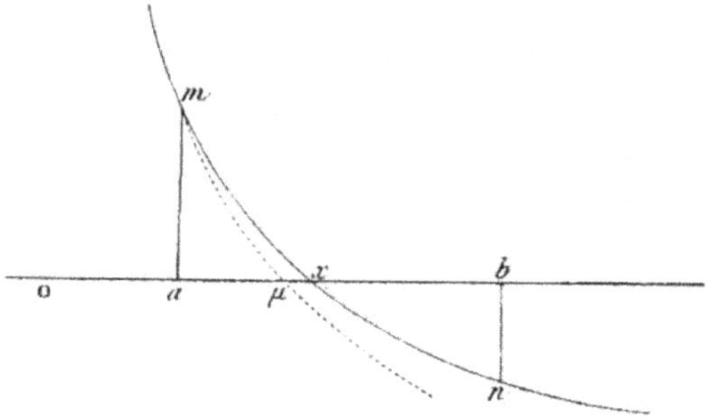

Fig. 16.

einer Curve an, deren Ordinate durch $f(x)$ ausgedrückt ist. Mit a bezeichnen wir den Näherungswerth $0a$, mit x den exacten Werth $0x$. Sei $x = a + \varepsilon$, so dass ε der Fehler erster Annäherung ist und man $f(a + \varepsilon) = 0$ hat. Wir entwickeln diesen Ausdruck, indem wir die Glieder, bei denen höhere Potenzen von ε als die zweite auftreten, vernachlässigen; zur Bestimmung von ε hat man dann die Gleichung:

$$fa + \varepsilon f'a + \tfrac{1}{2}\varepsilon^2 f''a = 0.\ [66])$$

fa, $f'a$, $f''a$ sind bekannte Coefficienten. Löst man diese Gleichung:

$$\varepsilon^2 + 2\varepsilon\frac{f'a}{f''a} + \frac{2fa}{f''a} = 0$$

auf, so findet man:

$$\varepsilon = - \frac{f'a}{f''a} \pm \left[\left(\frac{f'a}{f''a} \right)^2 - 2 \frac{f a}{f''a} \right]^{\frac{1}{2}}.$$

Seien ω der Fehler des ersten Näherungswerthes a und ω' der Fehler des besseren Näherungswerthes, der gefunden wird, indem man zur Grösse a die soeben bestimmte Wurzel ε hinzufügt, so hat man $x = a + \omega$ und $x = a + \varepsilon + \omega'$. Daher ist $\omega' = \omega - \varepsilon$. Es gilt nun das äusserste Verhältniss zwischen ω und ω' zu finden; man gelangt hierzu auf folgende Art. Man bestimmt ε vermöge der vorstehenden Gleichung, indem man a durch seinen Werth $x - \omega$ ersetzt; dann setzt man voraus, dass ω unendlich klein ist. Auf diese Art findet man:

$$\omega' = \frac{\omega f''(x-\omega) + f'(x-\omega) \mp \{[f'(x-\omega)]^2 - 2 f(x-\omega) \cdot f''(x-\omega)\}^{\frac{1}{2}}}{f''(x-\omega)}.$$

Da ω unendlich klein ist, so wird man nur das erste Glied des Resultates beibehalten. Man erkennt nun, dass im Zähler, wenn man dem Radical das Vorzeichen $-$ beilegt, nur mit ω^3 multiplicirte Glieder bleiben; alle Potenzen von ω, die niedriger als die dritte sind, verschwinden. [**222**] Der Nenner $f''(x - \omega)$ reducirt sich auf $f''(x)$, wenn ω unendlich klein ist. Es erübrigt also nur, noch den Zähler zu bilden. Die Rechnung ist folgende:

Entwickelt man im ersten Theil $\omega f''(x - \omega) + f'(x - \omega)$ nach Potenzen von ω, behält dabei nur noch die dritte Potenz bei und lässt die Variable x unter dem Functionszeichen fort, so findet man:

$$f' - \frac{\omega^2}{2} f''' + \frac{\omega^3}{3} f^{\mathrm{IV}}.$$

Im Product $f(x - \omega) \cdot f''(x - \omega)$, welches unter dem Wurzelzeichen auftritt, reducirt sich der Factor $f(x - \omega)$ auf

$$- \omega f' + \frac{\omega^2}{2} f'' - \frac{\omega^3}{2 \cdot 3} f'''; \text{ denn } fx \text{ ist nach Voraussetzung}$$

Null. Macht man in dem Ausdruck für das Product bei ω^3 halt, so hat man an die Stelle des zweiten Factors $f''(x - \omega)$ die Grösse $f'' - \omega f''' + \frac{\omega^2}{2} f^{\mathrm{IV}}$ zu schreiben. Das gesuchte Product $f(x - \omega) \cdot f''(x - \omega)$ wird daher:

$$- \omega f' f'' + \omega^2 \left(\tfrac{1}{2} f''^2 + f' f''' \right) - \omega^3 \left(\tfrac{2}{3} f'' f''' + \tfrac{1}{2} f' f^{\text{IV}} \right).$$

Das Quadrat von $f'(x - \omega)$ oder von

$$f' - \omega f'' + \frac{\omega^2}{2} f''' - \frac{\omega^3}{2 \cdot 3} f^{\text{IV}}$$

ist

$$f'^2 - 2 \omega f' f'' + \omega^2 \left(f''^2 + f' f''' \right) - \omega^3 \left(f'' f''' + \tfrac{1}{3} f' f^{\text{IV}} \right).$$

Daher wird die mit dem Exponenten $\dfrac{1}{2}$ versehene Grösse:

$$f'^2 - \omega^2 f' f''' + \omega^3 \left(\tfrac{1}{3} f'' f''' + \tfrac{2}{3} f' f^{\text{IV}} \right).$$

Erhebt man diesen Ausdruck zur Potenz $\dfrac{1}{2}$, so findet man, wenn dem Radical das Vorzeichen — beigelegt wird:

$$- f' \left[1 - \omega^2 \cdot \tfrac{1}{2} \frac{f'''}{f'} + \omega^3 \left(\frac{1}{2 \cdot 3} \frac{f'' f'''}{f'^2} + \tfrac{1}{3} \frac{f^{\text{IV}}}{f'} \right) \right]$$

oder:

$$- f' + \omega^2 \tfrac{1}{2} f''' - \omega^3 \left(\frac{1}{2 \cdot 3} \frac{f'' f'''}{f'} + \tfrac{1}{3} f^{\text{IV}} \right) \right].$$

[**223**] Fügt man den ersten Theil des Ausdrucks für ω' hinzu, so hat man:

$$\omega' = \frac{1}{f''} \left(- \frac{\omega^3}{2 \cdot 3} \frac{f'' f'''}{f'} \right) \text{ oder } \omega' = - \frac{\omega^3}{2 \cdot 3} \frac{f'''}{f'};$$

dieses sehr einfache Resultat giebt das Maass der schliesslichen Convergenz für die Annäherung zweiter Ordnung. Der Fehler ω nimmt sehr rasch ab; sein Werth ist das Product des Cubus des voraufgehenden Fehlers in einen constanten Coefficienten. Die exacte Anzahl der Decimalziffern wird, allgemein gesprochen, durch jede neue Operation verdreifacht. Der constante Coefficient ist gleich $- \dfrac{1}{2 \cdot 3} \dfrac{f''' x}{f' x}$; sein Werth hängt von der Form der Curve im Schnittpunkte ab.

XXXIV. Diese Sätze lassen sich auf die Annäherung jeden Grades ausdehnen. Um das allgemeine Resultat zu finden, habe ich eine andere Art der Berechnung, über die ich jetzt berichten will, angewandt.

Bezeichnet man den ersten Näherungswerth mit a und drückt ε den Fehler dieser Bestimmung aus, so hat man: $x = a + \varepsilon$ und $f(a + \varepsilon) = 0$. Man entwickelt diesen Ausdruck und lässt die Potenzen von ε, welche höher als die erste, zweite, dritte Potenz u. s. w. sind, fort, je nachdem man

sich auf die Annäherung ersten, zweiten oder dritten Grades
u. s. w. beschränken will. Betrachten wir diesen letzten Fall;
die Gleichung, welche zur Bestimmung von ε dient, lautet
dann:

$$f a + ε f' a + \frac{ε^2}{2} f'' a + \frac{ε^3}{2 \cdot 3} f''' a = 0. \quad (e)$$

Diese Gleichung ist nur eine angenäherte; der Werth, den sie
für ε liefert, ist offenbar unvollständig. Fügt man ihn daher
zur Grösse a hinzu, so findet man die Wurzel x nicht genau;
sie wird dann von diesem Werthe um einen neuen Fehler,
welcher viel kleiner als der erste ist, differiren; es handelt
sich darum, die Endrelation, welche zwischen einem Fehler
und dem ihm folgenden besteht, zu finden. Die Gleichung
$f(a + ε) = 0$ würde nur dann bestehen, wenn der Werth ε
durch die vollständige, nicht durch eine angenäherte Gleichung
bestimmt wäre. Sei $ω$ der genaue Werth für ε, so dass man
$x = a + ω$ und $f(a + ω) = 0$ hat; sei $ω'$ der Fehler, welcher
den früheren $ω$ ersetzt, und welcher daraus entspringt, dass
man eben nur einen angenäherten Werth ε berechnet, so
hat man $x = a + ε + ω'$; [224] dabei ist der Werth ε
die Wurzel der angenäherten Gleichung (e). Mithin ist:
$ω' + ε — ω = 0$ und $a = x — ω$. Jetzt werden wir in die
Gleichung (e) für a seinen Werth $x — ω$ und für ε seinen
Werth $ω — ω'$ setzen, dann hat man eine Gleichung zwischen
$ω$ und $ω'$. Aus dieser Gleichung muss man den Werth von
$ω'$, ausgedrückt durch $ω$, herleiten und dabei voraussetzen,
dass $ω$ unendlich klein ist. So erkennt man die gesuchte
Endrelation zwischen den zwei aufeinanderfolgenden Fehlern
$ω$ und $ω'$. Die Gleichung (e) wird:

$$f(x — ω) + (ω — ω') f'(x — ω) + \tfrac{1}{2} (ω — ω')^2 f''(x — ω) +$$

$$+ \frac{1}{2 \cdot 3} (ω — ω')^3 f'''(x — ω) = 0. \quad (E)$$

Wie wir schon sagten, muss man aus dieser Gleichung
den Werth von $ω'$ entnehmen und schliesslich $ω$ als unendlich klein voraussetzen. Soll diese Untersuchung allgemein
sein, so muss eine Gleichung irgend eines Grades, bei der $ω'$
die Unbekannte ist, betrachtet werden. Zunächst bemerkt
man, dass die Gleichung (E) mehrere Werthe für $ω'$ ergiebt,
und zwar deswegen weil sich die Rechnung bisher auf alle

Werthe von x bezieht und nicht nur auf den, der dem angenäherten Werthe a am nächsten liegt. Die Wurzel ω', welche der specielle Gegenstand der Untersuchung ist, würde, wenn ω Null wäre, auch Null werden; durch dieses Merkmal wird uns diejenige Wurzel, die unter den durch die Gleichung (E) gegebenen Wurzeln zu wählen ist, gekennzeichnet. Man entwickle die linke Seite dieser Gleichung nach Potenzen von ω' und ordne jeden Coefficienten einer Potenz von ω' nach wachsenden Potenzen von ω. Dann gewinnt man eine Gleichung dieser Form:

$$0 = A\omega'^3 + B\omega'^2 + C\omega' + D. \quad \text{(F)}$$

A, B, C, D sind Coefficienten, die nach steigenden Potenzen von ω geordnet sind; diese Gleichung könnte von irgend einem Grade in ω' sein. Dies vorausgesetzt, betrachten wir ω wie eine bekannte Grösse und die Gleichung (F) als Buchstabengleichung. **[225]** Wir machen dann von der Methode Gebrauch, welche die einem unendlich kleinen Werthe von ω entsprechende Wurzel ω' ergiebt; unter diesen Werthen von ω' müssen wir den wählen, welcher am kleinsten wird, wenn ω unendlich klein wird. Wir werden also als gesuchten Werth von ω' unter den nach steigenden Potenzen von ω entwickelten Wurzeln ω' diejenige nehmen, welche in ihrem ersten Terme die höchste Potenz von ω enthält.

Der Term D, welcher in der Gleichung (F) ω' nicht enthält, ist augenscheinlich:

$$D = f(x-\omega) + \omega f'(x-\omega) + \tfrac{1}{2}\omega^2 f''(x-\omega) + \frac{1}{2\cdot 3}\omega^3 f'''(x-\omega);$$

entwickelt man und lässt x unter dem Functionszeichen fort, so hat man:

$$D = f - \omega f' + \frac{\omega^2}{2}f'' - \frac{\omega^3}{2\cdot 3}f''' + \frac{\omega^4}{2\cdot 3\cdot 4}f^{IV} - \cdots$$

$$+ \omega f' - \omega^2 f'' + \frac{\omega^3}{2}f''' - \frac{\omega^4}{2\cdot 3}f^{IV} + \cdots$$

$$+ \frac{\omega^2}{2}f'' - \frac{\omega^3}{2}f''' + \frac{\omega^4}{2\cdot 2}f^{IV} - \cdots$$

$$+ \frac{\omega^3}{2\cdot 3}f''' - \frac{\omega^4}{2\cdot 3}f^{IV} \cdots$$

Der Werth von fx ist nach Voraussetzung Null, nach gehöriger Reduction findet man:

$$D = -\frac{1}{2 \cdot 3 \cdot 4} \omega^4 f^{IV} + \text{etc.}$$

Die Coefficienten C, B, A, welche in der Gleichung (F) auftreten, reduciren sich nicht derartig. Der Werth von C, dem Coefficienten von ω' in der Gleichung (F), lautet:

$$C = -f'(x-\omega) - \tfrac{1}{2} \cdot 2\,\omega f''(x-\omega) - \frac{1}{2 \cdot 3} 3\,\omega^2 f'''(x-\omega) - \text{etc.}$$

Die anderen Coefficienten B, A sind ebenso aus verschiedenen Potenzen von ω gebildet und enthalten ein jeder auch einen Term ohne ω.

Man muss jetzt auf die Gleichung (F) die allgemeine Regel anwenden, welche dazu dient, die Wurzeln der Unbekannten ω', wenn man sie nach steigenden Potenzen eines gewählten Buchstaben, welcher hier ω ist, geordnet hat, zu bestimmen. [226] Da die Coefficienten A, B, C sämmtlich einen Term enthalten, bei dem ω sich in der Potenz 0 befindet, so hat man

$$0 = A\omega'^3 + B\omega'^2 + C\omega' + D$$

und erkennt durch Vergleich dieser Coefficienten, dass unter den nach steigenden Potenzen von ω entwickelten Wurzeln ω' diejenige, welche in ihrem ersten Glied den höchsten Exponenten von ω enthält, durch die Theilgleichung:

$$C\omega' + D = 0$$

gegeben wird; entsprechend der angeführten Regel muss man C und D auf ihre ersten Glieder, welche der Ordnung der steigenden Potenzen von ω entsprechen, reduciren. Um die gesuchte Wurzel ω' zu bestimmen, hat man daher die sehr einfache Theilgleichung:

$$-\omega' f' - \frac{\omega^4}{2 \cdot 3 \cdot 4} f^{IV} = 0;$$

diese ergiebt:

$$\omega' = -\frac{\omega^4}{2 \cdot 3 \cdot 4} \frac{f^{IV}}{f'} . \qquad 67)$$

Dieses Resultat ist analog denen, die wir in den Artikeln XXXII und XXXIII durch einen ganz anderen Process, der sich nämlich auf die wirkliche Auflösung der Gleichungen des ersten und zweiten Grades stützte, gefunden haben. Man sieht, dass die Methode der Auflösung der Buchstabengleichungen hier die besonderen Formeln, welche die Wurzeln der Gleichungen durch Radicale ausdrücken würden, ergänzt.

Wendet man die vorstehende Analyse auf die Annäherung vierter Ordnung, d. h. diejenige, welche aus der Vernachlässigung von höheren als vierten Potenzen resultirt, an, so bildet man die Gleichung:

$$0 = f(x - \omega) + (\omega - \omega') f'(x - \omega) + \tfrac{1}{2}(\omega - \omega')^2 f''(x - \omega) +$$

$$+ \frac{1}{2 \cdot 3}(\omega - \omega')^3 f'''(x - \omega) + \frac{1}{2 \cdot 3 \cdot 4}(\omega - \omega')^4 f^{IV}(x - \omega).$$

[**227**] Man löst dann diese Gleichung nach der allgemeinen Methode, welche die einem unendlich kleinen ω entsprechenden Werthe von ω' kennen lehrt; zur Bestimmung derjenigen Wurzel, deren erstes Glied die höchste Potenz von ω enthält, findet man die Theilgleichung:

$$- \omega' f' - \frac{\omega^5}{2 \cdot 3 \cdot 4 \cdot 5} f^V = 0.$$

Mithin ist die Endconvergenz der Annäherung vierter Ordnung derartig, dass jeder Fehler ω' gleich dem in die fünfte Potenz erhobenen voraufgehenden Fehler, multiplicirt mit dem constanten Factor $- \dfrac{1}{2 \cdot 3 \cdot 4 \cdot 5} \dfrac{f^V x}{f' x}$, ist.

Das Gesetz, nach dem diese Resultate aufeinanderfolgen, ist klar; auf diese Art erkennt man die allgemeinen Eigenschaften der Annäherung irgend eines Grades. Im übrigen haben diese Betrachtungen nicht die numerische Berechnung der Wurzeln zum Gegenstand; die speciellen, von uns in den vorhergehenden Artikeln gegebenen Regeln lassen bezüglich der Leichtigkeit der Operationen nichts zu wünschen übrig. Aber es war wichtig, die ganze Ausdehnungsfähigkeit dieser Theorie der Annäherungen zu zeigen.

XXXV. Die Schwierigkeit, den Fall der zwei imaginären Wurzeln von dem der zwei reellen Wurzeln zu unterscheiden, ist der wichtigste Punkt der Gleichungstheorie; er erfordert eine eigenthümliche Methode, die auf der Berechnung der

Grenzen, zwischen denen die Wurzeln liegen, basirt. Die
Untersuchungen von *Rolle* [21]), sowie die von *de Gua* [20]) haben
nicht zur numerischen Auflösung der Gleichungen geführt;
denn ihnen fehlte ein specielles Criterium zur Unterscheidung
der imaginären Wurzeln. Die Aufstellung der Gleichung für
die Quadrate der Differenzen hat diese besondere Schwierigkeit zum ersten Male gehoben; aber man hat schon lange bemerkt, dass die Lösung eine rein theoretische ist; die Versuche, welche man zu ihrer Vervollständigung anwandte, sind
fast ganz unfruchtbar gewesen. Daher war es nöthig, die
Frage auf eine ganz andere Art zu behandeln; wir haben bewiesen, dass sie eine nicht weniger exacte Lösung von unvergleichlich einfacherer Anwendbarkeit zulässt. Es ist aber
wichtig, die Fundamentalfrage von verschiedenen Gesichtspunkten aus zu betrachten; [228] denn sie bietet sich auch in
den Untersuchungen, welche die krummen Oberflächen betreffen, sowie in der allgemeinen Theorie der Gleichungen dar.
In den folgenden Artikeln geben wir die allgemeinen Principien,
welche dazu dienen, sie auf verschiedene Arten aufzulösen.

Es seien $F(x)$ und $f(x)$ zwei algebraische Functionen, deren
Coefficienten gegebene Zahlen sind. Man sei ferner durch Anwendung der im Vorhergehenden dargelegten Methoden dazu
gelangt, zwei Grenzen a und b zu finden, zwischen denen die
Gleichung $F(x) = 0$ eine einzige Wurzel, die wir mit α bezeichnen, habe; es handelt sich dann darum, das Vorzeichen
des Resultates zu kennen, welches man erhält, wenn man α
in die andere Function $f(x)$ einsetzt.

Wäre der exacte Werth von α bekannt, so hätte die Frage
keine Schwierigkeit; man würde dann diesen exacten Werth
der Variablen x in der Function $f(x)$ beilegen und damit das
Vorzeichen des Resultates erkennen. Wenn die Wurzel α nur
näherungsweise bekannt ist, so verhält es sich nicht so;
denn setzt man an die Stelle von x eine sehr angenäherte
Grenze a des α, so ist man nicht sicher, ob das Vorzeichen
von $f(a)$ dasselbe wie das Vorzeichen von $f(\alpha)$ ist; die Unsicherheit besteht immer, wie klein auch der Unterschied
zwischen der Wurzel α und der Grenze a sei. Die Unterscheidung des Falles zweier imaginärer Wurzeln von dem
zweier reeller Wurzeln reducirt sich darauf, das Vorzeichen
zu bestimmen, das man erhält, wenn in eine gewisse Function
$f(x)$ eine Wurzel α, welche eine andere Function $F(x)$ annullirt, eingesetzt wird. Nehmen wir die Gleichung:

$$x^5 - 3\,x^4 - 24\,x^3 + 95\,x^2 - 46\,x - 101 = 0,$$

die wir in den Artikeln XII und XXXVI des ersten Buches behandelt haben, zum Beispiel. Setzte man die Zahlen 2 und 3 in die Functionen:

$$f^{\mathrm{V}}(x),\ f^{\mathrm{IV}}(x),\ f'''(x),\ f''(x),\ f'(x),\ f(x),$$

so fand man folgende zwei Reihen:

(2) ...	$+$	$+$	$-$	$-$	$+$	$-$
	120	168	48	82	30	21
	0	0	1	0	1	2
(3) ...	$+$	$+$	$+$	$-$	$-$	$-$
	120	288	180	26	43	32.

[229] Die nach Artikel XXXI des ersten Buches gebildete Reihe der Indices schliesst mit den Zahlen 0, 1, 2. Hieraus folgt, 1. dass die Gleichung $f'(x)$ eine zwischen 2 und 3 gelegene Wurzel hat, und dass diese Gleichung in diesem Intervall nur eine Wurzel besitzt, 2. dass man zwischen diesen Grenzen 2 und 3 zwei Wurzeln der Gleichung $f(x) = 0$ suchen muss und man bis jetzt nicht weiss, ob diese Wurzeln reell sind oder in dem Intervall verloren gehen. Um die Natur dieser Wurzeln zu erkennen, muss man eigentlich in $f(x)$ den exacten Werth der Wurzel α der Gleichung $f'(x) = 0$ einsetzen und das Vorzeichen von $f(\alpha)$ bestimmen. Ist dieses letztere Vorzeichen positiv, so sind die zwei gesuchten Wurzeln reell; die eine liegt zwischen 2 und α, die andere zwischen α und 3. Dies folgt augenscheinlich aus den Principien, welche wir im ersten Buche bewiesen haben. Ist hingegen das Vorzeichen von $f(\alpha)$ negativ, so ist man sicher, dass die Wurzeln imaginär sind; denn die Reihe der Vorzeichen verliert auf einmal zwei Vorzeichenwechsel, wenn die eingesetzte Zahl von einem Werth, der unendlich wenig kleiner als α ist, zu einem Werthe, der unendlich wenig grösser als α ist, übergeht. Aber um dieses letzteren Schlusses ganz sicher zu sein, genügt es nicht, in $f(x)$ an die Stelle von x einen sehr angenäherten Werth des α zu setzen; denn man sieht ein, dass das Vorzeichen von $f(x)$ für einen gewissen Werth des x zwar positiv sein, hingegen, falls man die eingesetzte Zahl um eine sehr kleine Grösse ändert, negativ werden könnte. Die ganze Schwierigkeit besteht darin, obgleich man x nur einen angenäherten

Werth a, der kleiner als α ist, oder einen angenäherten Werth b, der grösser als α ist, beilegt, dennoch das Vorzeichen von $f(x)$ bestimmen zu können. Diese Frage lösten wir, indem wir nicht allein die Werthe der Resultate $f(a)$ und $f(b)$, sondern auch die von $f'(a)$ und $f'(b)$, der Fluxionen erster Ordnung, betrachteten. Ist in der That der Werth a sehr nahe bei α und hat das Resultat $f(a)$ einen sehr grossen positiven Werth, so ist es sehr wahrscheinlich, dass das Vorzeichen von $f(\alpha)$ positiv sei; dennoch muss das Verhalten, wenn die Fluxion $f'(a)$ negativ und durch eine sehr grosse Zahl ausgedrückt ist, untersucht werden; denn in diesem Falle nimmt die Function $f(x)$ sehr schnell ab; es wäre daher immerhin möglich, dass sie bei einer sehr kleinen Werthänderung des a negativ würde und schliesslich doch wieder, weil die Fluxion $f'(x)$ selbst positiv und sehr gross werden würde, einen positiven Werth annehmen könnte. [**230**] Die von uns im Artikel XXIV und den folgenden des ersten Buches gegebene Lösung besteht darin, die Werthe von $f(a)$, $f'(a)$, $f(b)$, $f'(b)$ und des Intervalles $b - a$ in die Rechnung einzuführen. Durch Vergleichen dieser Grössen gelingt es, das Vorzeichen von $f(\alpha)$ ohne irgend welche Unsicherheit zu erkennen. Man kann die Frage aber auch von einem anderen Gesichtspunkte, den anzugeben nützlich ist, betrachten.

XXXVI. Stellt man sich allgemein die Frage, das Vorzeichen des Resultates, welches man durch Einsetzen der Wurzel α der Gleichung:

$$F(x) = 0$$

in $f(x)$ findet, zu bestimmen und sind dabei $f(x)$ und $F(x)$ zwei gegebene algebraische Functionen, wobei der singuläre Fall, dass $F(x)$ gleich $\dfrac{d f(x)}{dx}$ ist, zunächst ausgeschlossen sei, so genügt es, die im ersten Buch bezüglich der Grenzen der Wurzeln bewiesenen Principien anzuwenden.

Man hat zwei Grenzen a und b, zwischen denen die Gleichung $F(x) = 0$ eine reelle Wurzel, nämlich den fraglichen betrachteten Werth α, besitzt; diese zwei Grenzen a und b können immer nahe genug aneinander gebracht werden, so dass die zwei Vorzeichenreihen der Resultate:

$$F^{(m)}(a),\ F^{(m-1)}(a),\ \ldots,\ F''''(a),\ F'''(a),\ F''(a),\ F'(a),\ F(a),$$
$$F^{(m)}(b),\ F^{(m-1)}(b),\ \ldots,\ F''''(b),\ F'''(b),\ F''(b),\ F'(b),\ F(b) \qquad (1$$

erkennen lassen: die Gleichung $F(x)$ hat zwischen a und b wirklich nur eine reelle Wurzel. Setzen wir das Bestehen dieser Bedingung voraus, so wird man dann dieselben Grenzen a und b in die aus der anderen Function $f(x)$ abgeleiteten Functionen, nämlich:

$$f^{(n)}(x), \; f^{(n-1)}(x), \; \ldots, \; f'''(x), \; f''(x), \; f'(x), \; f(x),$$

einsetzen und prüfen, ob aus dem Vergleich der zwei Reihen von Vorzeichen:

$$\begin{aligned} & f^{(n)}(a), \; f^{(n-1)}(a), \; \ldots, \; f'''(a), \; f''(a), \; f'(a), \; f(a), \\ & f^{(n)}(b), \; f^{(n-1)}(b), \; \ldots, \; f'''(b), \; f''(b), \; f'(b), \; f(b) \end{aligned} \qquad (2)$$

folgt, dass die Gleichung $f(x)$ keine Wurzel zwischen a und b haben kann; [231] man wird also sehen, ob die Indicesreihe, welche den Reihen (2) eigenthümlich ist, die Null als letztes Glied aufweist. Findet diese letzte Bedingung gleichzeitig mit der vorangehenden statt, so erkennt man mit Sicherheit das Vorzeichen von $f(\alpha)$; dieses Zeichen wird dasjenige sein, welches den zwei Grössen $f(a)$ und $f(b)$ gemeinsam ist. In der That folgt aus der zweiten Bedingung, dass alle zwischen a und b gelegenen Grössen, wenn man sie in $f(x)$ einsetzt, Resultate gleichen Vorzeichens ergeben; aus der ersten Bedingung aber folgt, dass der exacte Werth von α zwischen a und b liegt. Daher ist das Vorzeichen von $f(\alpha)$ bekannt; es ist das von $f(a)$ und $f(b)$. Um dieses Vorzeichen zu bestimmen, genügt es, die Grenzen a und b so nahe aneinander zu bringen, dass, während die Wurzel α nicht aufhört zwischen a und b zu liegen, — dieses erkennt man durch die Vorzeichen der Reihen (1) —, die Vergleichung der Reihen (2) als letztes Glied der Reihe der Indices 0 ergiebt. Sieht man nun von dem Falle ab, in dem bei diesen zwei Functionen die singuläre Relation $F(x) = \dfrac{df(x)}{dx}$ statthat, so ist man sicher, dass man leicht die Grenzen a und b, welche beiden Bedingungen genügen, finden wird; denn da die Function $F(x)$ durch die Ordinaten einer gewissen Curve ausgedrückt ist und die algebraische Function $f(x)$ auch die Ordinaten einer zweiten Curve darstellt, so können die zwei Grenzen a und b, zwischen denen sich ein Schnittpunkt der ersten Linie mit der Abscissenaxe befindet, allgemein gesprochen, zwei Ordinaten der zweiten Curve, zwischen denen diese zweite Curve keinen

Schnittpunkt hat und frei von jeder Windung ist, entsprechen.
Daher wird der Vergleich der Reihen (2) als letztes Glied der
Reihe der Indices 0 ergeben. Folglich werden die zwei ausgesprochenen Bedingungen zusammen bestehen, und das Vorzeichen von $f(\alpha)$ wird bekannt sein.

XXXVII. Diese Bemerkung ist nicht auf die Functionen,
welche nur eine Variable enthalten, beschränkt. Man kann
allgemein die folgende Frage, welche sich bei wichtigen Anwendungen der algebraischen Analysis darbietet, auflösen. Es
sei eine algebraische Function $f(x, y, z, \ldots)$ mehrerer Variablen
vorgelegt, und die Werthe von $x, y, z, \ldots$ seien nur näherungsweise bekannt; es handelt sich darum, mit Sicherheit das
Vorzeichen, welches durch Einsetzen der exacten Werthe für
$x, y, z, \ldots$ in $f(x, y, z, \ldots)$ erhalten wird, zu erkennen.
[232] Dabei setzt man voraus, dass für jeden dieser Werthe
zwei Grenzen, zwischen denen er liegt, bekannt seien. Um
ein sicheres Criterium zu haben, muss man beurtheilen, ob
diese Grenzen nahe genug beieinander liegen, so dass die verschiedenen Resultate, die man durch Substitution irgend welcher
zwischen diesen Grenzen gelegener Werthe von $x, y, z, \ldots$
erhält, sämmtlich von demselben Vorzeichen sind.

Im Artikel XXXVI haben wir dieses Criterium für den
Fall einer einzigen Variablen angegeben; wie man im Laufe
dieser Untersuchungen sehen wird, ist dieser Satz allgemein
gültig. Es ist immer leicht, die zwei Grenzen, welche jeden
der Werthe $x, y, z, \ldots$ einschliessen, so nahe zu bringen,
dass das Vorzeichen des Resultates sich sicher nicht ändert,
wenn man den Variabeln irgend welche zwischen diesen Grenzen gelegene Werthe beilegt.

XXXVIII. Dieser Satz bezieht sich, allgemein gesprochen,
auf die verschiedenen Punkte der Curven oder krummen
Flächen und auf irgend welche Werthe der Variablen $x, y, z, \ldots$,
aber es giebt besondere Werthe, auf welche man ihn nicht
direct anwenden kann. Diese Fälle erfordern einen besonderen
Process, dessen Ursprung wir angeben wollen. Man stellt sich
die Aufgabe, das Vorzeichen des Resultates, das man erhält,
wenn man in der algebraischen Function $f(x)$ an Stelle von x
einen die abgeleitete Function $f'(x)$ annullirenden Werth α einsetzt, zu bestimmen. Dieser Werth α ist nicht genau bekannt, aber man weiss, dass er zwischen zwei sehr nahen und
gegebenen Grenzen a und b liegt. Diese letztere Frage ist
genau dieselbe, welche wir zuerst betrachtet haben, und welche

die Unterscheidung des Falles zweier reeller Wurzeln von dem Falle zweier imaginärer Wurzeln zum Gegenstand hatte. Man sieht dies klar an dem im Artikel XXXV citirten Beispiel. Stände die zweite Function $f'(x)$ nicht zu der ersten $f(x)$ in dem singulären Verhältniss, hätte man also statt $f'(x)$ eine gewisse, von $f(x)$ unabhängige Function $F(x)$, so würde man prüfen, ob die zwei Grenzen a und b, zwischen welchen α liegt, nahe genug sind, so dass die Vergleichung der zwei Reihen von Vorzeichen:

$$[233] \qquad f^{(n)}(a),\ f^{(n-1)}(a),\ \ldots,\ f'''(a),\ f'(a),\ f(a),$$
$$f^{(n)}(b),\ f^{(n-1)}(b),\ \ldots,\ f'''(b),\ f'(b),\ f(b)$$

als letztes Glied der Indicesreihe 0 ergiebt; würde diese Bedingung zunächst nicht eintreten, so würde man die zwei Grenzen a und b näher bringen, bis die Bedingung eintritt; dies ist im allgemeinen Fall leicht. Dann würde das gesuchte Vorzeichen von $f(\alpha)$ dasjenige sein, welches $f(a)$ und $f(b)$ gemeinsam zukommt. Aber in dem von uns betrachteten besonderen Falle erhielte man, wie sehr auch die Grenzen a und b näher gebracht würden, doch nicht die letztere Bedingung; das letzte Glied der Reihe der Indices würde niemals 0 werden. Wären die im Intervall von a bis b gesuchten zwei Wurzeln reell, so würde es gelingen, die zwei Wurzeln zu trennen, indem man die Grenzen näher bringt; wären sie aber imaginär, so würde die Unsicherheit immer bestehen, denn das letzte Glied der Reihe der Indices, welche durch die oben stehenden Reihen gegeben wird, würde niemals 0 werden, sondern immer gleich 2 sein; der Werth von x, welcher die Ordinate $f'(x)$ der zweiten Curve zu Null macht, entspricht nämlich in der ersten Curve einem besonderen Punkte, in dem die Tangente parallel der Abscissenaxe ist. Das letzte Glied der Reihe der Indices kann nur in dem Falle 0 sein, in dem der Curvenbogen, welcher dem Intervall der Grenzen entspricht, keinen Punkt des Maximums oder Minimums aufweist. Man sieht daher, dass der im Artikel XXXVI ausgesprochene Satz hier nicht ebenso angewandt werden kann, wie wenn die zwei vorgelegten Functionen in keinem speciellen Verhältniss stehen. Nachdem man den Grund für die Schwierigkeit des Falles, mit dem wir uns beschäftigen, erkannt hat, bieten sich verschiedene Mittel zur Lösung dar; eines der einfachsten und sehr leicht anwendbaren wollen wir angeben: Anstatt die zwei Functionen $f(x)$ und $f'(x)$ zu betrachten, ersetze man sie durch $f(x) + f'(x)$ und $f'(x)$. Ein Werth α von x, welcher $f'(x)$ zu Null macht, liegt zwischen a und b; es handelt sich darum, das Vorzeichen von $f(\alpha)$ mit Sicherheit zu bestimmen. Sei $\varphi(x) = f(x) + f'(x)$, so sieht man, dass das gesuchte Vorzeichen von $f(\alpha)$ auch dasjenige von $\varphi(\alpha)$ ist; denn $f'(\alpha)$ wird nach Voraussetzung Null. [**234**] Man kann daher ebenso verfahren, wie wenn die vorgegebenen Functionen $\varphi(x)$ und $f'(x)$ wären. Jetzt ist der singuläre Punkt. bei dem die Tangente parallel der x-Axe ist, beseitigt; er befindet sich nicht mehr nothwendig in dem Intervall der Grenzen a und b, welches die Wurzel α der Gleichung $f'(x) = 0$ umfasst. Man muss daher prüfen, ob die Grenzen a und b derartig sind, dass die Reihen:

$$\varphi^{(n)}(a), \ldots, \varphi'''(a), \varphi''(a), \varphi'(a), \varphi(a),$$
$$\varphi^{(n)}(b), \ldots, \varphi'''(b), \varphi''(b), \varphi'(b), \varphi(b)$$

für die Gleichung $\varphi(x)$ eine Reihe von Indices, deren letztes Glied Null ist, besitzen; tritt diese Bedingung zunächst nicht ein, so gelangt man leicht, indem man die Grenzen näher bringt, zu zwei benachbarteren Grenzen a' und b', welche als letztes Glied der Reihe der Indices 0 ergeben; gleichzeitig werden die Grenzen a' und b' immer die Wurzel α der Gleichung $f'(x) = 0$ umfassen. Wenn diese Bedingungen statt haben, so wird man das gemeinsame Vorzeichen von $\varphi(a')$ und $\varphi(b')$ bestimmen; dieses Vorzeichen wird das von $\varphi(\alpha)$ sein und folglich dasselbe wie das Vorzeichen von $f(\alpha)$, welches man zu bestimmen hatte. Ist das gefundene Vorzeichen entgegengesetzt zu dem von $f(a')$ und $f(b')$, so sind die zwei Wurzeln reell; ist es dasselbe, so sind die zwei Wurzeln imaginär.

Man muss besonders bemerken, dass die Substitution der Grenzen a und b in die Function $\varphi(x)$ und die aus $\varphi(x)$ abgeleiteten Functionen sich sehr leicht vollzieht; denn die Function $\varphi(x)$ ist ja gleich $f(x) + f'(x)$. Nun haben die vorangehenden Operationen, welche zur Auffindung der ersten Näherungsgrenzen gedient haben, die Resultate der Substitutionen in $f(x)$ und in alle aus $f(x)$ abgeleiteten Differentialfunctionen kennen gelehrt; folglich wird man den Fall der imaginären Wurzeln allein aus dem Anblick der schon gebildeten numerischen Resultate entscheiden und erhält so eine exacte und sehr einfache Lösung der vorgelegten Frage.

XXXIX. In dem oben citirten Beispiele sind die den Grenzen 2 und 3 entsprechenden Reihen:

235]

	$f^V(x)$,	$f^{IV}(x)$,	$f'''(x)$,	$f''(x)$,	$f'(x)$,	$f(x)$
(2) ...	$+$	$+$	$-$	$-$	$+$	$-$
	120	168	48	82	30	21
	0	0	1	0	1	2
(3) ...	$+$	$+$	$+$	$-$	$-$	$-$
	120	288	180	26	43	32.

Mit Hilfe der Reihe (2) wird man dadurch eine entsprechende Reihe (2)′ bilden, dass man zu jedem Gliede der Reihe (2) das ihm links in derselben Reihe voraufgehende Glied hinzuaddirt und das Vorzeichen des Resultates hinschreibt; ebenso muss man mit der Reihe (3), um die entsprechende Reihe (3)′ zu erhalten, verfahren. Hierdurch findet man:

(2)′ ...	$+$	$+$	$+$	$-$	$-$	$+$
	0	0	0	1	0	1
(3)′ ...	$+$	$+$	$+$	$+$	$-$	$-$.

Da das letzte Glied dieser neuen Indexreihe nicht Null ist, so schliesst man, dass die Grenzen 2 und 3 nicht nahe genug bei einander liegen, um die Frage sofort lösen zu können. Man wird daher eine zwischenliegende Zahl 2,2 in die Functionenreihe einsetzen und erhält die folgende Tabelle:

	$f^V(x)$,	$f^{IV}(x)$,	$f'''(x)$,	$f''(x)$,	$f'(x)$,	$f(x)$
(2) ...	$+$	$+$	$-$	$-$	$+$	$-$
	120	168	48	82	30	21
(2,2) ..	$+$	$+$	$-$	$-$	$+$	$-$
	120	192	12	88,08	12,872	16,69248
	0	0	1	0	1	2
(3) ...	$+$	$+$	$+$	$-$	$-$	$-$
	120	288	180	26	43	32.

Die Grenzen für die zwei angezeigten Wurzeln sind jetzt 2,2 und 3. Bildet man die Reihen (2,2)′ und (3)′ auf die oben dargelegte Art, d. h. addirt man jedes Glied der Reihen (2,2) und (3) zu dem ihm links unmittelbar voraufgehenden Gliede derselben Reihe, so findet man:

(2,2)′ ..	$+$	$+$	$+$	$-$	$-$	$-$
	0	0	0	1	0	0
(3)′ ...	$+$	$+$	$+$	$+$	$-$	$-$.

[**236**] Das letzte Glied der Reihe der Indices, welche durch
die Reihen (2,2) und (3) gegeben wird, lautet 2; man muss
daher zwischen den Zahlen 2,2 und 3 zwei Wurzeln der Gleichung $f(x) = 0$ suchen; man weiss noch nicht, ob diese zwei
Wurzeln reell sind oder im Intervall dieser Grenzen verloren
gehen. Die Gleichung $f'(x) = 0$ hat sicherlich zwischen 2,2
und 3 eine reelle Wurzel; da die drei letzten Glieder der
Reihe der Indices 0, 1, 2 sind, so erkennt man durch Einsetzen der Wurzel α der Gleichung $f''(x) = 0$ in $f(x)$, ob die
zwei Wurzeln der Gleichung $f(x) = 0$ reell oder imaginär
sind; ist das Vorzeichen von $f(\alpha)$ positiv, so sind die Wurzeln
sicher reell; wenn das Vorzeichen von $f(\alpha)$ negativ ist, so
sind sie imaginär. Betrachtet man nun die Reihen $(2,2)'$ und
$(3)'$, welche nicht der Function $f(x)$, sondern der Function
$f(x) + f'(x)$ entsprechen, so sieht man, dass zwischen 2,2 und
3 keine Zahl, welche den Ausdruck $f(x) + f'(x)$ annullirt,
gelegen sein kann. Dies folgt daraus, dass die Reihe der
durch $(2,2)'$ und $(3)'$ gegebenen Indices die Null zum letzten
Gliede hat. Jede zwischen 2,2 und 3 gelegene Zahl ergiebt
daher, wenn man diese Zahl in den Ausdruck $f(x) + f'(x)$
einsetzt, ein Resultat desselben Vorzeichens. Nun liegt die
Wurzel α der Gleichung $f'(x) = 0$ zwischen 2,2 und 3. Daher hat der Ausdruck $f(\alpha) + f'(\alpha)$ das Vorzeichen —, und
da $f'(\alpha)$ nach Voraussetzung Null ist, so folgt, dass $f(\alpha)$ eine
negative Zahl ist. Mithin sind die zwei gesuchten Wurzeln
imaginär.

XL. Das soeben gegebene Verfahren löst die Frage, welche
die Unterscheidung der imaginären Wurzeln zum Gegenstande
hat, leicht und zwar in allen möglichen Fällen; es ergiebt sich
folgende Regel:

Hat man die zwei Vorzeichenreihen (a) und (b), welche
den Grenzen entsprechen, zwischen denen man die zwei Wurzeln einer Gleichung suchen muss, gebildet, so muss man die
Reihe der Indices, welche die Vergleichung dieser zwei Reihen
liefert, hinschreiben. Die drei letzten Glieder dieser Reihe
sind nach Voraussetzung 0, 1, 2, so dass die Gleichung
$f'(x) = 0$ zwischen a und b eine einzige Wurzel hat; [**237**]
man weiss noch nicht, ob die zwei Wurzeln der Gleichung
$f(x) = 0$ reell oder imaginär sind. Um dies zu entscheiden,
ersetzt man jede der Reihen von Vorzeichen (a) und (b) durch
zwei andere (A) und (B), indem man zu jedem Gliede der
Reihe das ihm linker Hand voraufgehende Glied derselben

Reihe addirt. Vergleicht man die zwei Reihen (A) und (B), indem man eine neue Reihe von Indices bildet, und findet man als letztes Glied dieser neuen Reihe 0, so ist die Frage gelöst. Ist aber dieser letzte Index nicht Null, so muss man die zwei Grenzen (a) und (b) näher aneinander heranbringen, fährt man nach derselben Regel zu operiren fort, so werden entweder die zwei gesuchten Wurzeln getrennt, — dies beweist ihre Reellität, — oder es wird der letzte Index der neuen, durch die Reihen (A) und (B) gegebenen Indexreihe Null. In diesem Falle ist das letzte Vorzeichen der Reihe (A) genau dasselbe wie das letzte Vorzeichen der Reihe (B); ist dieses gemeinsame Vorzeichen dasselbe, welches $f(x)$ in den ursprünglichen Reihen (a) und (b) hat, so sind die zwei gesuchten Wurzeln imaginär. Wenn aber das den zwei letzten Gliedern der Reihen (A) und (B) gemeinsame Vorzeichen entgegengesetzt zum Vorzeichen von $f(a)$ und $f(b)$ in den ursprünglichen Reihen (a) und (b) ist, so sind die zwei gesuchten Wurzeln reell. Die Anwendung zeigt, wie leicht der Gebrauch dieser Regel ist; sie löst die Hauptfrage, welche · die Untersuchung der Grenzen darbietet, schnell auf. — Man könnte dieser Lösung verschiedene Formen geben; denn man würde offenbar zu denselben Sätzen geführt werden, wenn man zu der ursprünglichen Function $f(x)$ von $f'(x)$ verschiedene Functionen hinzufügt, welche auch die Eigenschaft haben, Null zu werden, wenn man x den Werth, den wir mit a bezeichnet haben, beilegt. Durch Benutzung der Function $f'(x)$ ist die Rechnung auf eine ausserordentlich einfache Form reducirt; denn es genügt, zu jedem Term einer Reihe den voraufgehenden Term derselben Reihe hinzuzuaddiren.

XLI. Hätte man allein die Angabe einer exacten und leichten Lösung des Problems der Unterscheidung der imaginären Wurzeln im Auge, so könnte man sich auf das, was wir in den Artikeln XXII und den folgenden des ersten Buches bewiesen haben, beschränken; aber die Wichtigkeit dieser Untersuchungen und ihre Beziehungen zu der Theorie der Gleichungen, welche mehrere Unbekannte enthalten, erfordern eine Vermehrung der Lösungsmethoden. [**238**] Deshalb habe ich mir die Aufgabe gestellt, auf dieselbe Frage die Annäherung zweiten Grades und dann die der Kettenbrüche anzuwenden.

Wir wollen den Fall, bei dem die Vorzeichen der zwei Reihen (a) und (b):

$$f^{(m)}(x), \ldots, f''''(x), \quad f'''(x), \quad f''(x), \quad f'(x), \quad f(x)$$

$(a) \ldots$	$+$	$\ldots,$	$+$	$+$	$-$	$+$
			0	0	1	2
$(b) \ldots$	$+$	$\ldots,$	$+$	$+$	$+$	$+$

lauten, betrachten; die Sätze, welche die Prüfung dieses Falles ergiebt, wird man dann auch leicht auf alle anderen Fälle anwenden können.

Da die drei letzten Glieder der Reihe der Indices 0, 1, 2 lauten, so sieht man, dass man zwischen den Grenzen a und b zwei Wurzeln der Gleichung $f(x) = 0$ suchen muss, und dass es sich darum handelt, zu erkennen, ob diese zwei Wurzeln thatsächlich existiren oder imaginär sind.

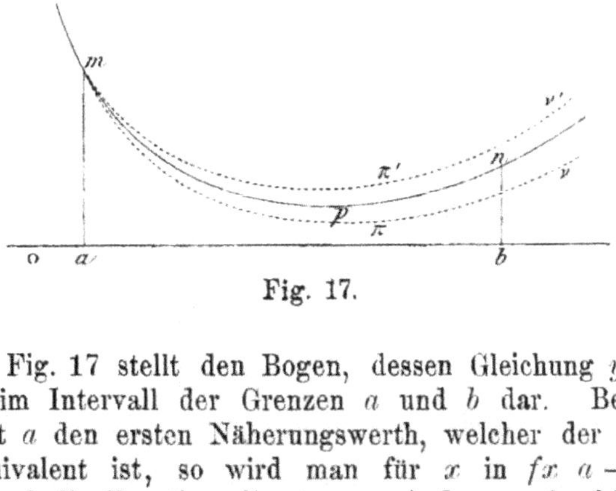

Fig. 17.

Die Fig. 17 stellt den Bogen, dessen Gleichung $y = f(x)$ lautet, im Intervall der Grenzen a und b dar. Bezeichnet man mit a den ersten Näherungswerth, welcher der Abscisse $0a$ äquivalent ist, so wird man für x in fx $a + x - a$ setzen und die Function $f(a + x - a)$ dann, wie folgt, entwickeln:

$$f x = f(a + x - a) = fa + (x - a)f'a + (x - a)^2 \cdot \tfrac{1}{2} f''(a \cdot \cdot x).$$

Das Glied, welches die Reihe vervollständigt, enthält $f''(a \ldots x)$, d. h. eine Function f'' einer gewissen, zwischen a und x gelegenen Grösse; diese letztere bildet man, indem man zu a einen unbekannten, zwischen 0 und $x - a$ gelegenen Werth hinzuaddirt; man wendet hier das Theorem an, welches in der Einleitung im Artikel IX vorgebracht wurde. Man beachte jetzt, dass die Werthe der Function $f''x$ im Intervall der Grenzen a und b sämmtlich positiv sind, und dass sie, wenn man von der Abscisse a bis zu der Abscisse b übergeht, immer wachsen. Dies folgt offenbar aus den Vorzeichen, welche die zwei Reihen (a) und (b) unter den Functionen $f''x$ und $f'''x$ aufweisen. Daher ist der kleinste Werth, den der Ausdruck $f''(a \ldots x)$ annehmen kann, gleich $f''(a)$ und der grösste ist $f''(b)$. Hieraus schliesst man:

$$fx > fa + (x - a)f'a + (x - a)^2 \cdot \tfrac{1}{2} f''a.$$

[**239**] Diese Bedingung besteht im ganzen Intervall der Grenzen. Wenn man nach der Bestimmung von fa, $f'a$, $f''a$ eine Curve beschreibt, welche x als Abscisse und

$$fa + (x - a)f'a + (x - a)^2 \cdot \tfrac{1}{2} f''a$$

als Ordinate hat, so wird der Bogen $m\pi\nu$, welcher dieser Curve angehört, unterhalb des Bogens mpn, dessen Ordinate fx ist, verlaufen; dies wird im ganzen Intervall ab statthaben. Im Punkte m sind die zwei Ordinaten gleich, und ihr gemeinsamer Werth ist fa. Die abgeleiteten Functionen erster Ordnung sind für die eine der Curven $f'x$ und für die andere $f'a + (x - a)f''a$. Diese Functionen werden für $x = a$ gleich, so dass die Bogen mpn und $m\pi\nu$ im Punkte m einen Contact erster Ordnung haben. Von diesem Punkte an trennen sich die Linien, und die zweite $m\pi\nu$ verläuft unterhalb der ersten mpn. Wenn daher der Bogen $m\pi\nu$ der Parabel die Axe ab nicht schneidet, so ist man a **fortiori** sicher, dass der Bogen mpn diese Axe auch nicht schneidet; in diesem Falle sind die zwei gesuchten Wurzeln imaginär. Man wird daher die Gleichung zweiten Grades:

$$fa + \delta f'a + \frac{\delta^2}{2} f''a = 0$$

ansetzen und die Werthe für δ suchen. Sind die Wurzeln dieser Gleichung zweiten Grades imaginär, d. h. findet die Bedingung:

$$\left(\frac{f'a}{f''a} \right)^2 < 2 \frac{fa}{f''a}$$

statt, so sind die zwei Wurzeln der Gleichung $fx = 0$ sicher imaginär. Man kann auch den Nenner verschwinden lassen, man hat dann die Bedingung:

$$(f'a)^2 < 2 fa \cdot f''a.$$

Hat dieselbe statt, so gehen die zwei Wurzeln der

vorgelegten Gleichung $fx = 0$ im Intervall der Grenzen a und b verloren.

Setzen wir jetzt voraus, dass in der Gleichung:

$$fx = f(a + x - a) = fa + (x - a) f'a + (x - a)^2 \cdot \tfrac{1}{2} f''(a \cdots x)$$

die Grösse $f''(a \ldots x)$ durch den grössten ihrer Werthe, $f''b$, ersetzt ist, so hat man:

$$fx < fa + (x - a) f'a + (x - a)^2 \cdot \tfrac{1}{2} f''b.$$

[**240**] Beschreibt man daher den Bogen $m \pi' \nu'$, dessen Ordinate

$$fa + (x - a) f'a + (x - a)^2 \cdot \tfrac{1}{2} f''b$$

ist, so wird dieser Bogen im ganzen Intervall ab über dem Bogen mpn liegen. Der Werth der Fluxion erster Ordnung ist für eine der Curven $f'x$ und für die andere $f'a + (x - a) f''b$. Für beide Curven ist der Werth im Punkte m gleich $f'a$; mithin hat der Bogen $m\pi'\nu'$ der Parabel mit der Curve mpn im Punkte m eine Berührung erster Ordnung und von diesem Punkte m aus verläuft der Bogen $m\pi'\nu'$ im ganzen Intervall ab über der Curve. Schneidet also der Parabelbogen $m\pi'\nu'$ die Axe ab, so ist man **a fortiori** sicher, dass der Bogen mpn auch die Axe schneidet, d. h. die zwei gesuchten Wurzeln sind reell. Man wird daher die Gleichung zweiten Grades:

$$fa + \delta f'a + 1 \frac{\delta^2}{2} f''b = 0$$

aufstellen und die Werthe des δ suchen; sind diese Werthe reell, d. h. hat man die Bedingung:

$$\left(\frac{f'a}{f''b} \right)^2 > 2 \, \frac{fa}{f''b} \ \text{ oder } \ (f'a)^2 > 2 fa f''b,$$

so muss man schliessen, dass die vorgelegte Gleichung $fx = 0$ im Intervall der Grenzen a und b zwei reelle Wurzeln hat.

Zu ähnlichen Schlüssen gelangt man vermöge der Betrachtung des anderen Endes n des Bogens mpn. Setzt man in der That $b - (b - x)$ an Stelle von x in die Function fx, so hat man:

$$fx = fb - (b - x) f'b + (b - x)^2 \cdot \tfrac{1}{2} f''(x \cdots b),$$

der Ausdruck $(x \ldots b)$ bezeichnet dabei eine unbekannte, zwischen x und b gelegene Grösse. [**241**] Der grösste der

Werthe, den man erhält, indem man an Stelle von x in die Function $f''x$ eine zwischen a und b liegende Grösse einsetzt, ist nach Voraussetzung $f''b$; der kleinste ist $f''a$; man hat daher diese zwei Bedingungen:

$$f x < f b - (b - x) f'b + (b - x)^2 \cdot \tfrac{1}{2} f''b,$$
$$f x > f b - (b - x) f'b + (b - x)^2 \cdot \tfrac{1}{2} f''a.$$

Betrachtet man jetzt x als variable Abscisse und beschreibt die Bogen, welche

$$f b - (b - x) f'b + (b - x)^2 \cdot \tfrac{1}{2} f''b,$$
$$f b - (b - x) f'b + (b - x)^2 \cdot \tfrac{1}{2} f''a$$

zu Ordinaten haben, so hat man zwei parabolische Bogen, von denen der erste im Intervall der Grenzen a und b immer oberhalb des Bogens mpn, der zweite immer unterhalb des Bogens mpn verläuft. Man erkennt also, dass, wenn der obere Bogen die Axe ab schneidet, der Bogen mpn auch die Axe schneiden wird, und dass folglich die zwei gesuchten Wurzeln reell sein werden; schneidet aber der untere Bogen nicht die Axe der x, so ist man sicher, dass der Bogen mpn die Axe auch nicht schneidet, und dass folglich die zwei gesuchten Wurzeln imaginär sind. Man wird daher die Gleichung zweiten Grades:

$$f b - \delta f'b + \frac{\delta^2}{2} f''b = 0$$

aufstellen und daraus die Werthe von δ entnehmen.   Sind diese Werthe reell, d. h. hat man die Bedingung:

$$\left(\frac{f'b}{f''b} \right)^2 > 2 \, \frac{f b}{f''b} \quad \text{oder} \quad (f'b)^2 > 2 \, f b \cdot f''b,$$

so sind die zwei Wurzeln der Gleichung $f x = 0$ reell.   Setzt man ebenso die Gleichung:

$$f b - \delta f'b + \frac{\delta^2}{2} f''a = 0$$

an, so schliesst man, dass, wenn man die Bedingung:

$$(f'b)^2 < 2 \, f b \cdot f''a$$

hat, die zwei Wurzeln der Gleichung $f x = 0$ imaginär sind.

[**242**] XLII. Vereinigt man die vorstehenden Resultate, so gelangt man zu dem Ergebniss: 1. die zwei gesuchten Wurzeln sind sicher reell, wenn man die eine oder die andere der zwei so ausgedrückten Bedingungen:

$$(f'a)^2 > 2\, fa \cdot f''b \qquad (1)$$
$$(f'b)^2 > 2\, fb \cdot f''b \qquad (2)$$

hat; 2. die zwei gesuchten Wurzeln sind sicher imaginär, wenn man eine der zwei Bedingungen:

$$(f'a)^2 < 2\, fa \cdot f''a \qquad (3)$$
$$(f'b)^2 < 2\, fb \cdot f''a \qquad (4)$$

hat.

Es kann eintreten, dass keine der vier Bedingungen (1), (2), (3), (4) erfüllt ist, d. h. die vier entgegengesetzten Bedingungen finden alle auf einmal gleichzeitig statt. In diesem Falle sind die Grenzen a und b nicht nahe genug, um vermöge einer einzigen Operation zu erkennen, ob die Wurzeln reell oder imaginär sind; man muss diese Grenzen näher bringen, indem man in fx einen numerischen, zwischen a und b gelegenen Werth einsetzt. Wenn das Resultat dieser Substitution die zwei gesuchten Wurzeln trennt, so erkennt man, dass sie reell sind, und die Frage ist gelöst; wenn aber diese Substitution die zwei Wurzeln nicht trennt, so besteht die Unsicherheit noch, und man muss zu einer zweiten Operation schreiten, um zu entscheiden, ob die Wurzeln reell oder imaginär sind. Man wird daher prüfen, ob durch Verwendung der zwei neuen Grenzen a' und b', welche a und b ersetzen, die eine der vier Bedingungen (1), (2), (3), (4) erfüllt wird; dann wird die Natur der Wurzeln bekannt sein. Es ist augenscheinlich unmöglich, dass man durch Fortsetzung der Annäherung der Grenzen nicht dazu gelangt, eine oder mehrere der vier Bedingungen, um die es sich handelt, zu erfüllen. Man wird daher die Wurzeln sicher durch diesen Process, welcher sich auf die Vergleichung von bekannten numerischen Werthen reducirt, unterscheiden.

XLIII. Wir haben vorausgesetzt, dass die zwei Vorzeichenreihen, welche den Grenzen a und b entsprechen,

[**243**]	$f^{(m)}(x),$	$\dots,$	$f'''(x),$	$f''(x),$	$f'(x),$	$f(x)$
$(a)\;\dots$	$+$		$+$	$+$	$-$	$+$
$(b)\;\dots$	$+$		$+$	$+$	$+$	$+$

lauten; bei dieser Annahme wächst der Werth von $f''x$ mit x von $x = a$ bis $x = b$, denn in diesem Intervall ist das Vorzeichen von $f'''x$ +. Wir werden jetzt den entgegengesetzten Fall, in dem die zwei Vorzeichenreihen (a) und (b):

(a) . . . + · · · — + — +

(b) . . . + · · · — + + +

lauten, prüfen. Die drei letzten Glieder der Reihe der Indices sind wieder 0, 1, 2; es handelt sich darum zu erkennen, ob die Gleichung $fx = 0$ in der That zwei reelle Wurzeln zwischen a und b hat. Man schreibt:

$$fx = f(a + x - a) = fa + (x - a)f'a + \frac{(x - a)^2}{2}f''(a \cdot \cdot x).$$

Da das Vorzeichen von $f'''x$ im ganzen Intervall ab negativ ist, so nimmt der Werth von $f''x$ ab, wenn x von $x = a$ bis $x = b$ wächst; wenn man folglich $f''(a \ldots x)$ durch $f''a$ ersetzt, so vergrössert man den Werth von fx und man verkleinert ihn, wenn man $f''b$ an Stelle von $f''(a \ldots x)$ schreibt. Daher hat man:

$$fx > fa + (x - a)f'a + \frac{(x - a)^2}{2}f''b,$$

$$fx < fa + (x - a)f'a + \frac{(x - a)^2}{2}f''a.$$

Beschreibt man eine Curve, deren Abscisse x ist und welche

$$fa + (x - a)f'a + (x - a)^2 \cdot \tfrac{1}{2}f''b$$

zur Ordinate hat, so verläuft der Bogen dieser Curve im ganzen Intervall ab unterhalb des Bogens mpn. Wenn dieser untere Bogen nicht die Abscissenaxe schneidet, d. h. wenn man die Bedingung hat:

$$(f'a)^2 < 2fa \cdot f''b,$$

so sind die zwei gesuchten Wurzeln imaginär. Die Curve, deren Abscisse x ist und welche

$$fa + (x - a)f'a + (x - a)^2 \cdot \tfrac{1}{2}f''a$$

zur Ordinate hat, liegt im ganzen Intervall ab oberhalb des Bogens mpn; daher schneidet der Bogen mpn sicher die Abscissenaxe, wenn der obere Bogen diese Axe schneidet.

[**244**] Folglich sind die zwei gesuchten Wurzeln, falls man die Bedingung:

$$(f'a)^2 > 2\,fa \cdot f''a$$

hat, reell.

Man wird jetzt die zweite Grenze b betrachten und die folgenden Resultate finden:

$$fx > fb - (b - x)\,f'b + (b - x)^2 \cdot \tfrac{1}{2}\,f''b,$$
$$fx < fb - (b - x)\,f'b + (b - x)^2 \cdot \tfrac{1}{2}\,f''a;$$

daher verläuft der Bogen mpn der Curve, deren Ordinate fx ist, oberhalb des parabolischen Bogens, dessen Ordinate

$$fb - (b - x)\,f'b + (b - x)^2 \cdot \tfrac{1}{2}\,f''b$$

ist, und unterhalb desjenigen parabolischen Bogens, welcher

$$fb - (b - x)\,f'b + (b - x)^2 \cdot \tfrac{1}{2}\,f''a$$

zur Ordinate hat. Hieraus schliesst man, dass die zwei gesuchten Wurzeln, wenn man die Bedingung:

$$(f'b)^2 > 2\,fb \cdot f''a$$

hat, reell sind und dass die zwei Wurzeln, wenn man die Bedingung:

$$(f'b)^2 < 2\,fb \cdot f''b$$

hat, imaginär sind.

Man wird diese Resultate für den Fall, in dem das Vorzeichen von $f'''x$ — ist, mit denen, die man, falls das Vorzeichen von $f'''x$ + ist, findet, vergleichen. Man schliesst allgemein: 1. dass die gesuchten Wurzeln reell sind, wenn das Quadrat der Function $f'x$ einer der Grenzen das doppelte Product der Function fx derselben Grenze in die Function $f''x$ derjenigen der zwei Grenzen, welche den grössten Werth für $f''x$ ergiebt, übersteigt; 2. dass die gesuchten Wurzeln imaginär sind, wenn das Quadrat der Function $f'x$ einer der zwei Grenzen kleiner als das doppelte Product der Function fx derselben Grenze in die Function $f''x$ derjenigen dieser zwei Grenzen, welche den kleinsten Werth für $f''x$ ergiebt, ist.

XLIV. Es bleibt nur noch die Betrachtung des Falles, wo der Bogen mpn (Fig. 18) unterhalb der Abscissenaxe gelegen ist und seine convexe Seite dieser Axe zukehrt. Die zwei Vorzeichenreihen lauten:

[**245**] $f^{(m)}x, \ldots, f'''x, \quad f''x, \quad f'x, \quad fx$

(a) . . . $+$ $+$ $-$ $+$ $-$
(b) . . . $+$ $+$ $-$ $-$ $-$

oder

(a) . . . $+$ $-$ $-$ $+$ $-$
(b) . . . $+$ $-$ $-$ $-$ $-$.

Im ersten Falle hat man für die Grenze a:

$$fx > fa + (x - a)f'a + (x - a)^2 \cdot \tfrac{1}{2}f''a,$$
$$fx < fa + (x - a)f'a + (x - a)^2 \cdot \tfrac{1}{2}f''b.$$

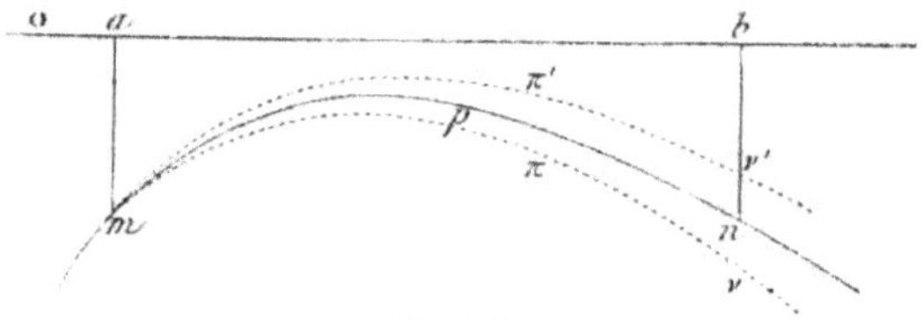

Fig. 18.

Der Bogen $m\pi'\nu'$ liegt daher im ganzen Intervall ab über dem Bogen mpn; der Bogen $m\pi\nu$ liegt hingegen in demselben Intervall unter dem Bogen mpn.

Für die Grenze b hat man:

$$fx > fb - (b - x)f'b + (b - x)^2 \cdot \tfrac{1}{2}f''a,$$
$$fx < fb - (b - x)f'b + (b - x)^2 \cdot \tfrac{1}{2}f''b;$$

der erste parabolische Bogen liegt daher im ganzen Intervall ab unterhalb des Bogens npm, der zweite Bogen liegt immer über dem Bogen npm.

Setzt man die Gleichungen zweiten Grades für die Schnittpunkte der zwei parabolischen Bogen mit der Abscissenaxe, wenn diese existiren, an, so schliesst man, dass, wenn man eine der Bedingungen:

$$(f'a)^2 > 2fa \cdot f''a,$$
$$(f'b)^2 > 2fb \cdot f''a$$

hat, die zwei Wurzeln reell sind; die zwei Wurzeln sind imaginär, wenn man eine der zwei Bedingungen:

$$(f'a)^2 < 2\,fa \cdot f''b,$$
$$(f'b)^2 < 2\,fb \cdot f''b$$

hat.

XLV. In dem zweiten Falle, wo die Vorzeichenreihen (a) und (b):

$$(a)\;\ldots\quad +\;\cdots\;-\quad -\quad +\quad -$$
$$(b)\;\ldots\quad +\;\cdots\;-\quad -\quad -\quad -$$

lauten, findet man für die Grenze a:

[**246**] $$fx > fa + (x-a)f'a + (x-a)^2 \cdot \tfrac{1}{2}f''b,$$
$$fx < fa + (x-a)f'a + (x-a)^2 \cdot \tfrac{1}{2}f''a,$$

und für die Grenze b:

$$fx > fb - (b-x)f'b + (b-x)^2 \cdot \tfrac{1}{2}f''b,$$
$$fx < fb - (b-x)f'b + (b-x)^2 \cdot \tfrac{1}{2}f''a.$$

Die Wurzeln sind daher reell, wenn der Bogen $m\,x'\,r'$ oder der untere, vom Punkte n ausgehende Bogen die Axe schneidet, d. h. wenn man eine der zwei Bedingungen:

$$(f'a)^2 > 2\,fa \cdot f''b,$$
$$(f'b)^2 > 2\,fb \cdot f''b$$

hat; die zwei Wurzeln sind imaginär, wenn man eine der zwei Bedingungen:

$$(f'a)^2 < 2\,fa \cdot f''a,$$
$$(f'b)^2 < 2\,fb \cdot f''a$$

hat.

XLVI. Jetzt ist die Zusammenfassung aller möglichen Fälle in eine gemeinsame Regel, deren Ausdruck einfach ist und uns jeder Construction enthebt, leicht. Es genügt zu bemerken, dass, wenn $f''x$ negativ ist, sein grösster Werth derjenige ist, welcher unter dem Vorzeichen — die kleinste Anzahl von Einheiten enthält, und dass der kleinste Werth eines negativen $f''x$ derjenige ist, welcher unter dem Vorzeichen — die grösste Anzahl von Einheiten enthält. Die Regel, welche zur Erkennung der Natur der zwei Wurzeln, die man im Intervall der zwei Grenzen a und b suchen muss, dient, lautet folgendermaassen: Man hat die zwei Vorzeichenreihen, welche den zwei Grenzen entsprechen, gebildet, und setzt voraus, dass diese Grenzen nahe genug sind, dass die vier letzten Indices 0, 0, 1, 2 lauten; diese Bedingung ist immer sehr leicht zu befriedigen. Vorher hat man sich versichert, dass die zwei Wurzeln, um die es sich handelt, nicht gleich sind; dieser singuläre Fall ist leicht zu unterscheiden. [**247**] Da die Werthe der Resultate:

$$f''a, \; f'a, \; fa,$$
$$f''b, \; f'b, \; fb$$

durch die Operation selbst, welche die Grenzen a und b giebt, bekannt sind, so wird man die zwei folgenden Sätze finden:

1. Die zwei gesuchten Wurzeln sind reell, wenn das Quadrat eines der zwei mittleren Glieder $f'a$ oder $f'b$ das doppelte Product des rechts von diesem mittleren Gliede in derselben Zeile stehenden Gliedes in dasjenige der zwei äusseren Glieder $f''a$ und $f''b$, welches am meisten Einheiten unter dem Zeichen $+$ oder $-$ enthält, übertrifft. Man hat daher hier zwei verschiedene Bedingungen: wenn eine allein, und um so mehr, wenn alle zwei bestehen, so sind die Wurzeln reell.

2. Die zwei Wurzeln sind imaginär, wenn das Quadrat eines der zwei mittleren Glieder $f'a$ oder $f'b$ kleiner ist als das doppelte Product des rechts von diesem mittleren Gliede in derselben Zeile stehenden Gliedes in dasjenige der zwei Glieder, welches die geringste Anzahl von Einheiten unter dem Vorzeichen $+$ oder unter dem Vorzeichen $-$ enthält. Hieraus folgen zwei verschiedene Bedingungen: wenn eine einzige und um so mehr, wenn alle zwei bestehen, so sind die gesuchten Wurzeln imaginär.

Wenn keine der vier soeben ausgesprochenen Bedingungen erfüllt ist, d. h. wenn die vier entgegengesetzten Bedingungen gleichzeitig bestehen, so zeigt dies an, dass die Grenzen a und b nicht nahe genug sind, um durch eine einzige Operation die Natur der Wurzeln bestimmen zu können; man wird daher das Intervall ab der zwei ersten Grenzen theilen; wenn die Wurzeln durch Substitution einer zwischenliegenden Zahl nicht getrennt sind, so wird man die soeben ausgesprochene Regel von Neuem anwenden. Setzt man diese Anwendung fort, so ist es unmöglich, dass man nicht dazu gelangt, entweder die Wurzeln, wenn sie reell sind, zu trennen oder zu finden, dass sie imaginär sind.

Durch den Gebrauch dieser Regel wird man erkennen, dass die Anwendung derselben leicht ist; es ist klar, dass man durch diesen Contact der Parabelbogen dazu gelangt, die

Natur der zwei Wurzeln bei den Gleichungen zu unterscheiden, bei denen die erste Annäherung, die sich auf den Contact der geraden Linie stützt, noch nicht Auskunft geben würde, ob die Wurzeln imaginär sind. [**248**] Unser Hauptzweck ist nicht, diese erste Annäherung, welche nichts bezüglich der Leichtigkeit der Rechnung zu wünschen übrig lässt, zu vervollständigen; wir hatten bei dieser letzten Untersuchung nur die Absicht, der Annäherung zweiter Ordnung grössere Ausdehnung zu geben und eine wichtige Eigenschaft derselben zu kennzeichnen.

Anmerkungen.

Jean Baptiste Joseph Fourier wurde am 21. März 1768 zu Auxerre als Sohn eines Schneiders geboren. Im Alter von acht Jahren verwaist, verdankte der begabte Knabe dem Einfluss des Bischofs von Auxerre seine Aufnahme in die von den Benedictinern geleitete Kriegsschule seiner Vaterstadt. Da *Fourier* nicht nach Wunsch den militärischen Beruf einschlagen konnte, trat er 1787 in ein Kloster der Benedictiner, verliess dieses aber 1789 unter dem Einflusse der politischen Ereignisse, ehe er die Gelübde abgelegt hatte. Das Aufgeben des geistlichen Berufes hinderte seine ehemaligen Lehrer nicht, ihm sogleich an der Kriegsschule von Auxerre die Professur für Mathematik, die er bis 1793 innehatte, zu übertragen. Als nach dem Sturze von Robespierre die école normale zu Paris begründet wurde, gehörte auch *Fourier* (Januar 1795) zu den 1500 ausgezeichneten Schülern, die aus allen Theilen Frankreichs ausgewählt waren, um dort von den ersten Gelehrten unterrichtet zu werden; er vertauschte aber an der école sehr schnell den Platz des Schülers mit dem des Lehrers. Nach der raschen Schliessung der école normale, die nur vier Monate wirklich bestanden hat, wurde *Fourier* bei Gründung der école polytechnique in demselben Jahre (1795) in den Lehrkörper dieser Anstalt übernommen und gehörte demselben bis 1798 an. (Ueber die zwei erwähnten Lehranstalten vgl. *Haussner* in den Anm. zu *Monge*'s darstellender Geometrie. *Ostwald*'s Klassiker Nr. 117, S. 184.)

Wie *Monge* begleitete auch *Fourier* Bonaparte nach Aegypten, wo er immerwährender Secretär des ägyptischen Instituts wurde und ungemein hervorragend diplomatisch und vielseitig wissenschaftlich thätig war. Erst mit den Trümmern des französischen Heeres verliess er (1801) Aegypten und wurde im Januar 1802 zum Präfecten des Isère-Départements ernannt; in dieser Stellung entwickelte er eine ausgezeichnete Verwaltungsthätigkeit (Eröffnung einer Strasse von Grenoble nach Turin durch den Mont Genèvre, Austrocknung von Sümpfen, Verbesserung des Unterrichtswesens u. s. w.), fand

16

aber trotzdem die Musse, seine berühmten wärmetheoretischen Arbeiten zu verfassen, sowie an dem Werke über die Expedition nach Aegypten eifrig mitzuarbeiten. 1808 ernannte ihn der Kaiser zum Baron. Als Napoleon 1815 aus Elba zurückkehrte, stand *Fourier*, der noch Präfect war, zuerst auf Seiten der Bourbonen, er floh dann nach Lyon, unterwarf sich aber dem Kaiser und wurde von diesem am 10. März zum Präfecten des Rhône-Départements ernannt; in dieser Stellung blieb er jedoch nur bis zum 1. Mai. Da *Fourier* bei der Rückkehr der Bourbonen ohne Amt und fast mittellos war, übertrug ihm der damalige Präfect von Paris, ein ehemaliger Schüler und Freund, die Leitung des statistischen Büreaus. Die erste Wahl *Fourier*'s (1816) zum Mitgliede der Académie des sciences wurde wegen seiner Haltung während der hunderttägigen zweiten Regierung Napoleon's von Ludwig XVIII. nicht bestätigt; deswegen trat er erst 1817 nach einer zweiten Wahl in die Académie, deren beständiger Secretär er bald wurde, ein; 1826 wurde er auch Mitglied der Académie française; er starb am 16. Mai 1830. Wegen eingehenderer Mittheilungen über *Fourier*'s Leben sehe man:

Fr. Arago, Éloge historique de *Joseph Fourier* (lu à la séance publique de l'acad. des sciences, le 18 novembre 1833). Oeuvres complètes de *Fr. Arago*, t. I. Deutsche Ausgabe von *G. W. Hankel*, Leipzig 1854.

Léon Sagnet in la grande encyclopédie, t.17. (Paris). Artikel »*Fourier*«.

Victor Cousin, fragments et souvenirs. (Paris 1857. 3e éd.)

Die wissenschaftlichen Arbeiten *Fourier*'s zerfallen vorzüglich in zwei Klassen: einerseits seine Untersuchungen über die Theorie der Wärme, andererseits über die Auflösung der numerischen Gleichungen. Durch die erste Klasse von Arbeiten, als deren Mittelpunkt seine berühmte théorie analytique de la chaleur anzusehen ist, gehört er zu den Begründern der theoretischen Physik. Die von *Fourier* in seinen wärmetheoretischen Arbeiten angewandten Methoden, die sich durch Allgemeinheit auszeichnen und auch in der Elektricitätslehre Anwendung gefunden haben, sind auch der reinen Mathematik zu gute gekommen; es sei nur an die Reihen und Integrale, welche *Fourier*'s Namen tragen, erinnert.

Die zweite Klasse von Untersuchungen, die von dem Jahre 1789, wo er in Paris der Academie über die Auflösung der numerischen Gleichungen vortrug, ihren Ausgangspunkt nahmen, beschäftigten ihn während seines ganzen Lebens; über diesen Gegenstand trug er den Schülern der école polytechnique, den Mitgliedern des ägyptischen Instituts, als Präfect den Professoren zu Grenoble vor und veröffentlichte auch verschiedene Aufsätze über diese Fragen. Die »Analyse des équations déterminées« sollte alle Untersuchungen *Fourier*'s über die Theorie der Gleichungen zusammenfassen; das Werk war auf sieben Bücher berechnet. *Fourier* konnte nur die vier ersten Seiten des Werkes gedruckt sehen, als ihn der Tod ereilte; nach seinem Tode fand man ausser der Einleitung und der allgemeinen Auseinandersetzung nur das Manuskript für den ersten Theil (die ersten zwei Bücher) mit Ausnahme der Ausführung einiger in den Artikeln II und XIX des zweiten Buches angekündigter Materien druckreif vor. Die Herausgabe dieses Theiles besorgte *Claude Navier* (1785—1836) und arbeitete dabei die von *Fourier* nur skizzirten Artikel XXIV—XXX des zweiten Buches nach Blättern, auf denen *Fourier* die Redaction begonnen hatte, und alten Manuskripten von *Fourier* aus. Hierüber berichtet *Navier* in der von ihm dem Werke vorausgeschickten Vorrede; dort setzt er auch auseinander, zu welchen Zeiten *Fourier* die einzelnen Resultate fand. 1831 erschien das leider unvollständig gebliebene Werk.

Die Analyse des équations déterminées ist heute selten geworden und ist auch nicht in den Oeuvres de *Fourier**), welche *Gaston Darboux* in zwei Bänden herausgegeben hat, abgedruckt. Die Uebersetzung schliesst sich wörtlich an den französischen Text an; nur sind eine grössere Anzahl von Druck- und Flüchtigkeitsfehlern beseitigt worden; die zahlreichen, gut gewählten Beispiele wurden ebenfalls revidirt. Die in eckigen Klammern beigesetzten Zahlen der Uebersetzung beziehen sich auf die Seiten der Originalausgabe.

Neben *Charles Sturm*'s berühmter Arbeit »Mémoire sur la résolution des équations numériques« (Mémoire des savants étrangers, t. 6, 1835), in welcher sich das berühmte *Sturm*-sche Theorem über die genaue Anzahl reeller Wurzeln einer numerischen Gleichung zwischen zwei gegebenen Grenzen findet, ist die vorliegende Schrift wohl das hervorragendste Werk, das wir über die numerische Auflösung der Gleichungen

---

*) Der erste Band der Oeuvres, der 1888 in Paris erschien, enthält nur die Théorie analytique de la chaleur; der zweite Band, der 1890 erschien, enthält die hauptsächlichsten wissenschaftlichen Einzelarbeiten.

besitzen. Von neuen Resultaten, die in demselben enthalten sind, sind vorzüglich der *Fourier*'sche Satz [Theorem (*A*), S. 23], die von *Fourier* verbesserte *Newton*'sche Näherungsmethode, die geordnete Division und die *Fourier*'sche Auflösung der quadratischen Gleichungen hervorzuheben; die synoptische Auseinandersetzung enthält eine reiche Fülle neuer Ideen, die allerdings nicht immer exact sind; vorzüglich sei auf die Theorie der Ungleichheiten verwiesen.

Der an erster Stelle genannte *Fourier*'sche Satz und der von *Fourier* hierfür gegebene Beweis ist, wie *Sturm* selbst angegeben hat (Bulletin de *Férussac*, t. 11, p. 419; vgl. auch *Darboux* in Oeuvres de *Fourier*, t. 2, p. 310), die Basis gewesen, auf der es *Sturm* möglich war, seinen berühmten Satz zu finden. Man hat den *Fourier*'schen Satz für *Fourier*'s Zeitgenossen *Budan de Bois-Laurent* in Anspruch genommen; dies geschieht auch in dem Nachruf, den *Arago* auf *Fourier* gehalten hat; wie *G. Darboux* in den Oeuvres de *Fourier*, t. II, p. 310 ff. in einer Note zu *Fourier*'s Arbeit »Sur l'usage du théorème de Descartes« eingehend nachgewiesen hat, verdient das Theorem nur nach *Fourier* genannt zu werden; *Fourier*'s Beweis des fraglichen Satzes wird heute noch in den modernen Werken dargestellt, er lässt sich auch auf transcendente Functionen ausdehnen. Eine Besprechung von der Analyse des équations déterminées hat auch *C. F. Gauss* (Ges. Werke, III. S. 119) gegeben.

───────────

1) *Zu S. 5. Diophantus* von Alexandria, der Vater der Arithmetik und Algebra in dem Sinne, wie wir sie treiben, lebte zwischen 180 v. Chr. u. 370 n. Chr. Die Zeit ist nicht genau bestimmbar. Sein grosses Werk »Arithmetica« behandelt eine grosse Anzahl von Aufgaben über bestimmte und unbestimmte Gleichungen; bei den letzteren fordert jedoch *D.* nicht, dass die gesuchten Lösungen ganzzahlig, sondern nur dass sie rationale, positive Zahlen sein sollen. Die von uns sogenannten Diophantischen Gleichungen, bei denen ausschliesslich ganzzahlige Lösungen gesucht werden, sind *D.* fremd; sie gehen auf die Zusätze des *Bachet de Méziriac* zu der von ihm (1621) veranstalteten Diophantausgabe zurück. Eine deutsche. mit Anmerkungen versehene Uebersetzung der Arithmetica und der Schrift über die Polygonalzahlen des *D.* stammt von *G. Wertheim* (Leipzig 1890).

2) *Zu S. 5.* Gemeint ist der liber abaci des *Leonardo Pisanus*; derselbe ist jedoch erst 1202 erschienen, die zweite verbesserte Auflage stammt vermuthlich aus dem Jahre 1228. Eine eingehende Schilderung des Inhalts dieses bedeutenden Werkes findet man in *Moritz Cantor's* Vorlesungen über Geschichte der Mathematik, Bd. 2, S. 3—35. (Leipzig. Zweite Auflage 1900.)

3) *Zu S. 5.* Die Summa de Arithmetica, Geometria, Proportioni et Proportionalita des *Luca Paciuolo*, welche 1494 gedruckt wurde, umfasst das gesammte zeitgenössische Wissen über Algebra und Geometrie. Vgl. *Cantor*, a. a. O., II, S. 306 bis 344.

4) *Zu S. 5.* Die Auflösung der cubischen Gleichung verdankt man, wie *Cardano* (1501—1576) in seiner ars magna de rebus algebraicis (1545) berichtet, dem *Scipione del Ferro*, von dem sie seinem Freunde *Floridus* mitgetheilt wurde. Bei einem wissenschaftlichen Wettstreite legte *Floridus* dem *Tartaglia* (1506—1557) dreissig Aufgaben vor, die den letzteren angeblich zur erneuten Auflösung der cubischen Gleichung führten. Veröffentlicht wurde die Lösung zuerst gegen den Willen des *Tartaglia*, der sie dem *Cardano* unter der Bedingung der Geheimhaltung mitgetheilt hatte, in der Ars magna des *Cardano*. 1546 erschienen die Quesiti et inventioni de *Nicolo Tartaglia*; hier vertritt *T.* seine Ansprüche auf die fragliche Lösung. Man kann zweifeln, ob dieselben überhaupt gerechtfertigt sind, vielleicht hat sich *T.* auch nur in den Besitz der *Ferro's*chen Lösung gesetzt. Vgl. *Cantor*, a. a. O., II, S. 482 ff.

5) *Zu S. 5.* Die »l'Algebra« des *Bombelli*, welche 1572 gedruckt wurde, behandelt im zweiten Buche die Auflösung der Gleichungen der vier ersten Grade mit einer Unbekannten.

6) *Zu S. 5.* Die von *Ferrari* geleistete Auflösung der Gleichung vierten Grades ist in der Ars magna seines Lehrers *Cardano* und zwar im 39. Capitel mitgetheilt.

7) *Zu S. 6.* Der erste einwandsfreie Beweis für die Thatsache, dass die allgemeine Gleichung von höherem als viertem Grade nicht mehr durch Wurzelzeichen lösbar ist, wurde von *Abel* in seiner 1826 erschienenen Arbeit »Démonstration de l'impossibilité de la résolution algébrique des équations générales qui passent le quatrième degré« (Bd. 1 des *Crelle's*chen Journ. f. d. r. u. ang. Math. = Oeuvres d'*Abel* [1881], I, S. 66) erbracht. Dieser Beweis ist *Fourier* nicht bekannt geworden.

8) *Zu S. 6.* *Fourier* hat hier den sogenannten casus irreducibilis bei den Gleichungen dritten Grades im Auge.

9) *Zu S. 6.* *Vieta* (1540—1603) ist der bedeutendste französische Mathematiker des 16. Jahrhunderts. Die exegetische Methode, welche *Vieta* in seiner Abhandlung »de numerosa potestatum purarum atque adfectarum ad exegesin resolutione« *) gab, ist eine Vorläuferin der *Newton*'schen Näherungsmethode zur Auflösung numerischer Gleichungen. (Vgl. *Lagrange*'s Traité de la résolution des équations numériques. Oeuvres de *L.*, publiées par *J. A. Serret*, tome VIII, p. 16, sowie *Fourier* im vorliegenden Werke, S. 178.) *Vieta*'s grösste algebraische Leistung, die in seiner »in artem analyticam isagoge« (1591) niedergelegt ist, besteht darin, dass er im Gegensatz zu seinen Vorgängern, welche die Gleichungscoefficienten immer als bestimmte, gegebene Zahlen betrachteten, also nur die Unbekannte allein unbestimmt dachten, auch die Gleichungscoefficienten als unbestimmt ansah; hierdurch ist er der Erfinder der heute schon in unseren Mittelschulen gelehrten Buchstabenrechnung geworden. Diese bezeichnete *V.* als logistica speciosa, die er zu der logistica numerosa, der numerischen Rechenkunst, die es nur mit Zahlen zu thun hat, hinzufügte. (Vgl. auch *Fourier*, ˙diese Ausgabe, S. 45.) Den Zusammenhang der Wurzeln und Coefficienten einer Gleichung giebt *Vieta* am Schlusse seiner Abhandlung »de aequationum recognitione et emendatione« (1591); doch setzt er ausschliesslich positive Wurzeln voraus; den Satz in voller Allgemeinheit, so dass auch negative und imaginäre Wurzeln berücksichtigt werden, verdankt man der Invention nouvelle en l'algèbre von *Albert Girard* (1629). [Ausführliche Beschreibung des Inhalts in *Klügel*'s math. Wörterbuch, Leipzig (1803), Bd. I, Artikel »Algebra«, S. 52].

10) *Zu S. 6 und 178.* Ueber *Harriot*'s (1560—1621) Werk »Artis analyticae praxis«, das zehn Jahre nach des Autors Tode erschien, vgl. *Klügel*'s math. Wörterbuch, I, S. 47, sowie *Cantor*, a. a. O., II, S. 790.

11) *Zu S. 6.* Wie schon der ausführliche Titel des Werkes von *William Oughtred* (1574—1660) sagt: »Arithmethicae in numeris et speciebus institutio quae tum logisticae, tum ana-

---

*) »Zur Ausführung der numerischen Auflösung der reinen und unreinen Gleichungen.« Jede Gleichung, die nicht eine reine Gleichung $x^m = A$, aequatio pura, ist, heisst aequatio adfecta.

lyticae atque adeo totius mathematicae quasi clavis est (1631)«,
ist das Werk eine Einführung in die numerische und Buchstabenrechnung. In einer späteren Auflage ist »de aequationum affectarum resolutione in numeris« beigedruckt; hier wird
die numerische Auflösung der Gleichungen behandelt. Vgl.
Fourier, diese Ausgabe, S. 178.

12) *Zu S. 6.* *John Wallis* (1616--1703), ein sehr hervor-
ragender englischer Mathematiker, hat sich um die Infinitesimalrechnung, Geometrie und Algebra sehr grosse Verdienste
erworben. Sein treatise of algebra both historical and prac-
tical with some additional treatises (1685) ist in lateinischer
Uebersetzung im zweiten Bande seiner Opera (1693) erschienen.
Ueber die an *Vieta* anknüpfenden Untersuchungen von *Harriot*
und *Oughtred* spricht er in den Opera II, p. 113 und 203.
Die Stelle, an der er die *Descartes*'sche Regel (vgl. Anm. 13)
mit Unrecht für *Harriot*, in dessen Werk sie überhaupt nicht
steht, wie auch *Wallis* selbst an anderer Stelle, p. 215, zu-
giebt, in Anspruch nimmt, ist p. 171 zu finden. Die Verthei-
digung *Descartes'* gegen *Wallis* und seine Nachbeter hat schon
de Gua in dem Aufsatze »Démonstration de la règle de Descartes« (Histoire de l'acad. des sciences de Paris, 1741) geführt.
Trotzdem segelt die *Descartes*'sche Regel noch häufig unter
Harriot's Flagge. Einen Beweis für die Regel hat übrigens
auch *C. F. Gauss* (Ges. Werke, Bd. 3, S. 65) erbracht. Vgl.
auch *Lagrange*, Oeuvres VIII, p. 196.

13) *Zu S. 6.* *René Descartes* (1596—1650) ist durch seine
géométrie (1637) der Begründer der analytischen Geometrie geworden. Lateinische Ausgabe unter dem Titel »Geometria« von
F. van Schooten (1659), deutsche von *Ludwig Schlesinger* (Berlin
1894). Im dritten Bande der Geometria, die reich an algebraischen Wahrheiten ist, findet sich auch ohne irgend welchen
Beweis die *Descartes*'sche Regel, auf die *Fourier* anspielt.
»Nimirum, tot in ea [aequatione] veras [positive Wurzeln] haberi
posse [posse im Sinne des Maximums], quot variationes repe-
riuntur signorum $+$ & $-$; & tot falsas [negative Wurzeln],
quot vicibus ibidem deprehenduntur duo signa $+$, vel duo
signa $-$, quae se invicem sequuntur.« (Geometria, ed.
Schooten, p. 70.) Vgl. *Fourier*, diese Ausgabe, S. 95.

14) *Zu S. 6.* Der Theil des Briefes von *Newton* (1643—1727)
vom 24. October 1676, der sich auf das sogenannte *Newton*-
sche Parallelogramm bezieht, ist zuerst durch *Wallis*' Algebra
(Opera Wallisii, II, p. 381 »Nova methodus extrahendi radices

tum simplicium tum affectarum aequationum«) bekannt geworden. Dieselben Untersuchungen findet man auch in den
Opuscula Newtoni (ed. *Castillioneus*, 1744) I unter dem Titel
»Methodus fluxionum et serierum infinitarum« veröffentlicht.
A. a. O., p. 37 beginnt *Newton* mit der Auflösung der aequatio
affecta numeralis $y^3 - 2y - 5 = 0$, indem er die Zahl 2,
welche sich um weniger als $\frac{1}{10}$ vom wahren Wurzelwerthe
unterscheidet, als Näherungswerth ansieht, und dann die von
uns sogenannte *Newton*'sche Näherungsmethode, welche durch
F. im zweiten Buche des vorliegenden Werkes, S. 150 ff. aus-
gestaltet und verbessert wurde, anwendet. Ueber diese Methode der successiven Substitutionen, wie sie von *Fourier*, S. 7
genannt wird, vgl. auch *Lagrange*, Oeuvres VIII, p. 161.

Nach Behandlung der obigen numerischen Gleichung folgen
bei *Newton* Buchstabengleichungen (aequationes speciosae).
Das *Newton*'sche Parallelogramm hat bei dem Erfinder den
Zweck, das Anfangsglied der Entwicklung von y, welches mit
x durch eine Gleichung, bei *Newton* unter anderen Beispielen:

$$y^6 - 5xy^5 + \frac{x^3}{a}y^4 - 7a^2x^2y^2 + 6a^3x^3 + b^2x^4 = 0,$$

zusammenhängt, in nach x fortschreitende Reihen finden zu
lehren. Vgl. ausser *Cantor*, a. a. O., Bd. III (Leipzig, 1. Aufl.
1898), S. 102 noch *Brill* und *Noether*, die Entwicklung der
Theorie der algebraischen Functionen in älterer und neuerer
Zeit, Jahresber. d. deutschen Math.-Vereinigung (1894), S. 116 ff.
Siehe auch das vorliegende Werk, S. 45. — *Lagrange* hat das
N.'sche analytische Parallelogramm durch eine analytische
Methode in der Abhandlung »Sur l'usage des fractions con-
tinues dans le calcul intégral« (Oeuvres IV, p. 303) zu er-
setzen gesucht.

15) *Zu S. 7.* *Albert Girard* († 1632) giebt in seiner Invention nouvelle en l'algèbre (1629) die Summe der vier ersten
Potenzen der Gleichungswurzeln, explicit durch die Coefficienten
ausgedrückt, an. (Vgl. *Cantor*, II, S. 789.) In *Newton*'s
Arithmetica universalis, p. 192 sind die sogenannten *Newton*-
schen Formeln, welche die impliciten Relationen zwischen den
Potenzsummen der Wurzeln und den Coefficienten angeben, bis
zur 6. Potenz mit der Bemerkung »et sic in infinitum obser-
vata serie progressionis« ohne Beweis mitgetheilt. Der erste
Beweis der *Newton*'schen Formeln stammt von *Georg Friedr.*
Bärmann, Professor in Wittenberg; derselbe ist in der Arith-

metica universalis cum comment. Castillionei (Amstelodami, 1761), Additamentum, p. 110 abgedruckt. Die heute üblichen Beweise der *Newton*'schen Formeln scheinen auf *Lagrange* (Oeuvres VIII, p. 169) und *Grunert* zurückzugehen. (Vgl. *Grunert's* Supplemente zu *Klügel's* Wörterbuch (1836). Artikel: »Gleichung«, S. 422.)

16) *Zu S. 7.* Vgl. die synoptische Auseinandersetzung, S. 64 und die bezüglichen Anmerkungen 47, 48.

17) *Zu S. 7.* Die von *Hudde* (1628—1704), Bürgermeister von Amsterdam, zur Erkennung der mehrfachen Wurzeln gegebene Regel lautet in unserer Sprechweise: Ist $f(x) = 0$ eine (nicht für $x = 0$ erfüllte) Gleichung, so ist für die Existenz einer mehrfachen Wurzel nothwendig und hinreichend, dass (1.) $f(x) = 0$ und (2.) $\alpha f(x) + \beta x f'(x) = 0$, wobei α und β ganz willkürliche Constanten und $f'(x)$ die Derivirte von $f(x)$ bedeuten, eine gemeinsame Wurzel haben; setzt man $\alpha = 0$ und $\beta = 1$ und dividirt durch x, so hat man die heute gewöhnlich verwandte Regel. *H.* drückt sich auf folgende Art aus: Si in aequatione duae radices sint aequales, atque ipsa multiplicetur per arithmeticam progressionem, quam libuerit, nimirum, primus terminus aequationis per primum terminum progressionis, secundus terminus aequationis per secundum terminum progressionis, et sic deinceps, dico productum fore aequationem, in qua una dictarum radicum reperietur. (*Huddenii* epistolae in *Schooten's* Ausgabe von *Cartesius'* Geometria, p. 433 u. 507.)

18) *Zu S. 7. Tschirnhaus* (1651—1708) reducirte in einem 1683 erschienenen Aufsatz der Acta eruditorum »Methodus auferendi omnes terminos intermedios ex data aequatione« die vorgelegte Gleichung durch heute sogenannte Tschirnhausentransformation auf eine reine Gleichung und dachte, damit die Auflösung einer jeden Gleichung gegeben zu haben; allein die von *T.* zu diesem Zwecke verwandten Hilfsgleichungen sind höheren Grades als die vorgelegte Gleichung. Vgl. *Cantor*, III, S. 108. Wenn *Cantor* a. a. O., S. 112 und S. 556 in *Leibniz* (1646—1716) einen Vorgänger von *Abel* (vgl. Anm. 7) sehen will, so kann man dem gegenüber nur *Fourier* beistimmen, dass *L.* die Auflösung einer Gleichung durch Radicale für möglich hielt, nur betrachtete er das Problem auf dem von *T.* angegebenen Wege als nicht gelöst. Vgl. den Briefwechsel von *G. W. Leibniz* mit Mathematikern. Herausgeg. von *Gerhardt* (Berlin 1899), I, S. 315 und 449.

19) *Zu S. 8.* *Lagrange* (1736—1813) verfolgt in seinen
»Réflexions sur la résolution algébrique des équations«, wie er
in der Einleitung sagt, den Zweck, a priori zu zeigen, warum
die für die Auflösung der Gleichungen dritten und vierten
Grades bekannten Methoden, die er eingehend untersucht, nicht
für die Gleichungen höheren Grades ausreichen. (Oeuvres III,
p. 206.) In Note XIII zu seinem Traité de la résolution des
équations numériques (Oeuvres VIII, p. 295 ff.) findet man eine
Wiederaufnahme dieser Fragen, sowie zum Schluss eine Besprechung der verwandten *Vandermonde'*schen Untersuchungen.
Vandermonde's (1735—1796) Mémoire sur la résolution des
équations, Histoire de l'acad. des sciences (Paris 1771) ist auch
in deutscher Uebersetzung von *C. Itzigsohn* unter dem Titel
»Abhandlungen aus der reinen Mathematik von *N. Vandermonde*« (Berlin 1888) erschienen.

20) *Zu S. 8.* *Abbé de Gua* († 1785) verdanken wir
ausser der schon in Anm. 12 genannten Arbeit noch einen
weiteren algebraischen Aufsatz »Recherche du nombre des racines réelles ou imaginaires, réelles positives ou réelles nega-
tives qui peuvent se trouver dans les équations de tous les
dégrés (Histoire de l'acad. des sciences de Paris, 1741)«; in
diesem ordnet er einer jeden Gleichung $f(x) = 0$ die Curve
$y = f(x)$ bei; ebendort findet man (Seconde partie, Troisième
règle) auch den Satz, auf den *Fourier* auf S. 26 anspielt; derselbe lautet: Ergiebt jeder reelle Werth, der irgend eine der
derivirten Functionen $f^{(r)}(x)$ der linken Seite einer algebraischen Gleichung annullirt, beim Einsetzen in die unmittelbar
voraufgehende und die unmittelbar folgende abgeleitete Function, $f^{(r-1)}(x)$ und $f^{(r+1)}(x)$, Grössen verschiedenen Vorzeichens,
so hat $f(x) = 0$ nur reelle Wurzeln. *De Gua's* Aufsätze enthalten auch eine grosse Fülle historischer Notizen über die
ältere Algebra.

21) *Zu S. 8.* *Michel Rolle* (1652—1719) hat in seinem
Traité d'algèbre (1690) den folgenden Satz (Cap. 6 des zweiten
Buches): Ist in der Gleichung:

$$f(x) = a_0 x^n + a_1 x^{n-1} + \ldots a_n = 0$$

mit reellen Coefficienten a_0 positiv und A der absolute Werth
desjenigen negativen Coefficienten, welcher den grössten absoluten Werth besitzt, so ist $1 + \dfrac{A}{a_0}$ eine obere Grenze der
reellen positiven Wurzeln. Aus dieser Thatsache und dem

sogenannten *Rolle*schen Satz, der nach unserem Sprachgebrauche lautet: Verschwindet $f(x)$ für zwei reelle aufeinanderfolgende Werthe α und β, so verschwindet die erste Abgeleitete $f'(x)$ für einen zwischen α und β gelegenen reellen Werth, sucht R. mittelst der successiven Abgeleiteten von $f(x)$ die Wurzeln von $f(x) = 0$ zu bestimmen. Die $n — 1$te Abgeleitete heisst bei *Rolle* erste Cascade, $f(x)$ selbst die $n$te Cascade. Vgl. *Fourier* im vorliegenden Werke S. 108 und 220, sowie *Lagrange*, Oeuvres VIII, p. 190.

22) *Zu S. 8.* Die *Newton*'sche Regel (Arithmetica universalis Bd. 2, Cap. 2) sagt aus: Die Gleichung:

$$a_0 x^n + a_1 x^{n-1} + \ldots + a_n = 0$$

mit reellen Coefficienten enthält wenigstens soviele complexe Wurzeln, wie in der Reihe:

$$a_0{}^2, \; \frac{1}{n} \; \frac{n-1}{2} \; a_1^2 — a_0 \, a_2; \; \frac{2}{n-1} \cdot \frac{n-2}{3} \; a_2^2 — a_1 \, a_3, \cdot \cdot$$

$$\cdot \cdot \frac{n-1}{2} \cdot \frac{1}{n} \; a_{n-1}^2 — a_{n-2} \, a_n, \; a_n^2$$

Zeichenwechsel auftreten. Einen Beweis für diese Regel suchte zuerst *Maclaurin* (1698 — 1746) zu geben. Vgl. *Cantor*, a. a. O. III, S. 542 ff., wozu noch *Maclaurin*'s Algebra, die 1748 nach seinem Tode gedruckt wurde, Cap. 13 des zweiten Theiles beizufügen ist.

Die *Newton*'sche Regel ist bekanntlich von *Sylvester* (1814 — 1897) verallgemeinert worden. Ueber *Sylvester*'s in den Transactions of the R. Irish Academy (1871) und Phil. Mag. 4. ser., t. 31 erhaltene Resultate vgl. auch *Weber*'s Algebra (2. Aufl. Braunschweig 1898), I, S. 346.

23) *Zu S. 8. Lagrange* und *Waring* (1736—1798) haben die Gleichung für die Wurzeldifferenzen der vorgelegten Gleichung aufgestellt und aus derselben die kleinste Differenz der reellen Wurzeln entnommen; ist h eine positive Zahl, die kleiner als der absolute Betrag der kleinsten Differenz ist, und bezeichnen l und L die untere bez. obere Grenze für alle reellen Wurzeln, so liegt in jedem der Intervalle:

$$l, \; l + h, \; l + 2h, \; l + 3h, \; \ldots, \; l + (m — 1)h, \; L,$$

falls $l + mh \geqq L$ ist, nur höchstens eine reelle Wurzel der vorgelegten Gleichung. Vgl. *Lagrange*, Oeuvres VIII, p. 24 ff.

u. p. 140 ff.; a. a. O. p. 143 findet man auch eine Besprechung der *Waring*'schen Untersuchungen. Vgl. auch *Fourier* im vorliegenden Werke S. 24 u. 108. *Cauchy* (1789—1857) hat einen Werth für h finden gelehrt, ohne dass man die Gleichung für die Wurzeldifferenzen aufstellen muss. [Algebraische Analysis, deutsche Ausgabe von *Huxler* (1828), S. 344.] Vgl. auch die Darstellung in *Serret*'s Handbuch d. höheren Algebra, deutsch von *Wertheim*, Leipzig, 2. Aufl. 1878, Bd. I, S. 245 ff.

24) *Zu S. 8.* Die schon zu *Lagrange*'s Zeiten nicht sehr bekannte Methode von *Fontaine* (1705—1771), die dieser in der Histoire de l'acad. des sciences de Paris (1747) veröffentlicht hat, ist eine Näherungsmethode zur Berechnung der Wurzeln, welche eine grosse Vorarbeit, um Kenntnisse über die Natur der Wurzeln zu erlangen, voraussetzt. Diese Methode ist von *Lagrange* in Note 7 seines Traité de la résolution des équations numériques (Oeuvres VIII) näher auseinandergesetzt und mit vollem Recht als nicht anwendbar und unzureichend erklärt worden. *D'Alembert* (1717—1783) hat sie in der Encyclopédie, tome 5 (1755), p. 853 im Artikel »équation« besprochen und auch schon gegen sie Bedenken geäussert.

25) *Zu S. 9.* Von *Fourier*'s Untersuchungen über die Theorie der Ungleichheiten ist ausser den interessanten, allgemeinen Ideen in der synoptischen Auseinandersetzung, S. 71 ff. nur noch ein kleiner Aufsatz, der in seinen Oeuvres Bd. II, p. 317—319 wieder abgedruckt ist, auf uns gekommen. Es sei noch bemerkt, dass die in den Oeuvres, Bd. II, p. 321—328 abgedruckten Auszüge aus der Histoire de l'acad. für die Jahrgänge 1823 und 1824 grösstentheils wörtlich in den Exposé synoptique, diese Ausgabe S. 71 ff. übergegangen sind. Bezüglich der Theorie der Ungleichungen vgl. eine kürzlich erschienene Arbeit von *Julius Farkas*, in der man auch historische Notizen findet. Journ. f. d. r. u. ang. Math., Bd. 124, S. 1 (1901).

26) *Zu S. 9.* Gemeint ist *Lagrange*'s schon wiederholt citirter Traité de la résolution des équations numériques. (Oeuvres VIII.)

27) *Zu S. 10.* Diese Arbeit mit dem Titel »Sur l'usage du théorème de Descartes dans la recherche des limites des racines« ist in *Fourier*'s Oeuvres Bd. II, p. 289 wieder abgedruckt.

28) *Zu S. 12.* Bezüglich der Auflösung einer Gleichung mit reellen Coefficienten durch reelle Radicale ist uns nur das folgende Resultat bekannt: Unter den in einem reellen Ratio-

nalitätsbereiche irreducibelen Gleichungen mit nur reellen Wurzeln sind die einzigen, bei denen eine Wurzel durch reelle Radicale darstellbar ist, die durch Quadratwurzeln auflösbaren. Vgl. *Hölder*, Ueber den Casus irreducibilis bei der Gleichung dritten Grades, Math. Ann., Bd. 38, S. 307, sowie *Kneser*, Math. Ann. Bd. 41, S. 344. Die von *Fourier* in diesem Absatz ausgesprochenen Ideen sind nicht ganz correct.

29) *Zu S. 14.* *Vieta* behandelt in seiner Schrift »de aequationum recognitione« (vgl. Anm. 9) die Gleichung:

$$(1) \quad A^3 - 3B^2A = B^2D$$

[Opera, ed. *Schooten* (1646), p. 91] mit der Bedingung $B > \frac{1}{2}D$; A ist die Unbekannte, die bei *Vieta* immer mit einem Vocal bezeichnet ist, B und D sind bei *Vieta*, der nur positive Grössen zulässt, beide positiv gedacht. Man kann jedoch für das Folgende D beliebig positiv oder negativ annehmen; B ist dann so gewählt zu denken, dass $\dfrac{D}{B}$ positiv ist. *Vieta* bringt die Gleichung (1) mit der trigonometrischen Relation $\cos^3 a - \frac{3}{4}\cos a = \frac{1}{4}\cos(3a)$ in Zusammenhang, indem er $\dfrac{D}{2B} = \cos 3a$, $\dfrac{A}{2B} = \cos a$ setzt. Auf die Gleichung (1) mit der Bedingung $B > \frac{1}{2}D$ lässt sich übrigens jede cubische Gleichung $x^3 - Px + q = 0$ mit reellen Coefficienten, bei der P eine positive Grösse und $\dfrac{q^2}{4} - \dfrac{P^3}{27} < 0$ (casus irreducibilis), zurückführen, wenn man $B = \sqrt{\dfrac{P}{3}}$, $D =$ $= -\dfrac{q}{\dfrac{P}{3}}$, $x = A$ setzt; $\sqrt{\dfrac{P}{3}}$ ist mit derartigem Vorzeichen zu wählen, dass $-\dfrac{q}{\dfrac{P}{3}\sqrt{\dfrac{P}{3}}}$ positiv wird. Bei *Vieta*, der B und D positiv annimmt, wird ausser der Gleichung (1) noch die weitere Gleichung: $3B^2E - E^3 = B^2D$, wobei B und D positive Grössen, E die Unbekannte, $B > \frac{1}{2}D$, behandelt.

30) *Zu S. 14.* Gegen eine derartige Ausdrucksweise, die imaginären Wurzeln einer Gleichung als fehlend anzusehen und dann trotzdem mit ihnen als etwas Existirendem zu operiren,

wendet sich schon die Dissertation von *C. F. Gauss* (1801);
in ihr findet sich der sofort von *Fourier* besprochene Fundamentalsatz zum ersten Male streng bewiesen. Vgl. die vier
Gauss'schen Beweise für die Zerlegung ganzer algebraischer
Functionen in reelle Factoren ersten oder zweiten Grades.
Herausgeg. von *E. Netto* in *Ostwald*'s Klassikern. Nr. 14
(1890), S. 6.

31) *Zu S. 17.* Die Lehre von den Incommensurablen
füllt in *Euclides*' Elementen (300 v. Chr.) das ganze zehnte
Buch.

32) *Zu S. 17.* Vgl. hierzu *D. Hilbert*, Mathematische
Probleme, Nachricht. der Kgl. Gesellschaft der Wiss. zu Göttingen (1900), S. 266, sowie *Dehn*, über raumgleiche Polyeder,
ebenda S. 345.

33) *Zu S. 20.* *Fourier* führt hier den sogenannten *Taylor*'schen Satz an. Ueber *Johann Bernoulli*'s (1667—1748)
Ansprüche auf denselben vgl. *A. Pringsheim*, Zur Geschichte
des *Taylor*'schen Lehrsatzes, Bibliotheca mathematica, dritte
Folge, Bd. 1 (1900), p. 435.

34) *Zu S. 20.* Die Aufstellung und Discussion des Restgliedes der *Taylor*'schen Reihe beginnt mit *Lagrange*'s Théorie
des fonctions analytiques (1797). Vgl. die eingehende Schilderung in der unter 33) citirten Arbeit von *Pringsheim*, S. 440.

35) *Zu S. 24, 25 und 149.* *Gauss* hat in der lesenswerthen Anzeige, die er *Fourier*'s Analyse des équations déterminées zu Theil werden liess, diese Stelle auf folgende Art
kritisirt (*Gauss*, ges. Werke, Bd. III, S. 120): ».... *Fourier*
nennt solche Stellen kritische: jede solche kritische Stelle bedingt demnach das Fehlen von zwei reellen Wurzeln: wenn
aber *Fourier* sich zugleich so ausdrückt, dass jedesmal zwei
solche ausfallende reelle Wurzeln imaginär werden, so können
wir diesen Ausdruck nicht ganz billigen, da er leicht zu einer
Missdeutung Veranlassung geben könnte. In der That ist es
zwar wahr, dass die Gleichung $X = 0$ zusammengezählt
genau soviele Paare imaginärer Wurzeln enthält, als solche
Ausfälle oder kritische Stellen vorkommen; allein die Werthe
aller imaginären Wurzeln sind an sich ebenso bestimmte
Grössen wie die reellen, und jener Ausdruck kann daher
leicht so gedeutet werden, als ob jeder bestimmten Lücke
ein bestimmtes Paar imaginärer Wurzeln angehörte, was jedoch nicht nur von *Fourier* nicht nachgewiesen ist, sondern
so lange, als tiefer eindringende Untersuchungen diesen inter-

essanten Punkt noch nicht in helles Licht gesetzt haben, zweifelhaft bleiben muss. Uebrigens soll hiermit nicht gesagt werden, dass *Fourier* selbst den Ausdruck so verstanden habe; wir möchten eher das Gegentheil annehmen, und fast vermuthen, dass er über das Dasein oder Nichtdasein eines solchen bestimmten Zusammenhanges ungewiss geblieben und absichtlich einer offenen Erklärung über den verfänglichen Ausdruck ausgewichen sei.« Die hier von *Gauss* berührte Frage harrt auch heute noch der Lösung.

36) *Zu S. 27.* In der unter 27) genannten Arbeit hat *Fourier* diese Resultate bereits ohne Beweis publicirt.

37) *Zu S. 31.* *Oughtred* lehrte in dem unter 11) citirten Werke eine Regel für die abgekürzte Multiplication und Division, d. h. ein Verfahren, um Product und Quotient zweier Zahlen bis zu einer gewissen Anzahl von Stellen zu finden. Vgl. die Note von *A. Loewy* in dem nächstens erscheinenden ersten Hefte des dritten Bandes des Archives der Mathematik und Physik.

38) *Zu S. 33.* Im Folgenden berichtet die synoptische Auseinandersetzung über die für den zweiten, nicht erschienenen Theil des Werkes geplanten Untersuchungen *Fourier's.* Obgleich der Text eine Anzahl von directen Fehlern und Ungenauigkeiten, die in Folge unserer heutigen Kenntnisse präcisirt werden müssten, enthält, habe ich trotzdem diese Betrachtungen *Fourier's* wörtlich übersetzt, da ich mich aus historischen Gründen nicht zu weitgehenden Aenderungen und Auslassungen berechtigt hielt. Die im Text folgenden Auseinandersetzungen etwa in dieser Ausgabe ganz fortzulassen, erschien in Folge der reichen Fülle von aufgeworfenen Fragen und der darin niedergelegten Keime, von denen auch heute noch manche der Entwicklung harren, wie z. B. die Theorie der Ungleichheiten, nicht angebracht. Dem Anfänger kann die Lectüre von S. 33—80 wohl nicht gut empfohlen werden.

39) *Zu S. 37.* *Fourier* hat hier die Methode der Iteration zur Auflösung einer Gleichung im Auge. Vgl. über dieses Verfahren: *Ernst Schroeder*, Ueber unendlichviele Algorithmen zur Auflösung der Gleichungen. Math. Annalen Bd. 2, S. 317.

Dass durch Anwendung von $x' = 1 + \dfrac{1}{x}$ die Gleichung $x^2 = 2$ gelöst wird, ist offenbar irrig; setzt man $x' = \dfrac{x}{2} + \dfrac{1}{x}$, so erhält man durch fortgesetzte Iteration $\sqrt{2}$.

40) *Zu S. 37.* Mit Hilfe von Iterationen löst *Fourier* in den Artikeln 286, 287, 288 der Théorie analytique de la chaleur (Oeuvres I, p. 308 ff.) die Gleichung $\varepsilon = \text{arctang} \frac{\varepsilon}{\lambda}$, wobei ε die Unbekannte sein soll.

41) *Zu S. 39.* Der Inhalt des Artikels X ist im Wesentlichen in den Artikeln XXIV und XXV des ersten Buches näher behandelt.

42) *Zu S. 42.* Die im Artikel XI angegebenen Resultate sind durch *M. A. Stern* (1807—1894) in dessen grosser Abhandlung »Theorie der Kettenbrüche und ihre Anwendung« [Journ. f. d. r. u. ang. Math. Bd. 11 (1834), S. 142 ff.] wiederhergestellt worden. Die Auflösung einer Gleichung durch Kettenbrüche hat zuerst *Lagrange* im Traité de la résolution des équations numériques (Oeuvres VIII) gelehrt.

42) *Zu S. 45.* *James Stirling* (1692—1770) giebt dem *Newton*'schen Parallelogramm verwandte Methoden in seiner 1717 erschienenen Schrift »Lineae tertii ordinis Newtonianae«. Vgl. *Brill* und *Nöther*, a. a. O., S. 128.

43) *Zu S. 50.* *Clairaut* (1713—1765) beschäftigte sich mit der Aufsuchung der commensurabelen Wurzeln der numerischen und Buchstabengleichungen in seinen Éléments d'algèbre, die 1746 zuerst erschienen und schon 1760 eine dritte Auflage erlebten.

44) *Zu S. 50.* *Gabriel Cramer* (1704—1752): Introduction à l'analyse des lignes courbes algébriques (1750). Vgl. *M. Cantor*, a. a. O. III, S. 584.

45) *Zu S. 56.* Die folgenden Angaben *Fourier*'s müssten zunächst von unserem modernen, functionentheoretischen Standpunkte aus vielfach präcisirt und corrigirt werden; immerhin enthalten sie eine Reihe von für die Auflösung transcendenter Gleichungen wichtigen Gesichtspunkten. *M. A. Stern* hat sich mit der Wiederherstellung dieser Resultate in einer von der kgl. dänischen Gesellschaft der Wiss. gekrönten Preisschrift beschäftigt (Journ. f. d. r. u. ang. Math. Bd. 22). In neuerer Zeit sind besonders die Nullstellen der *Bessel*'schen Functionen Gegenstand eingehender Untersuchung gewesen, hierbei werden auch vielfach allgemeinere Methoden zur Untersuchung der Nullstellen transcendenter Functionen angegeben. Vgl. *A. Hurwitz*, Ueber die Nullstellen der *Bessel*'schen Functionen, Math. Annalen Bd. 33, sowie den Bericht im Jahrbuch über die Fortschritte der Math. (1897), S. 408 und (1898), S. 401 ff.

46) *Zu S. 62.* Die Function:

$$1 - \frac{x}{1} + \frac{x^2}{(1 \cdot 2)^2} - \frac{x^3}{(1 \cdot 2 \cdot 3)^2} + \frac{x^4}{(1 \cdot 2 \cdot 3 \cdot 4)^2} \cdots,$$

welche bei der Wärmebewegung in einem Cylinder eine grosse Rolle spielt, geht, wenn man $x = \frac{\alpha^2}{2^2}$ setzt, in die Function:

$$1 - \frac{\alpha^2}{2^2} + \frac{\alpha^4}{2^2 \cdot 4^2} - \frac{\alpha^6}{2^2 \cdot 4^2 \cdot 6^2} + \frac{\alpha^8}{2^2 \cdot 4^2 \cdot 6^2 \cdot 8^2} \cdots.$$

über; dies ist die *Bessel*'sche Function $J_0(\alpha)$. Diese findet sich auch schon in *Fourier*'s Théorie analytique de la chaleur (1822), Oeuvres I, p. 341; *Fourier* giebt a. a. O. auch das bestimmte Integral $\frac{1}{\pi} \int\limits_0^\pi \cos(\alpha \sin x) \, dx$ als Werth für die Function $J_0(\alpha)$, die er mit A bezeichnet, an.

47) *Zu S. 64.* Sind P_1, P_2, ..., P_m m willkürliche, unbestimmte Grössen, und bestimmt man die Grössen P_{m+1}, P_{m+2}, ... durch:

$$P_{m+n} + a_1 P_{m+n-1} + a_2 P_{m+n-2} + \cdots + a_m P_n = 0$$
$$(n = 1, 2, 3 \ldots),$$

so nähert sich der Quotient $\dfrac{P_{n+1}}{P_n}$ der absolut grössten Wurzel von:

$$(1) \quad x^m + a_1 x^{m-1} + a_2 x^{m-2} + \cdots + a_m = 0,$$

falls die Gleichung eine absolut grösste Wurzel, d. h. eine solche, deren absoluter Betrag grösser als der der anderen Wurzeln ist, besitzt. Dieses Resultat hat *Daniel Bernoulli* (1700—1782) nach der Sitte der Zeit ohne Beweis in seiner Abhandlung »Observationes de seriebus recurrentibus« (Commentarii Acad. Petropolitanae, t. 3, 1728) angegeben; bewiesen wurde es zuerst von *Euler* im 17. Capitel seiner »Introductio in analysin infinitorum« (1748). Bei specieller Wahl der ersten m Grössen P kann in besonderen Fällen dieses Resultat aufhören gültig zu sein. [Vgl. *F. Cohn*, Berechnung von Gleichungswurzeln durch recurrirende Ausdrücke, Math. Annalen, Bd. 44 (1894), S. 486]. Wählt man im Besonderen $P_1 = s_1$,

$P_2 = s_2,\ \ldots,\ P_m = s_m$; so wird allgemein $P_n = s_n$, wobei s_n die Summe der $n$ten Potenzen aller Wurzeln der Gleichung (1) bedeutet; bei dieser speciellen Wahl nähert sich $\dfrac{P_{n+1}}{P_n} = \dfrac{s_{n+1}}{s_n}$ der absolut grössten Wurzel, falls eine solche existirt, und man erhält die allgemein unter *Bernoulli*'s Namen in den Lehrbüchern angegebene, specielle Methode, die sich aber erst bei *Lagrange* in der im Text von *Fourier* citirten Schrift, Note 6 (Oeuvres, VIII, p. 168) findet. Vgl. *A. Loewy* im Sprechsaal für die Encyklopädie der math. Wiss. Archiv der Math. und Physik, Bd. III.

48) *Zu S. 68.* Dieses Resultat ist falsch. Hingegen wird, wenn $|s| \geqq |t|$ und der absolute Betrag von t grösser als der von u ist, also $|t| > |u|$, $s + t$ durch den

$$\lim_{n = \infty} \frac{P_{n+2}\,P_{n-1} - P_{n+1}\,P_n}{P_{n+1}\,P_{n-1} - P_n^2}$$

in der Bezeichnung der Anm. 47 gegeben. Um $s + t$ zu finden, hat man also den Quotienten von Gliedern zweier verschiedener Reihen, nämlich aus der von *Fourier* angegebenen Reihe $AD - BC,\ \ldots$ und aus der weiter von ihm im Text mitgetheilten Reihe $AC - B^2,\ \ldots$ zu bilden. Dies geht übrigens schon aus *Euler*'schen Resultaten hervor. Das für st von *Fourier* angegebene Resultat ist jedenfalls richtig, falls $|s| \geqq |t| > |u|$ ist.

Sind $a_1, a_2, \ldots a_m$ die m Wurzeln der vorgelegten Gleichung, so kann man jede symmetrische Function der k ersten Wurzeln, falls $|a_1| \geqq |a_2| \geqq \ldots \geqq |a_k|$, aber $|a_k| > |a_{k+l}|$ für $l = 1, 2, \ldots m - k$, als Näherungswerthe von Quotienten mit Hilfe recurrenter Reihen finden. Das Produkt $a_1 \cdot a_2 \cdots a_k$ ist auch in so einfacher Weise, wie es *F.* angiebt, durch Bilden der Quotienten zweier aufeinanderfolgender Glieder einer einzigen Reihe zu erhalten. Diese Resultate haben *Stern* (*Crelle*'s Journ. f. d. r. u. ang. Math., Bd. 11, S. 293 ff.) und *Jacobi* (1804—1851), Observatiunculae ad theoriam aequationum pertinentes (*Crelle*'s Journ. Bd. 13, S. 349) bei dem Bestreben, *Fourier*'s Angaben nachzuweisen und zu ergänzen, gefunden. Vgl. vorzüglich die von *Jacobi* für $a_1, a_2, \ldots a_k$ gegebene Näherungsgleichung. Eine sehr eingehende Untersuchung dieser Fragen hat *F. Cohn* in der unter 47) citirten Arbeit geliefert. *Fourier*'s Resultate sind übrigens auch nicht immer ganz exact formulirt, so nimm er auf die Möglichkeit, dass die absoluten Beträge der Wurzeln gleich sein können, ohne dass dieselben deswegen conjugirt imaginär sein müssen, bei dem Ausspruche der Sätze im Texte nicht genügend Rücksicht.

49) *Zu S. 74. Fourier* meint hier, die auch heute noch gebräuchliche Bezeichnung des bestimmten Integrals, bei der die Grenzen hingeschrieben werden, also $\int_a^b \varphi(x)\,dx$. Diese Bezeichnung ist von *F.* in seiner Théorie analytique de la chaleur (Oeuvres, I, p. 226) eingeführt worden.

50) *Zu S. 103.* Die Angaben bezüglich der Gleichung $x^m + a_i x^{m-i} + a_m = 0$ sind bei *Fourier* ganz irrig, infolgedessen habe ich den Text geändert.

51) *Zu S. 114.* Eine algebraische Herleitung dieses Resultates kann man etwa in *J. A. Serret's* Handbuch der höheren Algebra, deutsch von *G. Wertheim*, Leipzig, 2. Auflage, 1878, Bd. I, S. 251 nachlesen.

52) *Zu S. 136. Fourier* ist ein Rechenfehler untergelaufen; er behauptet irrthümlicher Weise, dass die Gleichung eine reelle Wurzel zwischen —10 und —1 besitzt. Der Text ist infolgedessen corrigirt worden.

53) *Zu S. 149.* Verschwinden für einen Werth $x = a$ m_1 aufeinanderfolgende zwischenliegende Functionen und haben die diesen voraufgehende und folgende Function gleiches Vorzeichen, so ist a eine $m_1 + 1$fache Indicatrix, falls m_1 eine ungerade Zahl ist, eine $m_1$fache Indicatrix, falls m_1 eine gerade Zahl ist; haben hingegen die den verschwindenden Functionen voraufgehende und folgende Function ungleiches Vorzeichen, so ist für ein gerades m_1 die Grösse a eine m_1 fache Indicatrix, für ein ungerades m_1 ist a eine $m_1 - 1$fache Indicatrix. Sollten für a mehrere Reihen zwischenliegender Functionen verschwinden, so sind die entsprechenden Zahlen nach der angegebenen Methode zu berechnen und zu addiren. Die angegebene Regel setzt voraus, dass wir es wirklich mit zwischenliegenden Functionen, nicht mit solchen, die mit $f(x)$ schliessen, zu thun haben. (Regel des doppelten Vorzeichens.)

54) *Zu S. 153.* Zur Anwendung der im Folgenden von *Fourier* auseinandergesetzten Regel ist es nicht absolut nothwendig, beständig vorauszusetzen, dass die erste Derivirte $f'x$ im Intervall keine Wurzel hat; es genügt, dass $f''x$ in dem Intervall, in welchem eine Wurzel von fx liegt, keine Wurzel

besitzt. Vgl. *G. Darboux*, Sur la méthode d'approximation de Newton. Nouv. Annales de math. (1869). Liegt im Intervall *a* bis *b* eine einzige reelle Wurzel von $f(x) = 0$ und ändert die zweite Abgeleitete von $f(x)$ im ganzen Intervall *a* bis *b* nicht ihr Zeichen, so kann die *Newton*'sche Methode auf diejenige der zwei Grenzen, für welche $f(x)$ und $f'''(x)$ dasselbe Vorzeichen haben, mit Sicherheit angewandt werden.

55) *Zu S. 167.* Die Stellen in *Lagrange*'s traité de la résolution des équations numériques de tous les degrés, welche von der *Newton*'schen Näherungsmethode handeln, sind in den Oeuvres VIII, Introduction, p. 17, sowie a. a. O., Note V, p. 159, zu finden.

56) *Zu S. 176.* Man bemerke, dass:

$$\beta - f(\beta) \cdot \frac{\beta - \alpha}{f(\beta) - f(\alpha)} = \alpha - f(\alpha) \frac{\beta - \alpha}{f(\beta) - f(\alpha)}$$

ist.

57) *Zu S. 180.* Das Werk »Artis analyticae praxis« stammt von *Harriot* (vgl. Anm. 10); die *Oughtred*'sche Regel findet sich in dessen Clavis (vgl. Anm. 11 und 37).

58) *Zu S. 182.* Ist der Rest gleich oder grösser als die Summe der schon beim Quotienten hingeschriebenen Ziffern, wenn man diese als Einer betrachtet, so ist hierdurch stets ein positiver corrigirter Partialdividendus gesichert.

59) *Zu S. 182.* Ist der Rest kleiner als die Summe der schon beim Quotienten hingeschriebenen Ziffern, diese als Einer gerechnet, so wird man die Correctur an der Zahl, die durch Herunternehmen einer Ziffer des Dividendus zu dem Rest entsteht, nicht stets ausführen können, d. h. der corrigirte Partialdividendus kann auch negativ werden. Tritt dies ein, so ist die beim Quotienten hingeschriebene letzte Ziffer sicher zu gross. Dass es aber genügt, dieselbe, wie *Fourier* angiebt, um 1 zu verkleinern, ist nicht ohne Einführung einer Bedingung immer zutreffend, wie aus folgendem Beispiel hervorgeht. 1932 : 28.

Erster Partialdividendus 19, designirter Divisor 2.

$19\,3'2 : \overline{2}8 = 9\ldots$

18

$\overline{13'}$ (1 < 9; die Ziffer 9 ist unsicher).

$72 = 8 \cdot 9$ (die Correctur kann nicht ausgeführt werden; 9 ist zu gross).

Nach *Fourier* wäre für 9 die Zahl 8 zu schreiben, und 8 wäre richtig. 8 ist aber auch zu gross; würde man mit 8 die Rechnung durchführen und die Correctur 64 ausführen wollen, so ist dies auch nicht möglich. Statt 9 ist 6 zu schreiben, 6 ist gut.

Fourier's Aussage, dass, wenn die Correctur sich nicht ausführen lässt, man die letzte im Quotienten hingeschriebene Ziffer gerade um 1 erniedrigen muss, ist richtig, wenn die Summe der im Quotienten bereits hingeschriebenen Ziffern, diese als Einer gerechnet, gleich oder kleiner als der designirte Divisor ist. Vgl. *J. Lüroth*, Vorlesungen über numerisches Rechnen. Leipzig. 1900, S. 49 u. 51; dort findet man eine eingehende Behandlung der geordneten Division.

Wählt man z. B. den designirten Divisor dreiziffrig, so ist die *Fourier*'sche Regel der Erniedrigung um 1 für die ersten elf Ziffern des Quotienten sicher anwendbar; denn jede dieser elf Ziffern kann ja höchstens gleich 9 sein, und 99 ist kleiner als jede dreiziffrige Zahl.

In dem S. 184 behandelten Beispiele kann *Fourier* für 8 ruhig 7 schreiben; denn $5 + 2 + 6 + 3 + 1 + 5 + 8 < 234$.

60) *Zu S. 182.* Ist der Rest zwar kleiner als die Summe der schon beim Quotienten hingeschriebenen Ziffern, aber ist der corrigirte Partialdividendus noch positiv, so ist die zuletzt hingeschriebene Ziffer des Quotienten sicher noch richtig, falls der corrigirte Partialdividendus noch gleich oder grösser als die Summe der beim Quotienten hingeschriebenen Ziffern, diese als Einer gerechnet, ist (*Lüroth*, a. a. O., S. 49). In dem Beispiel S. 185 ist die Zahl 3 richtig; denn $11 > 2 + 5 + 3$. Dass aber im Gegensatz zu *Fourier*'s Angabe, falls nicht die obige Bedingung gültig ist und wir einen Rest, der kleiner als die Summe der Ziffern des Quotienten ist, trotz eines positiven oder verschwindenden corrigirten Partialdividendus eine Aenderung der letzten Ziffer des Quotienten nöthig werden kann, zeigt das folgende Beispiel: $179208 : 2273$.

Partialdividendus 17, designirter Divisor 2.

$$\overline{17}\ 9'208 \qquad \overline{2}273.$$
$$16 \qquad\qquad\quad 8$$
$$\overline{19'}\ (1 < 8;\ 8\ \text{unsicher}).$$
$$16 = 2 \cdot 8$$
$$\overline{3}\ (\text{nach } \textit{Fourier}\ 8\ \text{gut}).$$

8 ist aber zu gross.

Ist der Rest zwar kleiner als die Summe der schon beim
Quotienten hingeschriebenen Ziffern, der corrigirte Partialdividendus aber positiv oder Null, so ist, wenn die Summe
der schon im Quotienten hingeschriebenen Ziffern $<$ als der
designirte Divisor ist, die zuletzt hingeschriebene Ziffer des
Quotienten im allgemeinen richtig; sie kann nur dann mög-
licher Weise um 1 zu gross sein, wenn sich ergiebt, dass im
Quotienten auf die fragliche Ziffer unmittelbar Nullen folgen.
In diesem letzteren Falle kann die zuletzt hingeschriebene
Ziffer deswegen um 1 verkleinert werden müssen, weil man
die Nullen, welche der Ziffer unmittelbar folgen, abändern
muss. (*Lüroth*, a. a. O., S. 52.)

61) *Zu S. 183.* Die hier von *Fourier* gelehrte Multiplication heisst symmetrisch. Sie war schon den Indern als
Vajrâbhyâsa (blitzbildend) bekannt. Vgl. *M. Cantor*, a. a. O.,
Bd. I, S. 571. Siehe auch *J. Lüroth*, a. a. O., S. 8. Soweit
wir wissen, war *Fourier* der erste europäische Mathematiker,
in dessen Werken man für die symmetrische Multiplication die
practische Anweisung findet, die zwei Zahlen auf zwei separate
Blätter, und zwar die Ziffern der einen in verkehrter Ordnung,
zu schreiben. Die symmetrische Multiplication selbst wurde
nach *M. Cantor*, a. a. O, II, S. 9 und S. 312, im Mittelalter
von *Leonardo Pisanus* und *Luca Paciuolo* gelehrt.

62) *Zu S. 185.* Ueber die Auflösung der quadratischen
Gleichungen nach *Fourier* vgl. *J. Lüroth*, a. a. O., S. 154.

63) *Zu S. 192.* Die Bedingung, dass $f'''(x)$ in dem betrachteten Intervalle keine Wurzel haben soll, ist für das Folgende erforderlich. *Fourier* hat sie bei der Angabe der er-
zielten Resultate in dem Aufsatz »Question d'analyse algébrique«, Oeuvres II, p. 250 nicht beachtet. Vgl. die Anmerkung
des Herausgebers *G. Darboux* a. a. O.

64) *Zu S. 201.* Diese Gleichung hat hat bereits *Newton* nach
seiner Methode (vgl. Anm. 14) behandelt und ihre reelle Wurzel
als 2,09455147 berechnet. *Lagrange* hat sie dann mit Hilfe der
Methode der Kettenbrüche behandelt. Oeuvres VIII, p. 53. *Lagrange* findet die Wurzel zwischen 2,09455147 und 2,09455149.
Fourier selbst giebt in der unter 63) genannten Arbeit den
Werth der Wurzel zwischen 2,0945514815 und 2,0945514816
an. Der Artikel XXX gehört zu den von *Navier* stammenden
Einschiebungen; daher stammt die Berechnung bis auf 32 Decimalstellen von *Navier*. Auch *Cauchy* hat in seiner algebraischen

Analysis diese Gleichung behandelt. [In den in Anm. 23) angegebenen Ausgabe, S. 358.]

65) *Zu S. 213.* Dieses Resultat ist schon im Artikel XXV
bewiesen. Vgl. S. 193 dieser Ausgabe.

66) *Zu S. 213.* Dieselbe Rolle, welche bei der *Newton*-
schen Annäherung die Tangente spielt, kommt jetzt der im
Punkte mit der Abscisse a und der Ordinate $f(a)$ die Curve
$y = f(x)$ osculirenden Parabel:

$$y = f(a) + \frac{(x-a)}{1} f'(a) + \frac{(x-a)^2}{1 \cdot 2} f''(a)$$

zu. Vgl. S. 230 dieser Ausgabe.

67) *Zu S. 218.* Bezüglich dieses Resultates vgl. man
wegen der Litteratur die Encyklopädie der mathematischen
Wissenschaften, II$_2$, S. 118. (Artikel »Algebraische Functionen
und ihre Integrale« von *W. Wirtinger*.)

Druck von Breitkopf & Härtel in Leipzig.